JN128208

生命の歴史は繰り返すのか？

進化の偶然と必然のナゾに実験で挑む

ジョナサン・B・ロソス 著
Jonathan B. Losos

的場知之 訳
Tomoyuki Matoba

Improbable Destinies: Fate, Chance, and the Future of Evolution

化学同人

Improbable Destinies

Fate, Chance, and the Future of Evolution

by Jonathan B. Losos

Illustration credits:
p. 8, 12, 17, 21, 39, 40, 46, 47, 52, 54, 64, 65, 72, 80, 89, 90, 96, 108, 110, 118, 124, 132, 134, 142, 164, 169, 179, 194, 197, 201, 207, 213, 217, 231, 248, 256, 291, 336, 346, 350 copyright © by Marlin Peterson
p. 87 copyright © by David Tuss

愛し支えてくれた、妻メリッサ・ロソス、両親ジョセフ・ロソス、キャロリン・ロソスに捧ぐ

生命の歴史は繰り返すのか?——進化の偶然と必然のナゾに実験で挑む❖目次

目次

本文中の＊は、注を各章末に掲載した。また［　］内の数字は、巻末注の各章に記載されている番号に対応している。

【イラストレーター紹介】

マーリン・ピーターソン

卓球と動物学全般をこよなく愛するイラストレーター。新生代の動物がとくにお気に入りで、クモ形類にはもっと敬意を払うべきだと思っている。ワナッチー・ヴァレー・カレッジで美術講師として地質学描画、科学イラストレーションの講座を担当。趣味の庭いじりをしていないときは、フリーランスの依頼作品や、だまし絵ストリートアートを制作。従来メディア・デジタルメディアを問わず、さまざまな形態の作品を発表している。

プロジェクトの詳細はウェブサイトを参照のこと。
marlinpeterson.com

『生命の歴史は繰り返すのか？』のイラスト制作は、さまざまな対象を扱うことができたおかげで、本当にわくわくするような体験だった。心から楽しみながら、たくさんの動物について調べ、描くことができた。細部まで鋭く目を光らせ、すばらしいフィードバックをくれた、そして卓越したヴィジョンをもって本書を書き上げた、ジョナサンに感謝したい。

全身から湧き上がる感謝の念と
心からの愛をクリスティーンとチェスに送る。

まえがき

多くの子どもたちと同じように、わたしにも「恐竜期」があった。プラスチック製の恐竜をバスケットいっぱいに詰めて毎日幼稚園に通うわたしは有名人だった。アロサウルス、ステゴサウルス、アンキロサウルス、それにティラノサウルス・レックス。なんだってもっていた。といっても、当時よく知られていた20種ほどの恐竜だけだが（今の子どもたちは、わたしよりずっと恵まれている）。

たいていの子どもたちと違ったのは、いつまでたっても恐竜期を脱しなかったことだ。恐竜のおもちゃは今でももっている。それも昔よりずっとたくさん。今でも種名を覚えているし、「パラサウロロフス」を正しく発音できる。けれどもわたしの興味は、やがて現生の爬虫類である、ヘビやカメ、トカゲ、ワニへと移っていった。

そんなふうに変わったのは、古いTVドラマ『ビーバーちゃん』の再放送によるところが大きい。とくに影響されたのは、ウォーリーとビーブの兄弟が通販でアリゲーターの赤ちゃんを買い、バスルームに隠す回だった。もちろん家政婦のミナーヴァに見つかって、そのあとは大騒ぎになる。そのアイディア、採用！

当時（1970年代前半）、中南米産のアリゲーターの仲間カイマンの赤ちゃんならペットショップで買えると知っていたわたしは、さっそく母におねだりした。母は何事にもノーとはいわないたちだったので、家族ぐるみのつき合いだったセントルイス動物園の副園長、チャーリー・ホースリーに聞いてみましょうといった。彼ならこの計画に待ったをかけてくれるはず、と思ったのだ。それ以来、わたしは毎日父が職場から帰ってくるたび、何よりもまずこう聞いた。「今日はホースリーさんと話してくれた？」。もともと我慢強い性格ではない（それに当時まだ10歳だった）わたしは、話が進まないことに日に日にいらだちを募らせた。一体どうなってるの？　父は、ホースリーさんと会議で同席したときに聞くつもりだった。電話すればいいだけなのに！　いつになったら会議をするの？　ワニをペットにする夢をあきらめかけた頃、ようやくある夜、帰宅した父が「今日ホースリーさんと話したよ」と言った。わたしは期待と不安でそわそわしながら尋ねた。「で、なんて言ってた？」。次の瞬間、わたしは喜びを爆発させた。ホースリーさんは、「最高のアイディアだね、僕もそうやって両生爬虫類学の道に入ったんだ」と答えたのだ！　呆気（あっけ）にとられる母を後目に、わが家の地下室はまたたく間にさまざまな爬虫類でいっぱいになった。こうして、わたしは爬虫類学者としてのキャリアの一歩を踏みだした。

爬虫類たちの世話に追われるかたわら、わたしはニューヨークのアメリカ自然史博物館が刊行する月刊誌『ナチュラル・ヒストリー』を愛読していた。中でも毎号楽しみにしていたのが、頭脳明晰（せき）で博学なハーバード大学の古生物学者スティーヴン・ジェイ・グールドによるコラム「この生命観」だった。コラムのタイトルはダーウィンの『種の起源』の結びの1文からとったもので、グールドはそこで、進化のプロセスに関する、異端派に属する自身のアイディアをよく紹介していた。彼は、進化の不確実で予測不能な性質に重きをおいた。流麗な文体に、歴史や建築や野球についてのうんちくを散りばめつつ、グールドが提示する世界観には説得力があった。

1980年、ハーバード大学に合格したわたしは、偉大なグールドから直々に学ぶのを心待ちにしていた。グールドの一般教養講義は、タイトルこそ「地球と生命の歴史」という平凡なものだったが、内容は素晴らしく、彼本人の語りは活字で読むのに負けず劣らず魅力的だった。けれども、教授陣の中でわたしにもっとも影響を与えたのは、ハーバード大学比較動物学博物館の両生爬虫類学部門主任（現在のわたしの役職）を務めていた、アーネスト・ウィリアムズだった。高圧的な老教授だったが、爬虫類に関心のある駆けだしの若者たちにはとても親切だった。やがてわたしは、ウィリアムズの研究対象のひとつだった、あるトカゲを研究しはじめた。

小さく、たいていは緑か茶色で、指先に接着パッド、喉（のど）の下に伸縮自在のカラフルな皮膚のフラップを備えたアノールトカゲは、フォトジェニックで滑稽（こっけい）な魅力にあふれている。だが、科学研究においてアノールが有名なのは、その奔放（ほんぽう）な進化のおかげだ。アノール属 *Anolis* の既知の種は400種にのぼり、毎年新たな種が発見されている。脊椎（せきつい）動物の属としては最大級だ。アノール属が途方もなく多様なのは、局所的な種多様性が高い（最大で12種も同所分布する）うえ、地域固有種も多いためだ。ほとんどの種は、たったひとつの島か、熱帯アメリカ本土のごく狭い地域にのみ分布する。

1960年代、ウィリアムズに師事した大学院生スタン・ランドは、複数の種のアノールが生息場所の中の異なる部分に適応して共存していることを発見した。ある種は高い木の上に棲み、別の種は草むらや枝先に暮らす、というように。この事実に基づき、ウィリアムズは優れた洞察を示した。特定の生活場所を利用するスペシャリストのアノールの種の一定の組合せが、大アンティル諸島（キューバ島、イスパニョーラ島、ジャマイカ島、プエルトリコ島）のそれぞれの島で進化したと見抜いたのだ。要するに、トカゲたちはそれぞれの島で独立に多様化したにもかかわらず、進化の結果、4つの島すべてで、利用可能な生活場所をまったく同じやり方で分けあうようになったのだ。

学部生の頃、わたしはこの仮説の小さな1ピースを埋める研究として、ドミニカ共和国に分布する2種のアノールの種間関係を調査し、卒業論文を書き上げた。卒業後は博士課程進学のためカリフォルニアに移った。アノールの研究をすることはもうないだろう、重要な発見はみんなウィリアムズの研究室がやりつくしてしまったのだから。当時はそう思っていた。

若さゆえの無知もいいところだ。科学に従事した者なら誰でも知っているとおり、優れた研究プロジェクトはふつう、ひとつの問いに答えるたび、3つの新たな疑問に直面する。大学院の2年間で10以上の研究計画をお蔵入りさせたあと、わたしはようやく、島のアノールこそが、進化による多様化がどのように起こるのかを研究するのにぴったりの対象なのだと気づいた。

こうしてわたしは4年間、カリブ海の島じまを渡り歩き、木に登り、トカゲを捕まえ、たまにピニャコラーダを飲んで過ごした。最終的に、当時最先端の分析手法でわたしが示したのは、ウィリアムズは完全に正しかったということだ。形態学的にも生態学的にもきわめてよく似た種が、異なる島じままで独立に進化していた。さらに、トカゲがどのように走り、飛び跳ね、ぶら下がるかを調べた生体力学研究により、形態の多様性の適応的基盤が明らかになった。つまり、長い肢や大きな指先のパッドといった特徴が、特定の生活場所を利用する種においてなぜ進化したかを説明できるようになったのだ。

わたしが博士論文を書き上げてまもなく、スティーヴン・ジェイ・グールドの最高傑作と名高い『ワンダフル・ライフ――バージェス頁岩(けつがん)と生物進化の物語』が発売された。むさぼるように読んだわたしは、この本の主張には説得力があると思った。進化の道筋は曲がりくねっていて予測不能だ。生命のテープをリプレイすれば、まったく違った結果になるはずだ。グールドはそう論じた。

ちょっと待てよ。時間を巻き戻して生命進化のテープをリプレイするという、グールドの夢想は(少なくとも自然界では)実現不可能だ。でも、進化の反復性を検証したいなら、方法はほかにもある。同じテープを複数の場所で再生すればいい。とすると、アノールトカゲの祖先がそれぞれにカリブ海の島じまへたどり着き、進化してきたのは、事実上テープのリプレイだといえるのでは？　島じまの環境はほぼ同じだと仮定すれば、これは進化の反復性を検証しているといえないか？

まさにそのとおりで、こうしてわたしは科学的難題に直面することとなった。進化は同じことを繰り返さないというグールドの議論には説得力があった。一方、わたし自身の研究からわかったのは、進化は繰り返すということだ。グールドが間違っていたのか？　それとも、わたしの研究が例外で、むしろなんらかの形で法則を証明するものなのか？　わたしは後者を選び、グールドの世界観を受け入れた。たとえわたし自身の研究が反例だったとしても。

この四半世紀、グールドの見解への異論が噴出した。予測不可能性と非反復性に重きをおく彼の理論に対し、代替仮説が提唱された。こちらの見方は、あまねく存在する適応的な収斂（しゅうれん）進化を重視する。似たような環境に生息する種は、その中で経験する共通の淘汰（とうた）圧に対する適応として、似たような特徴を進化させる。わたしが研究したアノール属のトカゲは、こうした収斂進化の一例だ。そして収斂という現象は、進化は曲がりくねって予測不能どころか、実際にはかなり予測可能であることを示しているのだと、代替仮説の支持者たちは主張する。自然界を生き抜く方法はかぎられていて、だからこそ自然淘汰により、同じ特徴が何度も繰り返し進化してきたのだと。

『ワンダフル・ライフ』が出版され、わたしが博士号を取得してから、進化生物学はずいぶん進展した。新たなアイディア、新たなアプローチ、新たなデータ収集方法が登場した。進化を扱う研究者は爆発的に増えた。ヒトゲノムが解読され、すべての生命の系統樹が描かれ、マイクロバイオームの進化の知見が得られた。素晴らしい保存状態の化石が発見され、進化史について多くのことがわかった。

こうしたデータは、進化の予測可能性とのかかわりが深い。地球の生命の歴史を学ぶほど、収斂が実際に起こり、よく似た姿かたちが繰り返し進化してきたとわかる。わたしのアノールはもはや例外とは思えず、グールドの法則はますます疑わしく思えてきた。

そして今や、進化を研究する方法は、生命の歴史をさかのぼる以外にもある。わたしたちの目の前で起こっている進化を、リアルタイムで研究することは可能なのだ。それはつまり、実験研究ならではの、統制された手法という強みを活かして、実際にテープをリプレイし、進化は予測できるかという問題に正面から取り組めるということだ。

実験は、進化を研究するうえできわめて有効だ。それにとても楽しい。高校の化学の授業でやった実験を覚えているだろうか？　ビーカーの中で試薬を混ぜ、試験管に注ぐのは、たいして面白くもなかった。少なくとも、わたしにとっては。けれども試験管がバハマの島じまで、試薬がトカゲとなれば、話は別だ。日差しはかなり強烈だし、海を泳ぐイルカに気を取られて重要なトカゲを捕りそこなうのは、ものすごくイライラする。だが、進化実験は進化生物学の最先端であり、進化についてのアイディアを、実際に、自然の中で、リアルタイムで検証できるのだ。これほどエキサイティングなことはない！　進化実験は今や世界中でおこなわれている。トリニダードの熱帯雨林でも、ネブラスカのサンドヒルでも、ブリティッシュコロンビアの池でも。こうした実験によって、進化は予測できるのか否かを、直接調べられるのだ。

ああ、今もし大学院生に戻れたら！　進化生物学者にとって、今こそが輝かしい黄金時代だ。ゲノムシークエンサーから野外実験まで、さまざまなツールを利用して、わたしたちは、20世紀のあいだずっとこの分野の悩みの種だった疑問に、ようやく答えをだせるのだ。

本書の執筆にあたり、当初わたしは大きな疑問のひとつ、〝進化はどこまで予測可能なのか？〟を解明すべく、現在進められている研究について書くつもりだった。けれども、書き進めるうちに、単に科学研究で何がわかったかを詰め込むだけでは足りないと思うようになった。科学的知識は、不意にどこからともなく現れるわけではない。それは創造性とひらめきを武器に、自然界を理解しようと奮闘する、研究者たちの努力の結晶だ。それに、進化の予測可能性をテーマとする研究者たちは、あまりに魅力的なのだ。

そのため本書では、進化について何がわかったかだけでなく、それがどうやってわかったかも取りあげる。研究で使われた技術や、適用された理論だけでなく、アイディアが生まれた経緯も紹介したい。研究者たちはどんなふうに着想を得て、それを野外実験を通じて磨きあげたのか。あるいは、どんな予期せぬ観測結果のおかげで、たがいにかけ離れた別べつのアイディアが、幸運にも結びついたのか。さらに、彼らが研究する一見難解で学術的な問いには、この世界におけるわたしたちの存在や、身のまわりの生きものたちが変わりゆく世界にどう対処しているかを理解するのに役立つ、実践的な意義があることも示そうと思う。こうして完成した本書は、人びとと場所、植物と動物、大きな疑問と喫緊の課題をめぐる物語となった。まずは、わたしが自然を愛するようになったきっかけである、恐竜から話をはじめよう。

序章　グッド・ダイナソー

ピクサー社の映画『アーロと少年［訳注：原題はThe Good Dinosaur］』の予告編は、巨大な岩石の塊でいっぱいの小惑星帯からはじまる。そのうちのひとつが別の小惑星に衝突し、玉突きで3つ目の小惑星が宇宙空間へと弾き飛ばされて、はるか彼方の天体へと一直線に向かっていく。天体に近づくにつれ、その正体が明らかになる。その惑星は青く、ところどころに緑のまだら模様があり、白いもやがかかっている。「はるか昔、直径10キロメートルの小惑星が、地球上のすべての恐竜を滅ぼした」。淡々としたナレーションが入る。小惑星は地球の大気圏に突入し、オレンジ色に熱く燃えあがる。

次に何が起こるかは知ってのとおりだ。小惑星はメキシコ湾に衝突し、全世界で大地が揺れる。北半球の森林は自然発火して炎に包まれ、空は数か月にわたり、すすで黒く曇る。恐竜は、その他大勢の生物とともに姿を消す。大いなる悲しみの日だ。この映画はどうやら、ピクサーの過去の作品よりも暗い話、偉大なる爬虫類たちの絶滅によって幕を閉じる悲劇のようだ。

いや、そうとはかぎらない。

「でも、もしも……」。そんな問いが投げかけられ、小惑星が白亜紀の空をまっすぐに横切る。草を食む巨大な竜脚類とカモノハシ竜は、一瞬空を見上げるが、やがてまた空きっ腹に草を詰め込みはじめる。小惑星は地球のそばを通過し、破滅的な衝突ではなく、ニアミスに終わる。生命の営みは途切れず、恐竜たちの日常は続く。

「もしも」の答えをわたしは知っている。６６００万年前、恐竜の支配は最盛期を迎えていた。小惑星衝突がなければ、恐竜帝国の繁栄は続いただろう。Ｔレックス、トリケラトプス、ヴェロキラプトル、アンキロサウルス。みな生き延びたはずだ。新たな恐竜が進化し、古い種に取って代わっただろう。変わりつづける恐竜たちのパレードは、歩みを止めることなく、いまも地上を闊歩していたに違いない。

だとしたら、そこに存在しないのは誰だろう？　いないのは、わたしたちヒトだ。哺乳類が最初に進化したのは約2億２５００万年前で、恐竜とほとんど同時期だが、哺乳類はそれから1億６０００万年もの間ずっと日陰者だった。そうさせたのは恐竜たちだ。わたしたちの毛むくじゃらのご先祖様は、地球の生態系の中では取るに足らない脇役で、ほとんどの種が最小の恐竜よりもずっと小さかった。支配者たる爬虫類を避けて夜に活動し、やぶの中を走り回り、見つけた餌は何でも食べた。白亜紀の哺乳類は、見た目も生き方も、まるでオポッサムのようだった。ただし、大半の種はオポッサムより小さかったが。

小惑星が恐竜を一掃して、ようやく哺乳類チームに進化のチャンスがめぐってきた。それを大いに活かし、またたく間に数を増やして生態系の空白を埋めたため、その後の６６００万年は哺乳類の時代となった。それもすべて小惑星のおかげだ。

かつてわたしたちは、科学者も一般大衆も、哺乳類の台頭は必然だと考えていた。わたしたち哺乳類は、粗暴な爬虫類よりも本質的にすぐれている。大きな脳と体の熱を発生させる内燃エンジンのおかげだ。確かに時間はかかったが、最終的にわたしたちは恐竜に取って代わった。きっと恐竜の卵を食べ尽くすか何かして、どちらが上かを見せつけてやったのだ。

　これがばかげた考えであることは、いまや明白だ。中生代を通じて、哺乳類は進化が織りなす舞台の脇役だった。恐竜は６６００万年前のその日まで元気にやっていて、足元の獣たちに支配を脅かされてなどいなかった。小惑星衝突がなければ、平穏な日々は続き、爬虫類どうしの知恵比べのなかで、新たな種が進化し、古い種が絶滅していただろう。何千万年もの間そうだったように。わたしたち哺乳類が物陰から表舞台に現れ、生態系の主役に躍り出ると考える根拠はないに等しい。そこにはすでに恐竜がいて、生態的地位（ニッチ）を占め、資源を利用していた。彼らがいなくなってはじめて、進化史のなかで哺乳類に順番が回ってきたのだ。

　小惑星がなければ大量絶滅もなく、哺乳類の進化が花開くこともなく、あなたもわたしもいなかった。予告編の最初の数シーンで、わたしはこの映画の虜になった。あのピクサーが、恐竜を主役に、小惑星が衝突しなかった別の世界を描いたのだ。予告編の最初の45秒で、この映画は傑作になると、わたしは確信した。

　予告編ではそのあと、Tレックスが草食恐竜の群れを追い、首の長いブロントサウルス*1［1］と三本角のトリケラトプスはあわてふためき、大混乱となる。中生代のありふれた光景だ。と思いきや、わたしは二度見した。逃げまどう動物たちのなかに、角竜というよりも、毛に覆われ大きな角をもつバイソンに似た獣がいるではないか。そして次のシーン、駆けまわるブロントサウルスの頭の上に何かいる。ヒトの子どもだ！

小惑星がニアミスだったなら、どうして哺乳類がいるんだ？　結局のところ、これはピクサー映画なのだから、多少の創作が入るのは想定内だ（たとえば恐竜が英語を話すとか）。だが、ブロントサウルス、バイソン、幼児が同時に存在する可能性を示すような科学的証拠はあるのだろうか？　もし恐竜が絶滅しなかったとしても、哺乳類の多様化はやはり起こり、バイソンは、そしてもっと重要なことだが、わたしたちヒトは誕生したのだろうか？　恐竜は数千万年にわたり、哺乳類に立場をわきまえさせ、小さな体のまま藪（やぶ）の中に押し込めてきた。それだけ時が経ったあと、なんらかの理由で哺乳類が進化的な意味で解き放たれ、巨大爬虫類の支配が続くなかで繁栄に転じることなど、ありえるだろうか？

そんな筋書きがひとつ考えられると、イギリスの古生物学者サイモン・コンウェイ＝モリスはいう。恐竜は爬虫類であり、暖かい環境を好む。爬虫類の代謝は遅く、体内に熱をあまり生じさせない。外が暖かいときはそれで問題ない。周辺環境から熱を得て、必要なら日なたでじっとして、熱を吸収すればいい。恐竜帝国を支えたのは長い地球温暖化であり、当時は世界の大部分が熱帯だった。爬虫類には最良の時だ。

だが、コンウェイ＝モリスは指摘する。約3400万年前、地球の気候がとうとう変わりはじめた。世界は寒冷化し、ついには氷河期がやってきた。氷河は拡大し、世界の大部分は寒い場所となった。現在、極地に爬虫類がいないのには理由がある。寒すぎるのだ。コンウェイ＝モリスは、恐竜がまだいたとしても、地球の寒冷化により哺乳類が台頭し、進化的放散がはじまっただろうと主張する。恐竜は熱帯の赤道付近まで撤退を迫られ、高緯度・中緯度は空白地帯となり、とうとう哺乳類に進化のチャンスがめぐってきたというのだ。

ひとまずコンウェイ＝モリスの主張を受け入れ、このシナリオが正しいと仮定してみよう。哺乳類は多様化しはじめ、長く恐竜が占めてきたニッチに進出し、より大きく、より多様になる。氷河期がもたらす進化的放散は、哺乳類の時代へと続く。その壮大さと多彩さは、実際に小惑星衝突のあとに訪れた時代に引けを取らないだろう。

だが、それは同じ哺乳類の時代といえるだろうか？　そこにゾウやサイ、トラやツチブタはいるのか？それとも、このもうひとつの世界では、まったく異なる動物たちが生みだされ、わたしたちにはまるで馴染みのない種が、現生種とは異なるやり方で、資源を分かち合い、ニッチを埋めるのだろうか？　あるいは、もっと直接的に聞くなら、そこにわたしたちはいるのだろうか？　ピクサーのブロントサウルスの頭の上に座るはずの、ヒトの赤ちゃんは誕生するのか？

コンウェイ＝モリスは、最後の問いに力強く「イエス」と答える。彼の陣営の研究者たちにとって、進化は決定論的で、予測可能であり、何度も同じ道をたどるものだ。その理由として、この世界で生きていく方法はそう多くないのだと、彼らは主張する。環境がもたらす問題のひとつひとつに、たったひとつの最適解が存在し、だからこそ自然淘汰は、同じ進化の結果を何度も何度も生みだす。

彼らは主張の根拠として収斂進化をあげる。異なる生物種が、別べつに似通った特徴を進化させる現象だ。ある環境条件に適応する方法がかぎられているなら、似たような環境に暮らす生物種は同じ適応をとげると予測できる。そして、実際にそうなっているのだ。イルカとサメがよく似ているのには理由がある。どちらも、獲物を追って水中を高速移動するのに適した体型を進化させたのだ。タコの眼とヒトの眼が、区別がつかないほどそっくりなのは、両者の祖先が光を感知し、焦点を調節する、きわめてよく似た器官を進化させたからだ。収斂進化の例はほかにもたくさんあるが、後ほど紹介しよう。コンウェイ＝モリスと彼の支持者たちは、収斂進化は普遍的かつ不可避であり、したがって小惑星が衝突しなかった世界で、進化がどんな道筋をたどり、遅れてやってきた哺乳類の適応放散がどんな結果を生みだすかは予測可能だと考えた。コンウェイ＝モリスの結論はこうだ。

「活発で敏捷(びんしょう)で樹上性の類人猿のような哺乳類、そして最終的にヒト科のような仲間が出現することは、多少の遅れはあっても、必然の結果だったのではないだろうか。（中略）白亜紀末の小惑星の衝突がなかった場合、（中略）ヒト科の出現は約3000万年遅れただろう」。[2]

つまり、ピクサーがヒトの子どもとブロントサウルスを共存させたのには、れっきとした根拠があったのだ。

だが、この主張をさらに一歩先に進めるとどうだろう。もし哺乳類がずっと日陰者のままだったとしても、やはりわたしたちに似た生物が、ほかの系統の祖先から進化するのだろうか？　もしも収斂は不可避で、決まった方法へと向かわせる圧力は揺るぎないとするなら、ヒトのような生物が誕生するのに、哺乳類の台頭は必須の前提条件だと考える理由はなくなる。大きな脳、二足歩行、高度の社会性、前方を向いた眼、物体操作に長けた前肢を備えた種が、ほかの祖先系統から進化する可能性もありえた。でも、哺乳類ではないとしたら、その祖先は何だろう？

この問いに答えるには、「よき恐竜」から「悪しき恐竜」に目を移すだけでいい。注目すべきは、『ジュラシック・パーク』の悪役（そして20年後の『ジュラシック・ワールド』では意外にも正義の味方となって罪滅ぼしをする）、ヴェロキラプトルだ。やつらの賢さときたら！　狡猾なラプトルはチームで行動して熟練のハンターをだし抜き、3本指の手でドアを開ける方法も心得ている。それにすぐれた視力をもち、二足歩行だ。何かに似ている気はしないだろうか？

少数の例外を除いて、『ジュラシック・パーク』のヴェロキラプトルの描写はかなり正確だ。[*2] もちろん、どれだけ賢かったかは知りようがないが、脳は確かに大きかった。社会性があり、集団で生活し、ライオンやオオカミのように連携攻撃で獲物を捕食していたと推測する古生物学者もいる。ヒト的な動物に進化するためのスタート地点として、ヴェロキラプトルはぴったりではないか。

１９８０年代前半、カナダの古生物学者デイル・ラッセルは、まさにそう考えた［3］。彼の研究対象は、ヴェロキラプトルに近縁の小型獣脚類で、同じく白亜紀後期に生きていたトロオドンだった。トロオドンは、体重比の相対脳サイズが恐竜のなかでもっとも大きく、アルマジロやホロホロチョウに匹敵した。つまり、天才とはいかないまでも、まったくの間抜けでもなかったのだ。ラッセルはこう指摘する。動物は、数億年の年月をかけ、徐々に脳を大型化させてきた。もっとも大きな脳をもつ恐竜が、恐竜時代の終盤に現れたのは、時とともに脳が大きくなる傾向に恐竜も従っていた証拠だ。小惑星が恐竜を一掃しなかったらどうなっていただろう？　トロオドンの子孫が、自然淘汰によってますます脳を大きくする方向へと向かっていたら、どんな姿に進化しただろう？

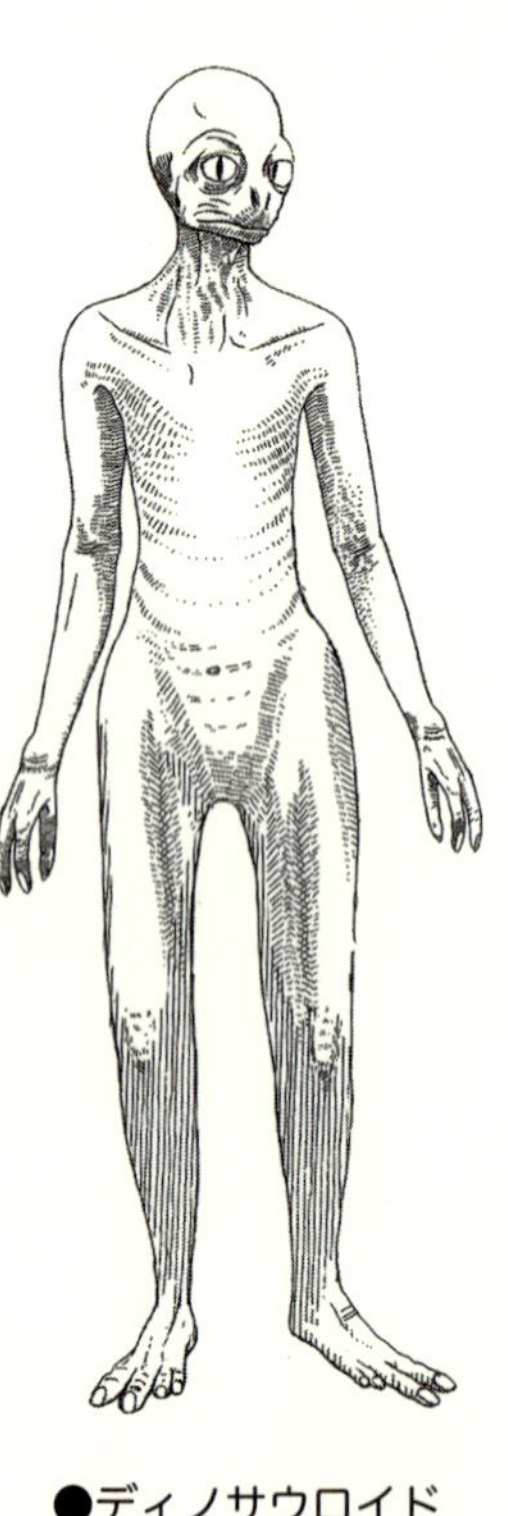

●ディノサウロイド

　ラッセルは、現代にトロオドンの子孫がいたらどんな姿か、論理的に推測した。脳頭蓋（とうがい）が大きくなると、ふつう顔の部分は短くなる。重い頭は、体の真上に配置したほうが安定する。これにより直立姿勢が有利になり、前傾姿勢のときには前半身とバランスをとる重石の役割を果たしていた尾は、もはや不要になる。さらに直立歩行に最適となるよう、脚とくるぶしの構造にいくらか手を加えたら、完成だ。味気なく「ディノサウロイド（恐竜人間）」と名づけられたこの生物の、緑色のうろこに覆われた姿は、お尻や爪に至るまで、不気味なくらいヒトに似ている。

　ここで思いだしてほしい。ラッセルは、恐竜がどうすればヒト型に進化するかを解き明かそうとしたわけではなかった。彼が考察したのは、脳のサイズを増大させる淘汰圧が、ほかにどんな解剖学的変化を生みだすか、だった。その思考実験の産物が、わたしたちに驚くほどよく似た、爬虫類人間だったのだ。

　ラッセルの進化予測は、ヒトのような生命体への進化は不可避だというコンウェイ＝モリスのアイディアの何年も前に生みだされたものでありながら、それとぴったり重なっていた。実際、あまりに相性がよかったので、ＢＢＣのドキュメンタリー番組では、カフェでコーヒーを飲むコンウェイ＝モリスの隣に、新聞を読むディノサウロイドが登場した［4］。

というわけで、ピクサーのプロットには2つの選択肢があった。もしも白亜紀の小惑星が本当に地球に衝突しなかったら、コンウェイ＝モリスらによれば、ヒト、あるいはヒトのような生物のいずれかが進化した。残る問題は、その体を覆っていたのが毛（つまり、遅れてやってきた哺乳類の適応放散の結果）だったのか、あるいはうろこ（こちらは、自然淘汰が恐竜の脳のサイズを増大させる方向へと進んだ結果）だったのかだけだ。

もし歴史の流れが違っていたら、何が起こっていただろう？　そんなふうに、事実に反する空想をするのは楽しい。だが、ヒト型生物への進化は不可避なのかという問いは、単なる地球の歴史についての憶測にとどまらない。

今やわたしたちは、宇宙には生命体が存在しうる惑星がたくさんあると知っている。このような「居住可能な太陽系外惑星」は、暑すぎず寒すぎず、表面に液体の水が存在している。近年の研究では、天の川銀河の中だけでも、こうした惑星の数は数十億にのぼると推定されている。地球にもっとも近いものは、わずか4光年先にあるかもしれない［5］。

こうした惑星の一部で生命が進化したと仮定しよう。それはどんな姿をしているだろう？　地球の生命とは似ているだろうか？　そして、知的生命体はわたしたちと同じくらい賢いだろうか？　それとも、それ以上？　その姿はヒトに似ているだろうか？　似ているとしたら、どのくらい？

数かずのSF映画を信じるなら、「かなり似ている」という答えになる。そして、この答えに賛同する著名な科学者もいる。生物学者の故ロバート・ビエリは、「もし地球外の知的生命体とのコミュニケーションに成功したとしたら、相手は球体やピラミッド、立方体やパンケーキ型ではないだろう。わたしたちに恐ろしく似ているのは、ほぼ確実だ」と述べた［6］。新興学際分野である宇宙生物学*3の第一人者、デヴィッド・グリンスプーンはさらに踏み込んで、「彼ら（宇宙人）がいつかホワイトハウスの芝生に降り立ったとき、タラップを歩く、あるいは這う相手に、わたしたちは奇妙な既視感を抱くだろう」という［7］。驚くにはあたらないが、コンウェイ＝モリスも同意見で、「進化に制約があり収斂がどこにでも見られるのであれば、わたしたちに似たものが出現するのはほとんど必然的だ」と述べている［8］。だが、彼らの地球外生命体についての予測の科学的根拠を検討する前に、いったん地球に戻るとしよう。

ここはアフリカ南東部。ザンビアの疎林に、暗闇が駆け足で訪れる。わたしは両生爬虫類学者（つまりはトカゲ屋）で、夜行性のライオンを追跡するのは普段の仕事ではない。だが今回は、南アフリカでのフィールドワークの前に、ちょっとした休暇でザンビアを訪れていた。驚くべきことに、ライオンは車の存在に慣れてしまえば、獲物を求めてうろつく後ろからつけまわしても気にしない。わたしたちはその真っ最中というわけだ。

右側で何かが動いた。あまり大きくない動物が近づいてくる。このままではライオンのプライド（群れ）と鉢合わせするというのに、気づいていないようだ。のそのそと近くまで歩いてきて、正体がわかった。アフリカタテガミヤマアラシだ。体重30キログラム弱のこの齧歯類は、頭から尾までとがった針に覆われている。針は長いもので45センチメートルにもなり、もちろん防御用だ。まさに今のような状況のためにあるわけだが、いつも効力を発揮するとはかぎらない。ライオンには対抗戦術がある。ヤマアラシの体の下に前足をすべり込ませ、ひっくり返して無防備な腹部をさらけださせるのだ。その後は、ご想像におまかせする。

コメディドラマ『となりのサインフェルド』にこんなエピソードがある。ある日、アンテロープが主役の自然ドキュメンタリーを見ていたジェリーは、ライオンに襲われるシーンでこう叫ぶ。「走れ！　全速力で逃げろ！」　次の日、ジェリーはまた別の自然ドキュメンタリーを見ている。今度はライオンが主役だ。ライオンたちがアンテロープを追うのを見て、彼はまた叫ぶ。「捕まえろ！　食っちまえ！　頭に噛みつけ！スピードをださせるな、だまし討ちにしろ！」　その夜わたしたちが追っていたのはライオンだが、わたしはヤマアラシを応援した。そいつはほっといて、もっと大きな獲物を狙うんだ！

だがもちろん、そうはならなかった。1頭のメスライオンがヤマアラシに近づいていく。ヤマアラシは背中をメスライオンに向け、ネコが背中を丸めて毛を逆立たせるように、針を直立させた。そして尾の針を振動させ、かちゃかちゃかちゃと音をたてた。

驚いたことに、この作戦は功を奏した。一瞬の間のあと、メスライオンは引き返し、プライドに戻った。そしてヤマアラシは夜の闇へと去っていった。

その夜が更ける頃、わたしはこのできごとを頭の中でリプレイしつつ、以前ヤマアラシに遭遇したときのことを考えていた。ヤマアラシは、アフリカとアジアだけでなく、新大陸にも広く分布する。野生のカナダヤマアラシは1度しか見たことがないが、よりにもよって木の上にいた。地上10メートルのところにいるそばを、スキーリフトで通り過ぎたのだ。コスタリカの熱帯雨林では、キノボリヤマアラシを何度も見た。こちらもたいてい樹上にいた。

これらの種には確かに違いもある。いちばんわかりやすいのはサイズだ。アフリカタテガミヤマアラシは、北米のカナダヤマアラシの2倍の体重で、パナマ固有の小型種ロスチャイルドヤマアラシと比べれば30倍にあたる。針の長さも異なり、タテガミヤマアラシは35センチメートルだが、カナダヤマアラシは10センチメートルで、ロスチャイルドヤマアラシの針はもっと短い。[*4] 赤い鼻をもつ種もいれば、茶色い鼻の種もいる。オマキヤマアラシの仲間は尾に針をもたない。だが、こうした相違点は、共通点と比べれば色あせて見える。どの種も針に覆われているだけでなく、ずんぐりむっくりで短足の体型、小さな眼、逆立ったヘアスタイル。これらの共通点からして、ヤマアラシは進化的にいえば、みなひとつの家族で、すべての種の共通祖先である原初のヤマアラシもトゲトゲだったのだろうと、わたしは信じて疑わなかった。

この考えが間違いだと知って、わたしがどれだけ驚いたか！

新世界と旧世界のヤマアラシは、どちらもトゲトゲではあるが、同じ進化的遺産を受け継いだわけではない。クールにとがった外見は、共通祖先から受け継いだものではなく、針のない齧歯

●2種のヤマアラシ

カナダヤマアラシ（左）、アフリカタテガミヤマアラシ（右）。

類の異なる2系統が、独立に針を進化させた結果なのだ。それはつまり、収斂進化の結果というわけだ。

収斂進化にだまされたのはわたし1人ではない。それどころか、最高の仲間に恵まれている。かのチャールズ・ダーウィンも、いわずと知れたガラパゴス諸島の探訪の際に一杯食わされた。ダーウィンがガラパゴスで発見した十数種の小鳥たちは、現在では彼にちなんでダーウィンフィンチとよばれている。だが、彼自身はこの鳥たちがたがいに近縁で、過去のどこかの時点で島じまに入植した1種類のフィンチの子孫たちであると気づかなかった。そして、これらの種は母国イギリスでもおなじみの4つのグループに属すると考えた。その4つとは、狭義のフィンチ類、シメ・イカル類、クロウタドリ、ミソサザイだ。

ロンドンに戻り、高名な鳥類学者ジョン・グールドに標本を見せてはじめて、ダーウィンは間違いに気づいた。ガラパゴスの鳥たちは、いくつもの見慣れた系統の代表種の集まりではなく、ガラパゴス固有のひとつのグループを構成していた。ダーウィンは収斂進化にだまされたのだ。この大発見も、ダーウィンが航海から得たその他の知見も、すべてがひとつの真実を指し示していた。種は変異する。1845年に刊行され、ベストセラーとなった『ビーグル号航海記』の改訂版で語られるフィンチの逸話は、その10年後に訪れる衝撃を暗示する内容になっている。

「これだけ小さくて、深い類縁関係をもつ鳥たちのあいだで、その体構造が順を追い変化し多様化を示していく事実を前にすると、次のような空想を本気でめぐらしたくなるだろう。つまり、この群島に元来いたごく少ない固有種群から、ある1種が選びだされ、別べつの目的にそって変形させられたのではないか、と」

広い視野でみると、この逸話は、ガラパゴス諸島のフィンチがほかの土地でさまざまな生活場所を利用する、いろいろな鳥たちに似た姿へと多様化したことを意味する。ダーウィンもそれに気づいていた。彼は『ビーグル号航海記』では収斂進化に言及しなかったが、14年後の『種の起源』では、この概念を明確に説明している。

「2人の人間が独自にまったく同じ発明を思いつくことがあるものだ。それと同じで、自然淘汰は、共通の祖先から遺伝した共通の構造はほとんど備えていない2種類の生物の部位に、ほぼ同じような変更を加えることがある」

収斂進化に惑わされた初期の博物学者はダーウィンだけではない。1770年、クック船長が最初の南太平洋の航海でボタニー湾に上陸した際、探検に同行した博物学者のジョセフ・バンクスは、母国イギリスにオーストラリアの鳥類の標本と絵を送った。これを皮切りに、その後半世紀にわたって入植者や探検家が母国に大量に標本を送りつづけ、数多くの新種の存在が明らかになった。

こうして発見された、おびただしい数の新種の鳥を分類・整理した中心人物がジョン・グールドだ。フィンチについてダーウィンに助言を与えたのと同時期に、彼はオーストラリアの鳥の包括的な解説に取りかかった。現地に行かなくてはやり遂げられない仕事だとすぐに気づき、グールドは荷物をまとめてオーストラリアに移住し、そこで3年半を過ごした。そして最終的に、全7巻におよぶ図と解説からなる大著『オーストラリア鳥類図譜』を完成させた。

だが、ダーウィンフィンチの正体を的確に見抜いたグールドも、オーストラリアの鳥類相の系統関係については大きな間違いを犯した。オーストラリアの鳥には、ミソサザイ、ムシクイ、チメドリ、ヒタキ、コマドリ、ゴジュウカラなどのヨーロッパの種と、よく似た姿と行動を示すものが多い。そのためグールドは、新たに発見されたオーストラリアの鳥たちを、既知の北半球の鳥と同じ科に分類した。

グールドが間違ったのは無理もない。その後150年にわたり、大勢の博覧強記の鳥類学者たちが彼と同じようにだまされて、オーストラリアの鳥たちを入植者とみなした。そして、この地の鳥類相は、たくさんの系統の鳥が繰り返し侵入した結果であると考えた。

ところが、1980年代に端を発する遺伝子研究［9］により、実際には、鳥たちの大部分はオーストラリア内で大規模な進化的放散をとげたのだとわかった。つまり、近縁関係にあるのは姿かたちのかけ離れたオーストラリアの鳥どうしで、それらは外見がそっくりな北半球の鳥と同じ科には属さない、収斂進化の産物だったのだ。*5

思いもよらない収斂進化の事例の発見はいまも後を絶たない。それどころか、膨大な数の生物種の遺伝子データが得られるようになって、系統関係の理解は飛躍的に進み、生命進化の系統樹の姿がますます明確になってきている。その結果、これまで形態の類似に惑わされていたが、じつはその形質は共通祖先から受け継いだものではなく、独立に派生したものだったと判明する例が相次いでいるのだ。

どちらを向いても収斂進化というこの現実は、どう説明すればいいのだろう？　ダーウィンが提唱した、常識的な解釈をするなら、次のようになる。もし異なる種が、よく似た環境で、生存と繁殖にかかわる同じような課題に直面したなら、自然淘汰を通じ、似たような形質が進化するだろう。大型の種子は鳥にとって餌資源であり、種子を割って開けるためには大きなくちばしが必要だ。そのため、大きなくちばしをもつ鳥は、種子が豊富な多くの土地で進化した。大型ネコによる捕食の脅威に対し、大型の齧歯類は棘（とげ）による防御を繰り返し進化させた。その武器は、アフリカのライオンに対しても、南北アメリカ大陸のピューマに対しても、同じように効果的だ。

この20年で、こうした考えを地球外にまで拡張する生物学者が現れた。この地球上で、生命はその歴史を通じ、世界各地で何度も同じ課題に直面し、同じ解決策を進化させてきた。地球で生じる物理的課題に、地球に似た惑星に住む生命体も直面しているはずであり、したがって共通の生物学的解決策を編みだすだろうと、彼らは主張する。ラトガース大学の古生物学者ジョージ・マクギーいわく、高速遊泳する水生生物をつくる方法はひとつしかない。だからイルカやサメ、マグロ、魚竜（絶滅した恐竜と同時代の海生爬虫類）はどれも似ているのだ。

さらに論を進め、マクギーはこう主張する[10]。「もし木星の衛星エウロパの海に高速遊泳する大型生物がいて、全球を覆いつくす万年氷の下を泳ぎ回っているとしたら、その生物は流線型で紡錘（ぼうすい）形の体をもち、ネズミイルカや魚竜、カジキやサメにきわめてよく似ているだろうと、わたしは自信をもって予想する」。コンウェイ＝モリスも同意見だ[11]。「もちろん、地球に似たすべての惑星に生命や、あまつさえヒト型生

●サメ（上）、魚竜（中）、イルカ（下）

物がいるはずはない。だが、高度に進化した植物は、花にそっくりになるはずだ。空を飛ぶ方法は数えるほどしかない。サメのように泳ぐ方法もかぎられている。鳥類や哺乳類のように内温性を生みだすやり方も、決して多くはない」。

マクギーやコンウェイ＝モリスの見方には異論もある。その理由を知るため、再び映画に目を向けてみよう。

1946年公開の古典的傑作『素晴らしき哉、人生！〔訳注：原題はIt's a Wonderful Life〕』のクライマックスで、ジェイムズ・スチュアート演じる主人公ジョージ・ベイリーは、失敗続きの人生に絶望し、生まれてこなければよかったと願う。すると、ジョージの守護天使クラレンス・オドボディが、ジョージがいなければベドフォード・フォールズの街の日常は現実とはまったく違う、はるかにひどいものになっていた様子を見せる。ジョージの弟は死に、友人や家族は不幸になり、家を失い、服役する。兵士たちを乗せた船は沈没する。街には格差が蔓延する。自分の人生に価値があったと気づいたジョージは、自殺を思いとどまる。すると街の人びとが、これまでの恩返しにと彼を窮地から救い、かくして彼の善行は報われる。

アメリカ映画協会は2006年、『素晴らしき哉、人生！』を史上もっとも感動的な映画に選んだ。著名な古生物学者・進化生物学者スティーヴン・ジェイ・グールドも、この映画に感銘を受けた1人だが、その方向性はふつうの人とは違っていた。彼にとって、この映画は生命進化の歴史の象徴だった。彼が1989年の自著のタイトルを『ワンダフル・ライフ』としたのも、この作品に敬意を表してのことだ。同書でグールドは、進化において歴史的偶発性が重大な役割を果たすと論じた。彼のいう偶発性とは、ある一連のできごとが歴史の流れを決定づけることだ。AのおかげでBが起こり、BのおかげでCが、CのおかげでDが、というように。歴史的偶発性に支配された世界では、Aを改変すれば、Dは得られない。ジョージ・ベイリーが生まれなければ、ニュー・ベドフォードでは物事が異なる展開をみせる。

生命はジョージ・ベイリー的なできごとに満ちていると、グールドは主張する。大事件もあるが、ほとんどは瑣末(さまつ)で、しかしそのいずれも生命を異なる方向に向かわせる可能性を秘めている。落雷、倒木、小惑星衝突、あるいは母親の遺伝的変異のどれが娘に受け継がれるかというコイントスでさえも、はるか先まで影響を及ぼす重大な違いを生みだしうるのだ。グールドの言葉を借りれば、ジョージ・ベイリーのいないニュー・ベドフォードと同じで、「開始時点の状態にさして重要そうではないちょっとした変更を加えて（生命の歴史の）テープをリプレイさせても、やはり（中略）まったく異なる歴史が展開される」。

この生命観は、わたしたちを取り巻く生命の多様性の見方に大きく影響する。もし進化が偶発性に支配されているなら、予測可能性はゼロであり、コンウェイ＝モリス的決定論は破綻(はたん)する。最終的な結果は偶発性に左右されるため、最初の時点では誰ひとり結末を予測できない。最初からやり直せば、まったく違った結果になるかもしれない。肝心かなめの例の問いに対しては、「（生命の）テープを100万回リプレイさせたところで、ホモ・サピエンスのような生物が再び進化することはないだろう」というのが、グールドの結論だ[12]。

グールドの主張は、エレガントかつ説得力十分で、しかも誰でも身に覚えがある。「もしXしなければ、Yは起こらなかった」。そんなふうに、Xに些細(ささい)なこと（名前の発音を間違えた）や大ごと（飲みすぎた）を、Yに起こってほしくなかったことをあてはめて考えた経験が、あなたにもきっとあるだろう。

だが、納得のいく説明ではあるものの、証拠はあるのだろうか？　生命の歴史はひとつしかない。進化の反復性は、どうすれば検証できるのだろう？　グールドは、こうした問いに答える方法として、ひとつの思考実験を提案した。生命テープのリプレイ、つまり同じ初期状態に戻り、同じ結果が生じるかを見届けるのだ。思考実験は科学や哲学の分野で長い歴史をもつ。この設問には、とりわけ大勢が取り組み、膨大な成果が生みだされてきた。

いうまでもないが、コンウェイ＝モリスと支持者たちは、グールドの根本的な前提そのものに異を唱えている。初期のできごとに変更を加えても、最終結果にたいした影響はない、と考えているのだ。偶発性の意義は、あまねく存在する収斂進化が教えてくれる。要するに、たいていの場合、歴史的事象の連鎖の細部がどうあれ、だいたい同じような結果が生じるのだと、彼らは主張する。

収斂と進化的決定論をめぐる問題は、グールドが『ワンダフル・ライフ』を著した当時は争点になっていなかった。だが、9年後に出版されたコンウェイ＝モリスとのやりとりのなかで、グールドは立場を明確にした[13]。彼は、収斂の重要性は「過大評価」されていると述べ、反証としてまずオーストラリアをあげた。

地球の裏側にやってきたクック船長の探検をもう一度思いだしてみよう。探検隊が最初に出会った動物のひとつがカンガルーだった。カンガルーは、現代のオーストラリアにおける植物食の在来種の主役であり、機能的にはシカやバイソンをはじめ、世界の他地域に住むさまざまな植物食者と同じ位置にいる。だが、グールド（ジョンではなくてスティーヴン・ジェイ）が指摘するように、カンガルーはほかのタイプの植物食者に収斂していない。カンガルーとシカが別種の動物なのは、赤ちゃんにでもわかる。

コアラもそうだ。愛らしい、樹上性のクマのようなコアラは、のんびりと1日20時間も眠り、主食のユーカリの葉を解毒する（おかげで毛皮からはメンソールの香りがする）。こんな動物は世界中でほかのどこにもいない［14］。現代どころか、化石記録をさかのぼってもいっさい見つからない。[*6]

だが、1回きりの進化の例をひとつだけあげるなら、この動物をおいてほかにない。有毒の蹴爪（けづめ）、最高級の毛皮、獲物の筋肉が発する生体電気を探知する鼻先の電気受容器官。強靭で扁平な尾、水かきのある足、産卵。そして、カモのようなくちばし。世界一の不思議動物、カモノハシの姿は、まるで動物界のあちこちからパーツを借りてつぎはぎしたようだ。あまりに珍妙な姿ゆえ、18世紀末、シドニーで積み込まれた標本がインド洋を越え、はじめてイギリスに到着したとき、学者たちは縫い目を探して何時間も無駄にするはめになった。彼らは、器用な中国人商人がパーツを寄せ集めてつくった偽物に違いないと考えたのだ。

●カモノハシ

オーストラリアの例ばかりあげてきたが、1回きりの進化はいたるところで起こっている。キリン、ゾウ、ペンギン、カメレオン。これらの種は、特定の生態的地位（ニッチ）に完璧に適応していて、進化的な模造品といえるような動物は、現在にも過去にも存在しない（「1回きりの進化」といっても、必ずしも1種とはかぎらないことに注意。たとえば、ゾウの現生種は3種いて、過去にはマストドンやマンモスなど、もっとたくさんの種がいた。だが、これらの種はすべて、単一の祖先ゾウから派生したものだ。したがって、ゾウは進化的にユニークな存在といえる。長い鼻を生きる術とする生物は、たった1度しか進化しなかったのだ）。

収斂進化は科学の範疇にある現象なのだから、それが普遍的か否かという問いには科学で答えがだせるはずだと思うかもしれない。だが、過去に何が起こったかを解明するのは難しい。わたしたちが小学校で習う科学の方法論は、観察をもとに仮説を立て、それを実験室での鑑別実験で検証する、というものだ。この図式は、機械論的科学の営みをきわめてシンプルに表している。細胞や分子といった「もの」のはたらきを解明する科学分野はこれにあてはまる。ある特定の形質を生みだすのに、ある特定の遺伝子が重要だという仮説を立てたなら、分子生物学の魔法で遺伝子をノックアウトして、その形質が生じるかどうかを確かめればいい。

だが、進化生物学は歴史学だ。天文学者や地質学者と同じで、進化生物学者は過去に何が起こったかを解明する。そして歴史学者と同様に、時間の矢の非対称性に悩まされる。過去に戻って何が起こったかは観察できないのだ。それに、誰でも知っているように、進化はきわめてゆっくりと起こるため、リアルタイムの経過観察もできそうにない。

スティーヴン・ジェイ・グールドが提案したのは、まさに進化生物学者がやりたい実験だった。進化を繰り返しリプレイして、その結果が実験上の操作の影響をどれだけ受けるかを調べる。だが、これが思考実験とよばれるのには相応の理由がある。実世界ではできない、という理由だ。少なくとも、かつてわたしたちはそう思っていた。

ダーウィンも、その後の1世紀のあいだに活躍した生物学者たちも、ある重要な点で間違っていた。進化は、必ずしも蝸牛（かぎゅう）の歩みで進むわけではない。環境が激変しているときなど、自然淘汰が強くはたらけば、進化は超高速で爆走することもあるのだ（進化はカメであると同時にウサギでもある。わたしたちがどうやってそれに気づいたかについては、第4章で述べる）。

急速な進化は実在し、そのおかげでわたしたちは、生物が淘汰圧に反応するかどうか、するとしたらどんな反応かを観察できる。だが、それだけではない。ダーウィンが知ったら仰天するような話だが、いまや研究者たちは、統計処理が可能な、統制された形式にしたがって、条件を操作し、オリジナルの進化実験をおこなっているのだ。実験生物学者と同じように、わたしたちは進化のメカニズムを検証する。ただし、場所は自然の中、対象は野生個体群だ。研究者たちは、ネブラスカの砂丘に設置された２０００平方メートルのケージに毛色の濃いネズミと淡いネズミを放したり、トリニダードの渓流に棲むグッピーを捕食者のいる淵（ふち）からいない淵へと移したり、生きた枝のようなナナフシの生息場所をあれこれ変えたりして、おのおの実験に勤（いそ）しんでいる。

わたし自身もこうした実験をおこない、バハマの小さなトカゲがなぜ長い脚に、あるいは短い脚に進化するのか、仮説を検証してきた。物好きと思われようが、わたしたちは科学のためなら犠牲をいとわない。海に囲まれた美しい島じまで、吹きさらしの陸上をほっつき歩くのは重労働だが、誰かがやらなくてはならないし、だからわたしたちがやるのだ。詳細は第6章で述べるとして、いまはこれだけ言っておこう。バハマを毎年訪れ、ポータブルX線撮影装置で無数のトカゲの肢の長さを測定すると、トカゲの個体群は急速に進化しているとわかる。さらに、トカゲが経験する環境を実験的に操作し、生活場所の使い方を変化させると、島じまの個体群は急速に、かつ予測可能な方向へ進化する。

野生下の進化実験はまだ揺籃期にあるが、実験科学者はこうした仕事を何十年も前から続けてきた。彼らの研究では、自然の中の現実は考慮されないが、そのかわり実験室ならではの厳密さで、緻密に統制された環境の中で、個体群は進化を続ける。そのうえ、寿命の短いモデル生物、とりわけ微生物を使うと、長期間かつ多数の世代にわたる実験が可能になり、進化が起こる余地が広がる。ある実験研究では、微生物の進化を四半世紀以上にわたって記録し、12の個体群がどれくらい同じ方向に進化するかを検証している。

わたしはよく、進化生物学を推理小説にたとえる。事件が起こり（つまり何かが進化し）、わたしたちは何が起こったのかを探る。もしタイムマシンがあれば、過去に戻って自分の目で確かめられる。もしテープをリプレイできれば、過去の状態をそのまま復元して、再生ボタンを押せばいい。

だが、実際にはどちらも不可能だ（ただし重要な例外がひとつあり、それについては第9章で取りあげる）。代わりに、わたしたちは与えられた数かずの手がかりをもとに、シャーロック・ホームズのように、できるかぎり事実を解き明かすしかない。進化の歴史におけるパターン、すなわち現生種と過去に存在した生物の化石からは、進化がどれくらい同じ結果を繰り返し生みだしてきたかを推定できる。また、いま現在はたらいている進化のプロセスの研究もできる。実験をおこない、進化がどれだけ反復的で、予測可能なのかを解明するのだ。同じところからスタートしたら、結果はいつも同じになるだろうか？　違うところからスタートしても、同じ淘汰圧がかかれば、同じ結果に収斂するだろうか？　つまり、テープをリプレイできなくても、進化のパターンとプロセスを研究できるのだ。２つを統合することで、いまや研究者たちは、進化の反復性についての理解を深めつつある。

こうした背景のもと、本書では、どのくらい「生命は繰り返す」のか、つまり種が共通の環境条件に反応して共通の適応を進化させるのかを考える。大げさに言えば、これは決定論についての本だ。自然淘汰は、同じ進化的結果を必然的に生みだすのか、それともその生物が経験する特定のできごと、すなわち歴史的偶発性が、最終結果を左右するのか？

同時に、こういったトピックを研究者がどうやって調べるのかも本書のテーマだ。ＤＮＡ解析や世界の果てでのフィールドワークといった、さまざまな研究手法の統合は、わたしたちを取り巻く生命の進化的起源の解明にどうつながるのか？　そして、科学そのものがどんなふうに進化するのか、新たなアイディアがどこから生まれ、それを検証する研究プログラムがどうやってつくられるかにも注目する。その主軸は、進化研究における実験的手法の台頭だ。ダーウィンの時代から１世紀以上も想像すらされなかったアプローチが、いま脚光を浴びている。

本書には、塵ひとつないラボや混沌としたフィールドで活動する、大勢の研究者と彼らの研究が登場する。だが、本書の話題は学術的関心にとどまらない。進化はいまこの瞬間も、見渡すかぎりあらゆる場所で起こっていて、その影響が及ぶのはけっして専門家どうしの論争だけではない。とくに重要なのは、わたしたちヒトと、ヒトを利用する片利共生生物との間の、進化的な直接対決だ。一方では、自然がわたしたちの管理に抗い、反撃している。ヒトが一部の種を「有害生物」とよぶのは、ヒトが自分たちのために取っておくつもりだった資源を、それらが不遜(ふそん)にも利用するからにほかならない。農地に侵入する雑草、穀物を食い荒らすネズミ、収穫を台無しにする昆虫。ヒトは化学物質や、最近では遺伝子操作を武器に有害生物と闘うが、やつらはすぐに対抗策を進化させる。

70億人を数え、いまも増えつづけるわたしたち自身も、ときには資源として収奪される。マラリア、HIV、ハンタウイルス、インフルエンザ。こうした微生物にとって、ヒトの体は作物と同じだ。病原体はヒトをうまく利用できるよう進化を続ける。対するわたしたちは、害虫駆除と同じように、化学物質を武器に病原体と闘う。だが、病原体はまたたく間に耐性を獲得する。

ここへきて、偶発性と決定論の論争が現実世界で意味をもつ。もし、急速な進化がいつ起こるかだけでなく、どんな形態をとるかも予測できるとしたら、一般原則を導きだせるし、疾病や害虫に効果的な対策をとるための備えになるだろう。だがもし、急速な進化のそれぞれの事例が、その状況に固有の偶発性の産物だとしたら、わたしたちは新たな雑草、害虫、病原体に出くわすたび、進化における宿敵がどう適応しているのか、それにどんな対処が可能なのかを、一から考え直さなくてはならない。

偶発性と決定論の論争は、哲学的な形でもわたしたちに影響を及ぼす。ほかの生物種と同じく、ヒトにおいても収斂進化は起こってきた。たとえば、ヒトだけにみられる、おとなになっても乳を飲み消化する能力は、数千年前に動物を家畜化するまでは無意味だったが、その後世界各地の牧畜社会で収斂進化した。人類の歴史に多大な影響を及ぼした皮膚の色や、高標高地への適応など、ほかにも収斂進化の結果として生じた形質は枚挙にいとまがない。

もちろん、ヒトという種そのものは収斂の産物ではない。わたしたちは1回きりの進化の一例であり、進化的なそっくりさんはいない。進化的決定論は、ヒトがどう進化したか、あるいはなぜ進化したかについて、何を語るだろう？　わたしたちが現れなければ、ほかの系統が代役を演じて、最終的にヒトそっくりな種が誕生し、彼らのひとりが本書をうろこに覆われた3本指の手で書きあげただろうか？　この地球ではそうならなかったとしても、木星の衛星や、はるか遠い系外惑星ではどうだろう？

おっと、また先走ってしまった。もう一度地球に戻って、この星で収斂進化が実際どれだけ普遍的なのか確かめてみよう。

＊1　恐竜マニアの皆さんは、ブロントサウルスという名はとうの昔に無効になり、ややこしい分類学上の理由でアパトサウルスに変更されているとご存知のことだろう。そうやって、博識ぶって水を差すあなたにお答えしよう。「残念でした！　新たな発見により、ブロントサウルスという名は2015年に復活しました」

＊2　ただし、映画のなかの恐竜の実際のモデルは、近縁のデイノニクスだ。映画とは異なり、ヴェロキラプトルの実物は、頭までの高さが1メートルに満たなかったとされる。ところが、まるで現実がフィクションを真似たかのように、『ジュラシック・パーク』の公開後まもなく、ヴェロキラプトルに近縁の大型種が新たに記載された。この種はユタラプトルと名づけられ、大きさは映画のなかのラプトルと同じくらいだった。

＊3　ここではない宇宙のどこかにいる生命と、地球の生命の起源の研究に特化した学問分野が本当にあるのだ。

＊4　これらの数値は、おもな武器である丈夫で硬い針についてのものだ。細く柔軟な針はもっと長いこともある。

＊5　オーストラリアに鳥類が繰り返し侵入した事実はなかった。遺伝子データはむしろ、鳥類の（なかでもスズメ亜目の）多くの科がオーストラリアで誕生し、そこから外の世界へと羽ばたいていったことを示している。

＊6　ただし、興味深いことに、コアラの指先にある畝や渦巻きはヒトのものと非常によく似ていて、専門家でさえコアラとヒトの指紋を見分けるのは一苦労だ。

第一部 ● 自然界のドッペルゲンガー

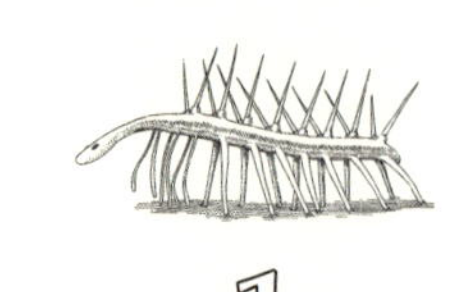

第1章 進化のデジャヴ

大海原を泳ぐクジラを思い浮かべてみよう。流線型の体、ひれ、小さな背びれ、上下に波打つ尾。これほど魚に似ているのだから、古代ギリシャの人びとがクジラは魚の一種だと考えたのも無理はない。この誤解は数千年も続いたが、250年前、カール・リンネがついに終止符を打った。仔を産む、乳腺があるといった特徴をもとに、クジラを哺乳類に分類したのだ。[*7] 古代ギリシャ人も収斂進化に騙されたというわけだ。

リンネ以前の科学者とわたしたちでは隔世の感がある。進化についての知見は大幅に増え、解剖学や種間の系統関係の研究が進んで、数えきれないほどの収斂進化の事例が見つかった。それでも、リストは完全ではない。分子生物学の新たなデータが怒涛のように押し寄せるなか、わたしたちは今も古代ギリシャの時代と同様、騙されていたことにたびたび気づかされている。共通祖先から形質を受け継いだために似ているのだと思っていた種は、じつは独立に収斂進化によって同様の形質を獲得していたのだと。

最近の例を2つあげよう。ウミヘビは、見方によってはもっとも危険な部類のヘビだ。一部のウミヘビの毒は、同じ量で比較した場合、ヘビ毒としてはもっとも毒性が強く、致死的だ。幸い、ほとんどの種のウミヘビは、捕まってハンドリングされたときでさえ、めったに咬まない。しかし例外もある。イボウミヘビは激しい自衛攻撃をするため、世界のウミヘビ咬傷による死亡事故の90パーセントはこの種が原因だ。鼻先が下顎に覆いかぶさっているため、英名では「Beaked sea snake（くちばしのあるウミヘビ）」とよばれ、場所によっては非常に数多くみられる。分布域は広大で、アラビア湾からスリランカ、東南アジア、オーストラリアやニューギニアにまで達し、世界でもっとも広範囲に分布するヘビのひとつだ。

と、いうことになっていた。ところが2013年、スリランカ、インドネシア、オーストラリアの共同研究チーム[1]が、イボウミヘビの個体群間の遺伝的差異を型通りの手順で比較したところ、明らかに型破りな結果に行き着いた。分布域のどこをみても、個体群間にほとんど形態的差異はみられないというのに、遺伝的には大きく異なっていたのだ。具体的には、オーストラリアのイボウミヘビの個体群は、アジアのイボウミヘビ個体群よりも同じオーストラリアの他種のウミヘビに近縁だった。同様に、アジアのイボウミヘビ個体群にもっとも近縁なのは、アジアの他種のウミヘビだった。つまり、イボウミヘビは1種ではなく、2種いたのだ。この種の分類基準となっていた形質は、くちばし、配色、全体的な外見のみならず、猛毒までもが収斂進化の産物だったのに、それがあまりに似ていたため、インド洋で隔てられた遠い親戚どうしが同種とみなされていたのだ。

ウミヘビを見た経験がない読者のために、もうひとつ身近な例を紹介しよう。若い頃、心身ともにピュアだったわたしは、刺激物や酒に手をだすのが遅かった。成人してまもないある日、わたしは友人宅を訪れ、彼女はお茶を淹れてくれた。お茶を飲む習慣はなかったのだが、くだけたつき合いやすい人と思われたくて、わたしは口をつけた。すると、すぐにおかしな感覚に陥った。体はうずうずし、手は震え、心拍数が上がった。心臓発作の前兆かと思ったが、それには若すぎるし、冠状動脈がこんなに賦活化するのもつじつまがあわない。平静を装って友人に何と質問したか、正確には覚えていないが、どうもおかしな感じがすると穏やかに伝えたのは確かだ。すると彼女は、わたしが飲んだのはとくに強力な興奮作用のあるお茶だと教えてくれた。今でいうレッドブルといったところだ。大人になった今では、目覚めの一杯にジャワ島産の紅茶を楽しんでいるが、午後4時以降はその手のものは一切とらないようにしている。遅い時間にコーヒーでも飲もうものなら、一睡もできなくなってしまう。

皆がそうとはかぎらないが、わたしの人生は同じ教訓を忘れては学び直すの繰り返しだ。それを痛感したのが、つい先日のブラジルのパンタナールでの一夜だった。働きづめの1日のあと、たっぷり食事をとったというのに、いつまでたっても眠りにつけない。どうして眠れないんだろう? 不思議に思ったわたしは、その日のできごとをひとつひとつ思い返してみた。そして閃いた。夕食で飲んだ、あの見慣れないフルーツ味のソフトドリンク。喉が渇いていて2缶飲み干した。炭酸入りで、りんごジュースっぽい味がした。あれは何だったんだ?

ささっとキーボードをたたくと、例のソーダの名前が判明した。ガラナ・アンタルチカ。原料のガラナは大きな葉のつる植物で、カエデと同じムクロジ科に属し、アマゾン熱帯雨林に自生する。ガラナの種に含まれる成分はもうおわかりだろう。コーヒーや茶、ペプシやマウンテンデュー、それにチョコケーキのディンドンにも入っている物質。プリンアルカロイドの一種、1,3,7-トリメチルプリン-2,6-ジオン。化学式：$C_8H_{10}N_4O_2$。

そう、カフェインだ。

ペプシ、紅茶、エナジードリンクなど、さまざまなものに含まれているのは知っていたが、カフェインそのものが何に由来するか、わたしは気にかけたことがなかった。コーヒーと茶は同名の植物から。炭酸飲料のコーラも、少なくとも元もとは、コーラの木のナッツから。チョコレートはカカオから。そしてガラナ・アンタルチカは、ガラナという植物の種子（カフェイン含有量はコーヒー豆の2倍）からできる。これらの植物はすべてカフェインを生成する。それも、いろいろな型をというのではなく、まったく同じ分子をつくるのだ。カフェインはカフェインで、出どころは関係ない。出自はさまざまでも、分子はひとつなのだ。

進化生物学者として、わたしはカフェインをつくりだすさまざまな植物に好奇心を刺激されてしかるべきで、これらの植物がすべて近縁なのか、それともカフェイン生成能は何度も収斂進化したのかと考えをめぐらせてもいいはずだった。けれども、わたしは仕事中に居眠りしただけで、そんなことは考えもしなかった。

幸い、わたしより探究心に富んだ植物学者たちが、まさにこの疑問に取り組んでくれた。２０１４年に刊行された論文［2］で、国際研究チームが遺伝子データを2本柱のアプローチで利用し、これらの植物においてカフェイン生産が独立に進化したと示した。ひとつ目の柱は、さまざまな植物のＤＮＡを比較し、カフェイン生成種（この研究の対象はコーヒー、チャ、カカオの3種のみ）どうしの関係を示す進化系統樹をつくることだ。このような進化系統樹は家系図のようなものだ。近縁種どうしは近くに位置し、起源をた

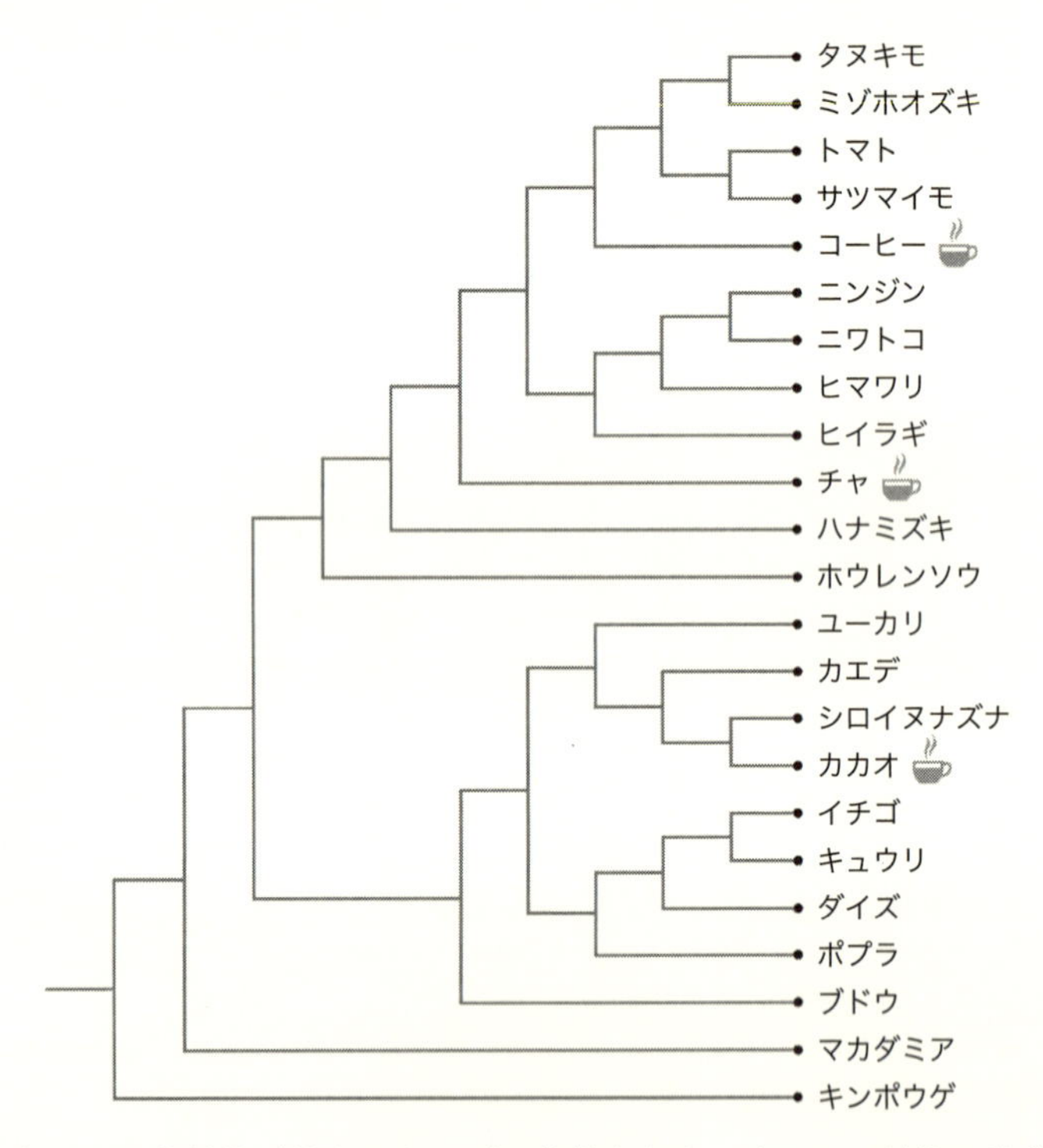

●真正双子葉植物（特定のタイプの花粉をもち、すべての植物の半分以上を占める）の一部の類縁関係を示す系統樹

共通祖先をもつ種どうしは、その祖先から進化したのではない種よりも近縁だ。マグカップのマークはカフェインをつくる種を示す。これら3種は近縁ではないので、もっとも有力な解釈は、カフェイン生成能はそれぞれの系統で独立に進化したというものになる（もうひとつの解釈として、カフェイン生成能は祖先がもっていた形質であり、独立に何度も何度も失われたとも考えられる。だが、このシナリオでははるかにたくさんの進化的変化が必要なので、可能性はより低い）。

どればすぐに共通祖先に行き着く。兄弟姉妹の家系をたどれば最短距離で両親に行き着くのと同じだ。一方、「はとこ大叔父」のような遠い親戚は系統樹の比較的遠い枝に位置し、もっとも新しい共通祖先を見つけるには、樹の下方まで、より遠い進化的過去までたどっていかなければならない。

研究チームが描きだした系統樹をみると、コーヒー、チャ、カカオは異なる枝に位置する。これらの植物はたがいに近縁ではないのだ。カカオは、チャやコーヒーよりも、カエデやユーカリに近い。同様に、コーヒーはサツマイモやトマトと同じ共通祖先をもつが、チャとカカオはその祖先から生じてはいない。チャは系統樹の独自の枝に位置し、この研究の対象となった植物のどれとも近縁ではない。つまり、系統樹の深い位置まで、進化の時間をはるか昔までさかのぼらなければ、チャ、カカオ、コーヒーを生んだ共通祖先は見つからないのだ。

カフェイン生成植物どうしが近縁ではないという事実から、カフェインをつくる能力は3つのタイプの植物で独立に進化した可能性が高いと考えられる。だが、研究チームはこの「カフェイン収斂仮説」をさらに掘り下げて検証するため、カフェインをつくる能力がどう進化したかを詳しく調べた。もしカフェイン生成能力が独立に進化したのなら、その生化学的メカニズムは同一ではないかもしれない。そしてDNAを調べれば、同じ最終産物を得るのに異なる方法を用いているとわかるかもしれない。逆に、カフェイン生成能力を共通祖先から受け継いだのなら、カフェインのつくり方は同じだろうと予測できる。

カフェインは、キサントシンという前駆体分子を変換してつくられる。その過程で、*N*-メチルトランフェラーゼ（NMT）という酵素がキサントシン分子の一部を切り取り、別の新たな断片をつけ足す。植物のNMTにはたくさんの種類があり、機能もさまざまで、最初からカフェイン生産のために進化したわけではない。むしろ、カフェイン生成能力の進化は、既存の酵素に進化的変化が起こった結果、酵素がキサントシンをカフェインに変換するようになったものだ。

さまざまな植物のゲノムを解析し、研究チームは異なる種類のNMTに相当するDNAの部位を特定した。その結果、コーヒーの変異型NMTは、チャとカカオの変異型NMTとは異なるとわかった。つまり、これらの植物がカフェイン生成に至ったルートは別であり、異なる進化の道のりをたどって収斂が起こったというわけだ。

進化生物学では、多くの科学分野と異なり、生命の歴史についての基本的な知見を根本原理から導きだすことはできない。演繹（えんえき）的学問ではないのだ。黒板に計算式を書きだしても、カモノハシを解にもつ公式にはたどり着けない。進化生物学は帰納的学問であり、根本原理はたくさんの事例研究の積み重ねによって浮かびあがる。膨大な研究があってこそ、常に起こっていることと、まれにしか起こらないことを区別できるのだ。言い換えれば、進化はさまざまに異なる形で起こる。ヒトの想像の及ぶかぎり、もっともらしく思えるもののほとんどは、いつかどこかで何らかの種が進化させてきた。十分な時間があれば、ありえないようなものもいずれは進化するだろう。映画『ジュラシック・パーク』で数学者イアン・マルコムが言ったとおり、「生命は必ず道を見つける」。したがって、生命進化の主要なパターンを理解したいなら、問うべきは「何が起こりうるか」ではなく、「ふつう何が起こるか」だ。

これは収斂進化にもあてはまる。共通認識として、収斂進化は起こるものだが、必ずそうなると予測されるわけではない。収斂進化の事例を報告する学術論文には、「信じがたい」「驚異的な」「予想外の」といった言葉が踊る。ニュース記事でもこういった感情は増幅され、ひとつひとつの論文が想定外の驚くべき事例の発見として紹介される。

だが、潮目は変わりつつある。近年、これと反対の主張を掲げる研究者たちが台頭してきた。彼らに言わせれば、収斂は予測される結果であり、あまねく存在する。複数の、たいていは近縁ではない種が、似たような環境条件に適応して同じ形質を進化させた例を見つけたとしても、驚くにはあたらない。さらに、収斂は普遍的だという認識に基づいて、広くこう結論づける。進化は決定論的だ。生物は、自然淘汰に駆り立てられ、環境の中で直面する課題に、同じ適応的解決策を繰り返し進化させる。この考え方では、歴史的偶発性の役割は取るに足らず、その効果は予測可能な自然淘汰の圧力によって帳消しにされる。

この運動の急先鋒がサイモン・コンウェイ＝モリスだ。温厚で謙虚なケンブリッジ大学の古生物学者で、事を荒立てるような人物には見えない。だが、素朴な外見の下には舌鋒鋭い闘士が隠れている。彼は、進化の舞台における再現性の役割の再考を迫る、急進的改革を最前線で率いてきた。

コンウェイ＝モリスが収斂進化の伝道師となり、スティーヴン・ジェイ・グールドを猛批判しているのは、一見したところ驚きだ。ケンブリッジ大学の尊大な若者のひとりだった頃、彼はかの有名なカナディアンロッキーのバージェス頁岩で発見された奇抜な動物たちを扱った博士課程研究で一躍有名になった。だが、彼が研究テーマとした現象は、収斂進化とは正反対のように思える。

バージェス頁岩は約5億1100万年前のカンブリア紀に形成された。現在わたしたちが知る動物たちがちょうど登場しはじめた頃だ。それ以前、生命のかたちはシンプルで、たいていは平べったく、なじみのないものだった。生命がどうやってこの異世界を脱し、現生種の祖先たちに移行したかについては今も議論が続いているが、その変化は急速かつ大々的だった。カンブリア爆発とよばれるこの時代、地質学的に見れば短い期間に、軟体動物、棘皮動物、甲殻類、脊椎動物など、ほとんどの動物の系統がはじめて化石記録に登場する。

だが、このとき現れたのは現在の動物の祖先たちだけではなかった。バージェス頁岩の化石がはじめて発見された20世紀初頭、発見者で当時スミソニアン研究所の所長だった古生物学者チャールズ・ウォルコットは、それらをすべて軟体動物、甲殻類、環形動物など既知の分類群に振り分けた。だが半世紀後、標本の再調査に訪れたコンウェイ＝モリスは、カンブリア紀の動物種の多くが古生物学における変わり者で、既知のどの分類群とも明確な類縁関係にないことを示した（分類群とは、魚や軟体動物といった進化的なまとまりをいい、種や属から界まで、どの階級をさす場合もある）。ウォルコットは、所長としての管理業務に忙殺されていたか、単に化石をありのままに見るだけの広い視野をもっていなかったために、数かずの異質な特徴を無視して、バージェス頁岩の化石の多くを既存の分類カテゴリーに放り込んでしまったのだ。

「変わり者」というのは標準的な学術用語ではないが、これらの動物の奇抜さを的確に表している。コンウェイ＝モリスは、数万点にのぼる標本を手間暇かけてじっくりと調べあげた末、この結論に至った。これらの標本は、ウォルコットが収集し、スミソニアンやその他の博物館のかび臭い抽斗に眠っていた。ウィワクシアを例にとろう。横倒しにした松かさのように、重なりあう楕円形の骨板に覆われ、巻貝のように平らな下面で海底を這い進む。背面に2列のとがった長い棘をつければ、まるでSFアニメ『フューチュラマ』から出てきたような動物の完成だ。

それに、コンウェイ＝モリスが名づけたハルキゲニアがいる。その語源は「幻覚（hallucination）」で、彼

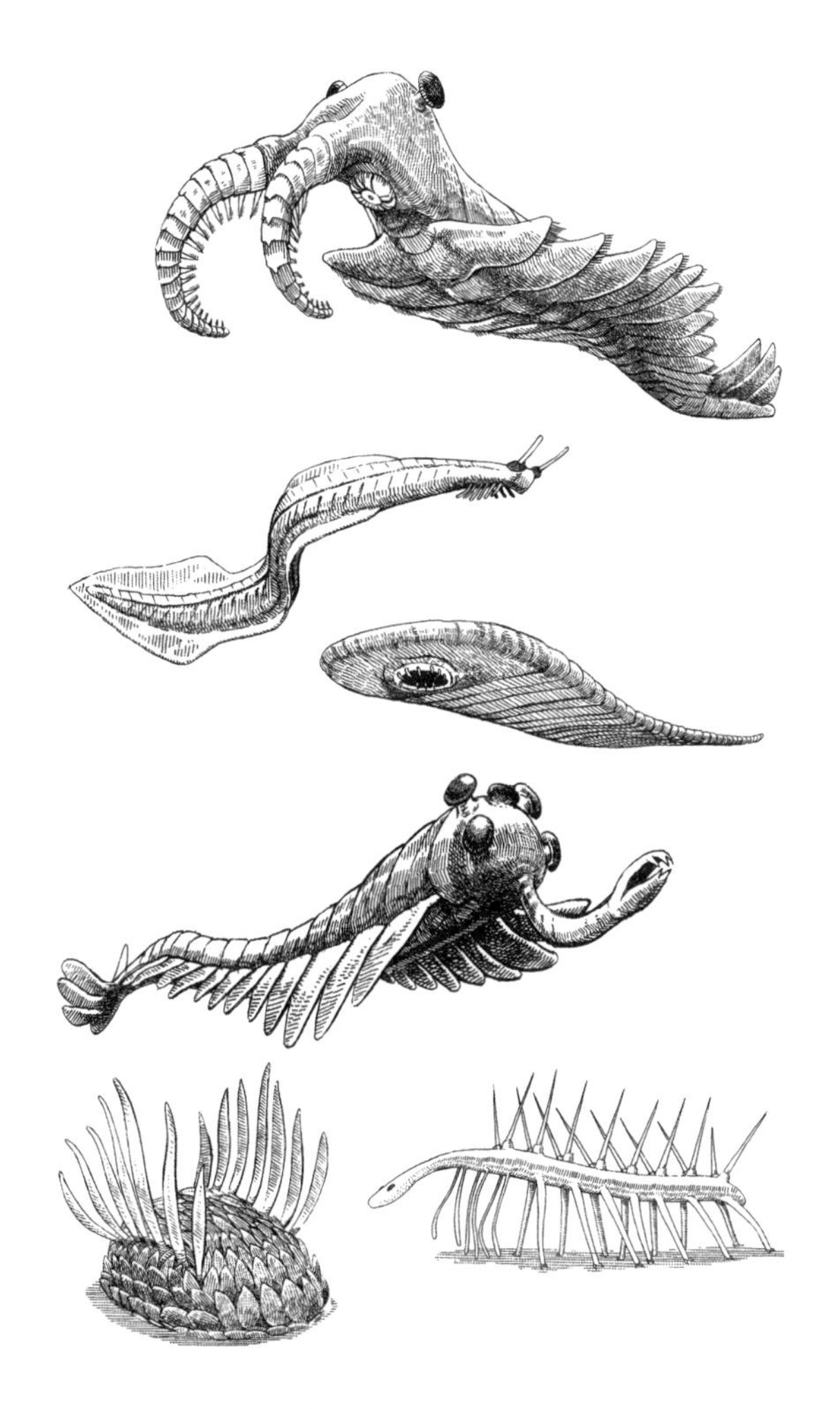

●5億1100万年前のバージェス頁岩の生態系を構成していた動物たちの例

上からアノマロカリス、ピカイア、オドントグリフス、オパビニア、ウィワクシア（左）、ハルキゲニア（右）。

いわく「滑稽で夢想の産物のようなこの動物の外見」を表しているが、わたしはむしろ「漫画っぽい」と思う。コンウェイ＝モリスの復元では、体は長く鉛筆のような管で、一方の端に不定形のぶよぶよした頭があり、もう一方の端には短く上を向いたスコティッシュテリアのような尾がついている。管状の体には7対のとがった関節のない支柱のような脚があり、それとセットで上面には7本の柔軟でくねくねした管が背に沿って並んでいる。後端付近に3本の短い管が平行に2列に並び、尾に接している（この部分が尾であればの話だ。コンウェイ＝モリスは頭と尾が逆かもしれないと認めていた。彼の名誉のためにつけ加えると、化石はぺしゃんこに潰れていて、保存状態はあまりよくなかった）[*8]。コンウェイ＝モリスは記載論文の中で、ハルキゲニアは「現生種あるいは化石種の動物のどれともにわかには結びつかない」と端的に述べている。

変わり者はこれだけではない。バージェス頁岩は、まさに奇抜な姿の動物たちの宝庫だった。オパビニアは、5つの眼と先端にはさみのついた長いホースを頭部に備え、はじめてその姿が発表された時には聴衆の科学者たちも吹きださずにいられなかった。アノマロカリスは、当初は複数のパーツが3種の別べつの種として記載されていたが、後の研究でひとつの動物のものとわかった。オドントグリフスは、長く平らな軟らかい体の動物で、まるで前方下面に丸い口をもつ、海を漂う絆創膏だ。リストはまだまだ続く。

バージェス頁岩の変わり者たちが有名になったのは、スティーヴン・ジェ

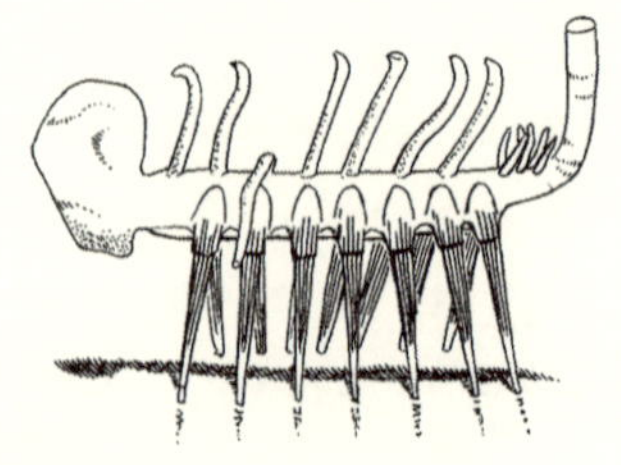

●サイモン・コンウェイ＝モリスによる最初のハルキゲニア復元図

イ・グールドの『ワンダフル・ライフ』のおかげだ。副題の『バージェス頁岩と生物進化の物語』が示すとおり、この本はバージェス化石群を詳細に検討し、それらが進化について何を語るかを考察したものだ。そして、グールドが有名にしたのはウィワクシアなどの絶滅動物だけではなかった。この本に登場する科学界のヒーローは、誰あろうサイモン・コンウェイ＝モリスだった。彼の精力的な研究によって、バージェス頁岩の動物相が、既知の何にも似ても似つかない変わり者でいっぱいだったとわかったのだ（グールドは、コンウェイ＝モリスの大学院生時代の指導教官だったハリー・ウィッティントンと、コンウェイ＝モリスの元同僚で現在はイェール大学教授のデレク・ブリッグスにも賛辞を送っている）。

『ワンダフル・ライフ』で、グールドはバージェス頁岩の動物たちの奇妙奇天烈な形態について滔々（とうとう）と説明し、カンブリア紀の動物相は地球の歴史上もっとも多様性が高かったと主張した。こうした形態の多くはのちに姿を消し、以降は似たようなものさえ現れなかった、というのがその根拠だ。グールドは、古代生物のなかで、あるものが生き残って繁栄し、現在の多様性の起源となる一方、ほかのものが消え失せた理由に思いをめぐらせた。生き残ったものたちは、何らかの点ですぐれていて、繁栄が約束されており、敗者たちが進化させたデザインは劣っていたのだろうか？　それとも、生き残るか滅びるかは単に運の問題だったのだろうか？　グールドは、勝者が必ずしも敗者よりよく適応していたと考える十分な理由は見当たらないという結論に至った。むしろ、それは偶然の賜物、宝くじであり、結果的に一部が生き残り、ほかが滅びたにすぎなかった。生命の物語がもしほんの少し違っていたら、テープに少しだけアレンジを加えてリプレイしたら、今とはまったく違う動物たちがこの世界を跋扈（ばっこ）していただろう、と彼は言う。

グールドは、『ワンダフル・ライフ』の最終章で、ある動物の化石にスポットを当てた。その動物とはピカイアで、小さく、ミミズを万力で潰したように縦方向に扁平な体をもち、はっきり頭といえるものはない。このぱっとしない動物は、知られているかぎり最古の脊索動物であり、脊椎動物（背骨のある動物、つまりカエルやサメやゴリラ、それにわたしやあなた）と同じグループに属する。

ピカイアは、どこからどう見てもバージェスの一軍選手ではない。発見された化石の数からみて、豊富に生息していたわけではなく、大きさも形もインパクトに欠ける。カンブリア紀の目を見張るような生物多様性のなかから、偉大な存在の先駆けとしてこの種を選びだす人はそういないだろう。ピカイアが生き残り、ほかの多くの動物が死に絶えた理由が、ただの偶然だったとしたら？　テープをリプレイしたら、ピカイアは生き残れないかもしれない。もしピカイアの系統が消滅していたら、誰が世界を支配していただろう？脊索動物ではないのは確かだ。その世界にわたしたちは存在しないのだから[3]。*9

偶発性を重視する主張を唱えたのはグールドだが、その論拠の多くは、核心的なものも含め、コンウェイ＝モリスの論文からの引用だ。*10 グールドは、それを繰り返し敬意を込めて強調した[4]。コンウェイ＝モリスと2人の共同研究者の功績は、ノーベル古生物学賞（もしそんなものがあればだが）に値するとまで述べている。

だが、ストックホルム［訳注：ノーベル賞授賞式の開催地］への道半ばで奇妙なことが起こった。数かずのバージェス化石の特異性をあれほど強調していたコンウェイ＝モリスが、真逆の見方をするようになったのだ。バージェス動物群の進化的独自性を滔々と語るかわりに、コンウェイ＝モリスは１９９８年に発表したバージェス頁岩についての自著『カンブリア紀の怪物たち』を、収斂進化の重要性と普遍性を主張して締めくくった。額面通り受け取ると、バージェスの化石記録をこのように読むのは非論理的に思える。独特で類を見ない形態的多様性を称揚していた彼が、なぜいたるところに進化の反復を認めるようになったのか？　コンウェイ＝モリス自身、はっきりとはわからないと、数年前ケンブリッジ大学セント・ジョンズ・カレッジで一緒に昼食をとったときに聞いた。

彼いわく、主張の根拠の一部は、『ワンダフル・ライフ』以降の約30年間になされた新発見にある〔5〕。かつてバージェス頁岩の化石種のほとんどは、既知のどの分類群とも関連が見いだせなかった。けれども、新たに発見された化石や既存の標本の詳細な分析により、今では多くが既知の分類群に分類できるとわかった。たとえばハルキゲニアは、知る人ぞ知る熱帯性の小さな動物で、ムカデとイモムシを掛け合わせたような姿をした、現生のカギムシに近縁のようだ。またウィワクシアは、今では多くの研究者が軟体動物に近縁だと考えている。

バージェス頁岩の変わり者たちの多くは、実のところ分類上は型破りな存在ではなかった。さらに、バージェス動物群の形態的多様性と現生種のそれを比較したいくつかの研究〔6〕は、異論も多いものの、両者の多様性は同程度だという結論に至っている。

これらの発見は、わたしたちにバージェス頁岩の再考を迫る。コンウェイ＝モリスらの研究に基づき、グールドが描きだしたカンブリア紀は、比類なき形態的多様性の時代だった。さまざまな姿かたちをした無数の動物たちがひしめき合っていたが、まもなくその大部分が死に絶えた。これ以降、地球の生命ははるかに狭い範囲の形態デザインに沿って生きてきたのであり、それらはすべて、カンブリア紀を生き延びた比較的少数のデザインを受け継いだものだと、グールドは主張した。

大部分の研究者は、この見方はもはや廃れたと考えている。カンブリア紀の形態的多様性は決して例外的なものではなく、当時生きていた動物たちは、現代に子孫を残せなかった、失敗に終わった進化の実験などではなく、現生の分類群の初期の親戚だった。これこそがコンウェイ＝モリスの著書の主題であり、この本は多くの意味で、辛辣な言葉で書かれた『ワンダフル・ライフ』への返答だった。

それにしても、やはりよくわからないのは、カンブリア紀の奇妙な動物たちの記録をつづっていたコンウェイ＝モリスが、突如として収斂進化の事例収集に鞍替えした理由だ。バージェス動物群を分類学上の不毛の地から救いだしたところで、その形態の独自性に変わりはない。ハルキゲニアは、たとえカギムシの系統に属するとしても、形態的にはやはりこれまで地球上で進化したどんな動物にも似ていない。系統関係が明確になったからといって、収斂進化の普遍性の証拠にはならないはずだ。

ひとつの可能性として、コンウェイ＝モリスの転向は、研究分野自体の当時の展開に影響されたものとも考えられる。1980年代半ば、進化生物学者はさかんに「比較分析」を取り入れるようになった。異なる分類群を比較し、繰り返されるパターンを探せば、自然淘汰がはたらいている証拠を見いだせるという発想だ。こうした研究はコンウェイ＝モリス自身の研究とは毛色が違うが、収斂の重要性が強調されるようになったことが、彼の見方に影響したのかもしれない（ただし、彼の発言や著作にこの可能性をうかがわせるものはない）。

あるいは精神分析的な見方もできる。コンウェイ＝モリスがグールドを猛烈に批判したことに、多くの人は驚いた。グールドは『ワンダフル・ライフ』でコンウェイ＝モリスをおおいに賞賛していたからだ。ある研究者は、進化は行き当たりばったりだというグールドの世界観が、コンウェイ＝モリスの信仰と相容れなかったのだろうと指摘した[7]。また、コンウェイ＝モリスは自身の以前の分類学的見解をグールドが大々的に（ベストセラーで！）吹聴し、のちに間違いとわかり恥をかかされたという見方もある[8]。敵視する理由がなんであれ、コンウェイ＝モリスにはもとよりグールドと逆の見方を選ぶ動機があったのだろう。わたしとの会話の最中[9]、コンウェイ＝モリスは昔を振り返り、グールドのエッセイ集『がんばれカミナリ竜』を読んで、グールドが言及しなかった収斂進化の例をいくつも指摘したと語った。コンウェイ＝モリスにとって、進化における収斂の重要性を考えはじめるきっかけは、それで十分だったのかもしれない。

ともかく、改宗者ならではの熱意をたぎらせるコンウェイ＝モリスは、収斂進化こそが生命の多様性についての物語の主軸だと考える陣営の急先鋒となった。「収斂進化は完璧なまでに普遍的だ[10]。どこを見ても目に入る」と彼は話し、こう締めくくった。「生命テープを好きなだけリプレイすればいい。最終結果はたいして変わらない」。

普遍性は見る者の目に宿るものだが、収斂進化はまれな現象だと主張するのは無理がありそうだ。単純なケースでは、2つの種が独立にひとつのよく似た特徴を進化させる。たとえば尾の長さ、耳の色、腎臓の構造、求愛ダンスなどだ。もっと印象的なケースでは、2つの種は表現型のさまざまな面で収斂をきわめ、見分けがつかないほどになる。先述の2種のイボウミヘビがまさにこれだ（「表現型」とは、生物がもつ全特徴の総体をさし、外部形態、生理、行動のすべてを含む)。

さまざまな表現型形質の収斂進化から、具体例をいくつか見てみよう。近年の研究により、思いつくかぎりほぼすべてのタイプの形質に収斂の事例が見つかっている。たとえば、さまざまなタイプのトカゲが喉の皮膚のフラップを独立に進化させ、手旗信号のようにすばやく広げて配偶相手やライバルにシグナルを送る。同じように、多くの鳥がもつ翼や胸のカラフルなパッチも、おもに社会的場面でのディスプレーに使われる。自然界はこのような事例にあふれている。共通の文脈で利用される、共通の特徴が、似たタイプの動植物において何度も進化してきたのだ。

とりわけ印象的な例では、細部まで徹底して収斂進化した形質が、まったく近縁ではない、系統樹の遠く離れた別の枝に位置する生物のあいだに見られる。古典的な例だが、下の眼球の図を見てほしい。

解剖学の授業を受けた経験があればおわかりだろうが、ここに示したのは典型的な眼だ。ウシでもヒトでもネコでも、あるいはトカゲでさえも、ほとんどの脊椎動物の眼球はきわめてよく似た基本構造を備えている。だが、これは脊椎動物の眼ではなく、タコの眼だ! ヒトとタコの直近の共通祖先が海を泳いでいたのは5億5000万年以上も前で、その祖先には眼といえるような代物はなかった。にもかかわらず、タコはあなたや

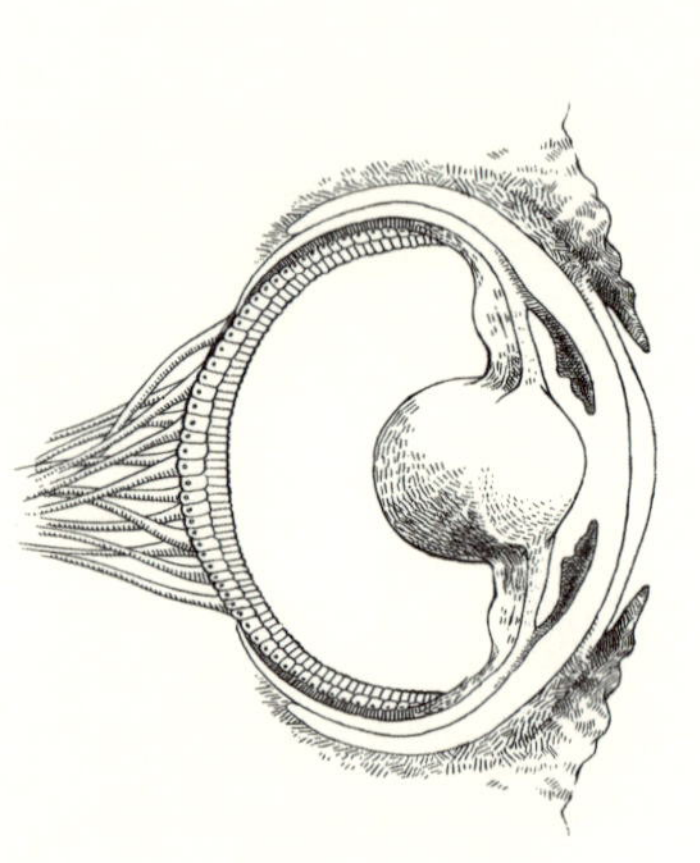

●タコの眼球

わたしとそっくりな眼をもっている。*11

もうひとつ例をあげよう。カマキリはおなじみの昆虫だ。大きな丸い眼、長い首、祈りを捧(ささ)げるかのように折りたたまれた前肢をもつ。といっても、本当に信心深いわけではない。懇願のポーズは準備万端のネズミ捕りであり、電光石火の一撃で獲物を棘だらけの前腕部分に挟みこむ（人間でいえば、手を高速で下向きに曲げ、手のひらと前腕で押さえて食べ物をキャッチするようなものだ。もっとも、手のひらが棘に覆われていて、前腕と同じ長さならの話だが）。

だが、早撃ちの名手はカマキリだけではない。カマキリモドキとよばれる別の昆虫も、ほとんど同じ構造の前腕をもち、こちらもスーパーマン級の早業で獲

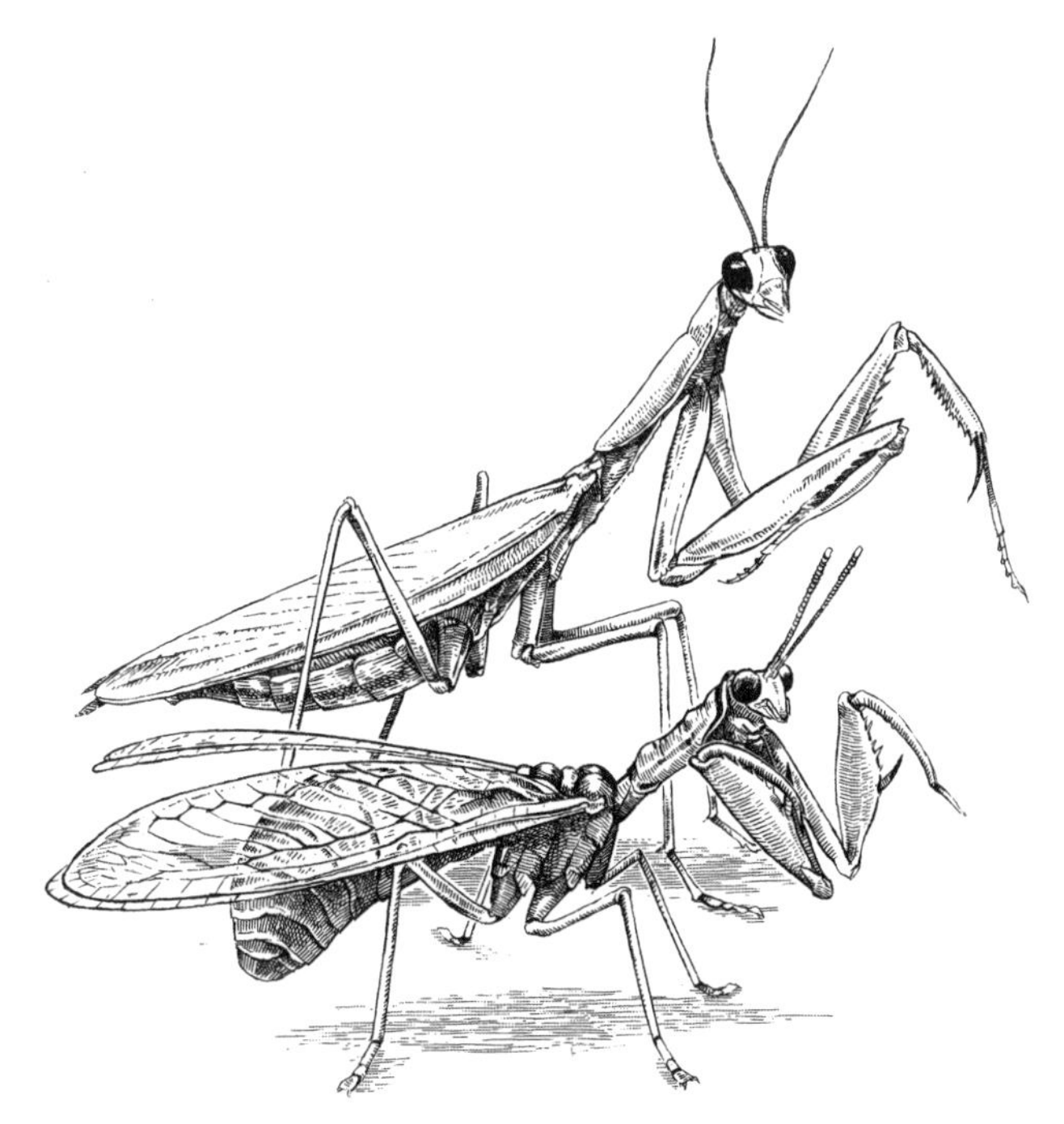

●カマキリ（上）とカマキリモドキ（下）

物を捕える。しかも、類似点はそれだけではない。長い首と大きな眼のおかげで、カマキリモドキの前半身はさながらカマキリの生き写しだ。ところが、両者が昆虫の進化史のなかで袂（たもと）を分かったのは、数億年も昔なのだ（一方、カマキリモドキの後半身は近縁のクサカゲロウに似ている）。

もちろん、収斂進化は解剖学的な特徴だけに起こるものではない。生物は、遺伝子から行動まで、種の特徴のどの要素においても収斂する場合がある。例をあげればきりがないが、わたしのお気に入りのひとつは、ちっぽけなアリとシロアリだ。

たいていの人はアリとシロアリは近縁だと思っている。どちらが家に出ても駆除業者をよぶし、それに見た目が似ている。でも、虫眼鏡を取ってきてよく見てみよう。そうすれば、頭・胸・腹の部分に分かれ、脚が6本ある標準的な昆虫であることを除けば、じつは両者はそれほど似ていないとわかるはずだ。そう、アリとシロアリは近縁ではない。アリにいちばん近い親戚はカリバチやハナバチで、一方のシロアリは、よりによってゴキブリの仲間だ。

系統的に遠く離れているにもかかわらず、アリとシロアリの社会構造は驚くほど似ている。アリ社会の特徴は高度な分業だ。1頭または複数の女王が無数の卵を産み、小さなオスは処女女王と交尾することだけを唯一の生きる目的とする。そして、さまざまなタイプの（すべてメスの）働きアリは、それぞれの仕事に適した身体的特徴をもち、子育て、外敵の撃退、食料調達などに勤しむ。

シロアリの社会構造もこれとよく似ている。シロアリも数十個体から数百万個体のコロニーで生活する。アリと同様、1頭あるいは少数のメスがすべての卵を産み、さまざまなタイプのワーカーがコロニー維持に必要なメインの仕事をこなす。アリもシロアリも、液状の食料を個体どうしで受け渡し、成長途中のメスがどのタイプのワーカーになるかを操作する。それに、いずれもフェロモンとよばれる化学シグナルを使ってコミュニケーションをおこなう。ほかのワーカーが残したフェロモンの痕跡(こんせき)をたどり、食料係は餌へ、兵隊は戦場へと導かれる。

アリとシロアリ（加えてこの場合は一部の甲虫）のもっとも驚くべき収斂の例のひとつが、地下菌類農園の建設だ。これらの昆虫は、わたしたちよりも数千万年も早く農業を発明したのだ！　昆虫のそれぞれの系統によって農業様式に違いはあるものの、全体的にはほぼ同じ構図だ。シロアリの塚やアリの巣の中に、虫たちは菌類をもち込んで植え、育ってから収穫して食べる。アリやシロアリのワーカーは、入念に農園を手入れし、ごみを取り除き、病害を防ぎ、競合するほかの菌類を駆除する（特定の菌類だけを農作物とし、ほかは雑草扱いするのだ）。そのうえ、体表面や消化管の決まった場所にいる細菌がつくりだす抗生物質を利用して、病原菌の侵入と闘いさえする（アリが使う細菌は、わたしたちが抗生物質ストレプトマイシンをつくるのにかつて利用していたのと同じ種だ）。

こうして少し例をあげただけでも、自然界は収斂形質であふれているとわかる。だが、収斂は生物の世界の支配的パターンであり、単なる興味深い現象ではないとコンウェイ＝モリスが主張しはじめたのは、ようやく2003年になってからだ。彼は代表作『進化の運命：孤独な宇宙の必然としての人間』で、原文で332ページ（加えて巻末注115ページ）にわたって、自然界のいたるところからかき集めた膨大な数の収斂進化の事例を書き連ねた。8年後、ジョージ・マクギーが書きあげた類書『Convergent Evolution:

Limited Forms Most Beautiful（収斂進化：数かぎりある美しいかたち）』は、227ページとコンウェイ＝モリスの著書より薄いものの、ぎっしり詰まった事例の数ではむしろ上だった。さらに、わたしがこの章の原稿を書いている2015年、コンウェイ＝モリスの続編にして第3の大著『The Runes of Evolution: How the Universe Became Self-Aware（進化の呪文：宇宙はいかにして自意識を獲得したか）』が上梓され、ほとんどが新たな事例からなる303ページ（プラス巻末注158ページ）がつけ加えられた。

こうして出そろった彼らの著書を読むと、収斂進化の幅広さと徹底ぶり、そして何よりもあまりにありふれていることに圧倒される。自然界は収斂進化だらけだ！ 思いつくかぎりどんな形質も、複数回にわたって、しばしば遠縁の生物において進化してきた。「何かひとつ、一度きりしか進化していないものを見せてほしい。わたしが即座に、ほかにも例があることをお示ししよう」と、コンウェイ＝モリスは豪語する[11]。

たとえば、動物たちが捕食者をひるませるため、さまざまなタイプの装甲を進化させたとマクギーは指摘する。カメは難攻不落の要塞（ようさい）を身にまとい、脅威を感じたときは籠城（ろう）する。これと同じ機能を果たす骨の砦は、ある種の恐竜（アンキロサウルス）や、フォルクスワーゲン並のサイズの絶滅したアルマジロであるグリプトドンでも進化した。骨で覆うかわりに、鋭い棘に身を包んで防御する動物もいる。2つのタイプのヤマアラシが独立に進化したとすでに述べた。これと同じ方法は、ほかにハリモグラ（カモノハシ以外で唯一の卵を産む哺乳類であり、英語では時に「spiny anteater（トゲアリクイ）」ともよばれる）、ハリネズミ、マダガスカルのハリテンレックも採用している。ハリネズミとハリテンレックについては、リチャード・ドーキンスが著書『Climbing Mount Improbable（登れない山を登る）』で、あまりに瓜二つなので別べつの挿絵を依頼したのが無駄に思えると述べたほどだ。

最後に、装甲と聞いてまず思い浮かべるのは捕食者を躊躇（ちゅうちょ）させる物理的防御だが、皮膚の有害物質も同じ機能を果たす。こうした化学防御は、ウミウシ（ナメクジに似た海生巻貝）、さまざまなタイプの甲虫、チョウ、その他の昆虫、フグ、カエル、サラマンダー、さらには鳥類のズグロモリモズなど、さまざまな動物で進化した。

同様に、わたしたち哺乳類は子どもを産む能力を自慢に思っているかもしれない（カモノハシとハリモグラは例外だ）が、マクギーによれば、胎生はトカゲとヘビだけでも100回以上、ほかにも魚類、両生類、ヒトデ、昆虫など、さまざまな分類群で繰り返し進化してきた。収斂は胎盤（母体から胎児へ酸素と栄養を供給する器官）にも及び[12]、魚とトカゲで何度も進化した。ある種のトカゲの胎盤は、一部の哺乳類のものに驚くほど似ている。

そのうえ、収斂は動物界にかぎったことではない。マクギーの本から、ひとつだけ植物の例をあげよう。多くの植物は動物に頼って花粉を雄花から雌花に運ぶ（花粉は植物にとっての精子だ）。そのために、植物は送粉者をひき寄せなくてはならない。送粉者がハチドリなら、鮮やかな赤が抗いがたい魅力になる。その結果、ハチドリが送粉を担う少なくとも18タイプの植物で、鮮やかな赤い花が進化した。

主として旧世界に、別のやり方で送粉サービスを確保した植物がいる。ハエや甲虫の一部は腐敗した死骸に産卵する。これを利用して、多くの植物が腐肉のようなにおいを生成するのだ。ラフレシア、ショクダイオオコンニャク、ダイサイカクなどが代表例だ。騙された昆虫は、うろつき回って産卵場所を探すうちに、花粉を体に付着させたり、前に訪れた花の花粉を残したりする。このような臭いやり方は、7つの異なるタイプの植物で進化した。

特定の形質の収斂にも驚かされるが、収斂進化の教科書的な例といえば、やはり生物の外見全体についてのものだ。その象徴といえるイルカ、サメ、魚竜の例でいえば、いずれも流線型の海の捕食者であり、前肢のかわりの胸びれや、背びれ、とがった鼻先、推進力を生みだす強靭（きょうじん）な尾をもち、獲物の水生動物を高速で追跡する。

おなじみのほかの例は、さかさまの国オーストラリアで見つかる。ここでは何もかもが一風変わっていて、なかでも真っ先にあげられるのが哺乳類だ。カモノハシ、コアラ、カンガルーをはじめ、オーストラリアは唯一無二の進化をとげた哺乳類が豊富だとすでに述べた。だが、それはコインの片側にすぎない。オーストラリアの哺乳類相の残りは、他地域の哺乳類に収斂した種が、かなりの割合を占めている。

恐竜絶滅のあと、わたしたち哺乳類の時代がやってきた。世界の大部分では、有胎盤類が成功を手にした。

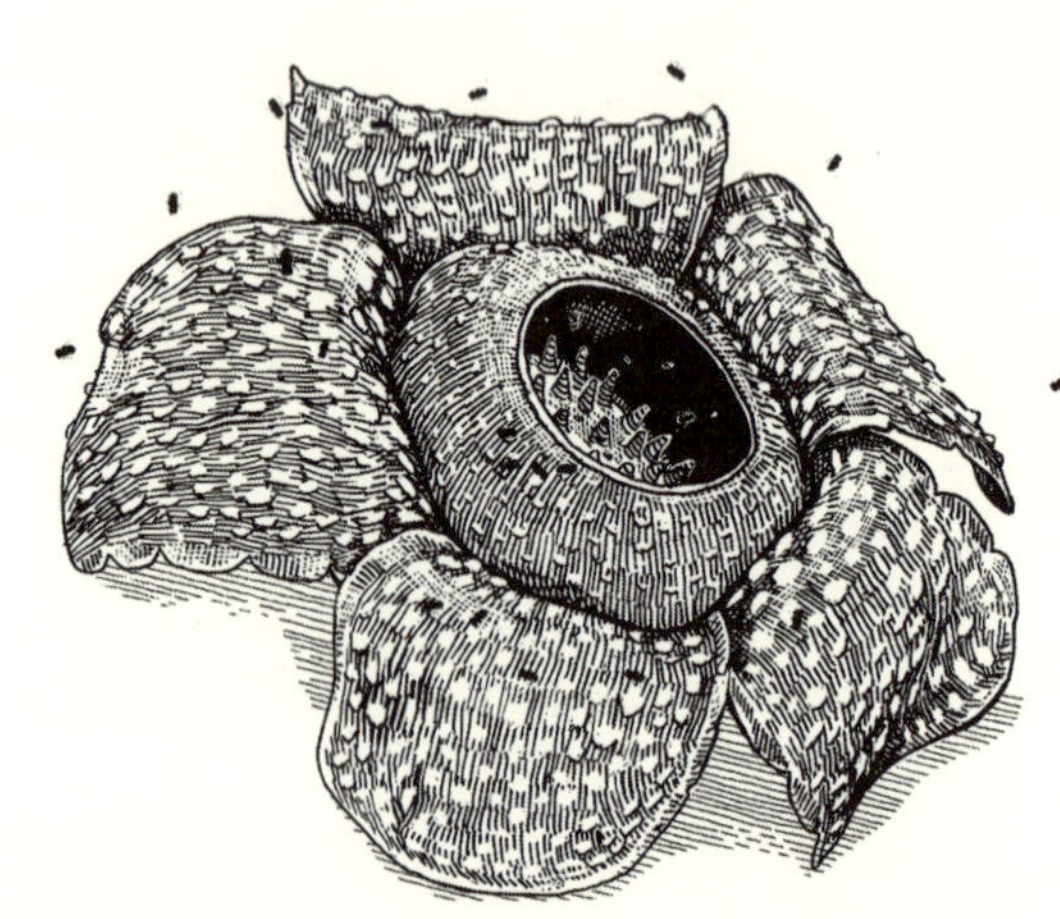

●死臭を放つスマトラ島とボルネオ島のラフレシアは世界最大の花だ。腐敗した肉に似たにおいを発し、昆虫を集める。

しかし、オーストラリアでは違った。ここで覇権を握ったのは、体外の袋で子どもを育てる哺乳類、すなわち有袋類だったのだ。このように進化的起源が異なるにもかかわらず、哺乳類の2つの適応放散は、同じ生態的地位（ニッチ）を同じやり方で埋める、たくさんの種を生みだした。

オーストラリアの有袋類と、他地域の胎盤のあるドッペルゲンガーとの対比は教科書でおなじみだ。モグラ、モモンガ、ウッドチャック……。なかにはあまりに瓜二つで、有袋類のほうが北米に姿を現しても、何の違和感もなさそうなものもいる。わたしのお気に入りのフクロネコは、外見も行動もネコそっくりなだけでなく、ペットにしてもよく懐くと言われている。だが、おそらくもっとも秀逸で、間違いなくもっとも胸を打つ例は、フクロオオカミだ。オオカミにきわめてよく似たこの頂点捕食者は、ウエストミンスター・ドッグショーに出場すれば、きっと最優秀賞を取れるだろう（細長い鼻面と柔軟性のない尾がネックになるかもしれないが）。フクロオオカミの「犬っぽさ」は、ぜひYouTubeで英名の「thylacine」を検索して、自分で確かめてみてほしい［二次元コードを参照］。いくつかの白黒映像にとらえられた、尾を振り、骨をかじり、飛び跳ねる姿は、人類の最良の友とほとんど区別がつかない。悲しいかな、フクロオオカミは絶滅した。タスマニア島の農場主たちにより、1世紀近く前に駆逐されてしまったのだ。80年前の古い映像は、この種の最後の数個体の貴重な記録だ。

自然界のどこを見ても、進化が生んだそっくりさんが見つかる。新世界のコンドルと旧世界のハゲワシは、醜い葬儀屋の風貌を収斂進化させた。オーストラリアの毒蛇デスアダーはコブラ科だが、外見と毒の化学組成は、遠縁でアフリカに分布するクサリヘビ科のパフアダーによく似ている。ウナギのような体型は、

●オーストラリアの有袋類と、それに相当する収斂進化をとげた有胎盤類
上から、フクロモグラとモグラ、フクロモモンガとモモンガ、ウォンバットとウッドチャック、フクロネコとヤマネコ、フクロオオカミとオオカミ。

さまざまなタイプの魚だけでなく、水生両生類や水生爬虫類でも何度も進化した。アフリカの乾燥地域には、厚い樹皮と鋭い棘を備え、葉をもたない植物が繁栄している。これらユーフォルビア（トウダイグサ科）は、新世界のサボテンとは赤の他人だ。

このような進化のものまねは、生物分類上の「界」すら超える。たとえば、サナダムシ（条虫）は、平べったい見た目のとおり扁形動物門に属し、ヒトを含む脊椎動物の消化管に棲み、最大全長は10メートルを超える［二次元コードを参照］。体の前端に鉤と吸盤があり、これらを使って腸壁に付着する。首の部分でつくられる節（片節）は、ひとつひとつが胚を内包し、栄養吸収を助けると考えられる小さな突起をもつ。新たな片節は前方につくられるため、古い片節は常に後方に追いやられていく。最終的に、片節が体の後端に到達すると、胚が放出されるか、片節ごと切り離されて腸内をさまよい、宿主に糞として排泄される。（条虫にとって）運よく寄生された誰かが野外で用を足した場合は、幼虫段階の宿主であるウシなどの草食動物の体内に入り込み、そこで成長するチャンスが生まれる。そしてウシが捕食者（たとえばあなた）に、加熱が不十分なまま食べられると、あなたは新たな腹心の友を得て、再びサイクルが開始される。

食欲の失せる話だが、このような生活様式はとくに珍しいものではない。内部寄生虫の多くは同様の生活環をもつ。ここで特筆すべきは、*Haplozoon* 属の渦鞭毛藻だ。渦鞭毛藻類の大半は海生で、光合成する（すなわち、太陽エネルギーを利用して成長する）種が多い。だが *Haplozoon* は違う。たったひとつの細胞からできているにもかかわらず、海生蠕虫に寄生するこの生物は、体のつくりも生活環も条虫によく似ている。

たとえば、腸壁に付着する際、前端にある鉤と吸盤を使う。また増殖に関していえば、胴体部分で生みだされた、小さな突起をもち卵をつくる体節が、新たな体節がつくられるたびに後方に移動し、最後には体の後端から切り離される。そして、条虫と同じように、蠕虫の体外へと排泄され、次なる宿主を探してさまよう。この収斂進化の一例[13]では、驚いたことに、渦鞭毛藻と条虫のもっとも新しい共通祖先が生きていたのは、おそらく10億年も昔なのだ。

収斂進化の事例のリストは長く、目新しいものでいっぱいで、生物の世界の隅から隅までを網羅する。けれども、じつは収斂を見つけだすのにそこまで遠くを見渡す必要はない。わたしたち自身のなかに、たくさんの事例が存在するからだ。

ホモ・サピエンスがアフリカで誕生したのはわずか10万年前だが、この短い期間にわたしたちは世界を征服し、ありとあらゆる場所に到達し、各地に適応した。その過程で、異なる地域の集団が同様の生息環境に定着した。ヒマラヤとアンデスの高標高地、旧大陸と新大陸の北極圏、世界各地の灼熱の砂漠。かくして収斂の舞台が整った。そして自然淘汰は、期待を裏切らない。

ヒトの集団間にみられる皮膚の色の多様性の適応的意義[14]は長きにわたり議論されてきたが、皮膚色は2つの要因のバランスを反映しているというコンセンサスに向かっているようだ。皮膚の色が暗いのはメラニン含有量が多いことの現れで、赤道付近でとりわけ強烈な、紫外線への曝露から体を保護する。一方、紫外線はビタミンD生成に欠かせない。そのため、日照の乏しい高緯度地域では、紫外線を透過しビタミンD生成を促進する明るい皮膚色が選択された。

わたしたちヒトの発祥の地であるアフリカは、赤道をまたぐ位置にある。したがって、最初のヒトの肌は暗色だったはずだ。この結論は、系統学的にも理にかなっている。系統樹のなかのもっとも古い枝、つまり根元に近い位置で分岐している枝は、暗色の肌をもつアフリカの人びとにつながっているのだ。より新しい分岐からは、明るい皮膚色をもつヨーロッパやアジアの集団が生じた。この系統関係からみて、暗い皮膚色がヒトの祖先形質であり、そこから明るい皮膚色が進化したことに疑問の余地はない。

遺伝学者たちは、皮膚色の変化の原因となったいくつもの変異を特定した。その結果、アジア系の人びとの明るい皮膚色は、ヨーロッパの人びとのそれとは別の変異が原因であるとわかった。このように遺伝的要因が異なるため、明色の肌は北方に入植した複数のヒト集団において独立に収斂進化したと強く示唆される。[*12] 他方、約5万年前にオーストラリアにやってきたアボリジニの人びとは、おそらく明色の肌をもつアジア人だった。したがって、彼らの肌の色がアフリカの人びとと似ているのも、収斂進化の賜物だ。

ヒトの集団間にみられる収斂進化のもうひとつの例が、成人になっても乳を消化できる能力だ。母乳による子育ては、哺乳類を定義する特徴のひとつだ。乳を消化するため、哺乳類の子どもはラクターゼという酵素を生成し、この酵素が乳の重要成分である乳糖（ラクトース）を分解する［二次元コードを参照］。子どもが離乳すると、ラクターゼはもはや必要ないため、この酵素をつくる遺伝子は機能を停止する。これは、大部分のヒト集団と、ヒト以外のすべての哺乳類にいえる。たとえばネコは、世間一般の考えとは異なり、牛乳を飲むことに適応していない。おとなのネコに牛乳を与えると、消化器に異常をきたし、たいてい下痢をする。同じことが、大部分のヒト集団にもいえる。成人の65パーセントは乳糖

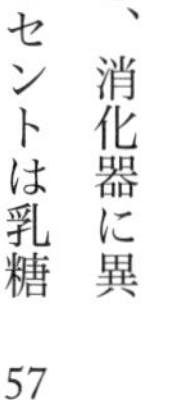

不耐性だ。こうした人びとにとって、乳を飲むのは不快な体験でしかない。

だが、ヒト集団の3分の1は幸運に恵まれている。いったいなぜ、一部のヒトは哺乳類で唯一、離乳後も乳を飲みつづけられるのだろう？　その答えは、ウシが知っている。

過去数千年のあいだに、世界のいくつかの地域（東アフリカ、中東、北ヨーロッパ）のヒト集団がウシを飼うようになった。なぜこれらの場所で牧畜が起こり、ほかの場所では起こらなかったのかについては、人類学者のあいだで議論が続いているが、彼らがみな独立にウシを飼育しはじめたことは確かだ。

ウシは豊富な乳をもたらし[15]、この富を利用するべく、自然淘汰がすぐさま方法を編みだした。ラクターゼ遺伝子のスイッチを、子どものうちに切ってしまうのではなく、生涯入れたままにする遺伝的変異が選択されたのだ。グラスに注いだ冷たい牛乳や、ミルクシェイク、アイスクリーム、カッテージチーズが好きなら、消化のための遺伝的な仕掛けを授けてくれた、牛飼いの先祖たちに感謝しよう。乳の利用に関して、複数のヒト集団が収斂し、同じ適応的な解決策を生みだしたわけだが、遺伝子解析の結果、それぞれの解は完全に同一ではないとわかっている。ラクターゼ遺伝子のスイッチを入れっぱなしにするという同じ効果をもつ、それぞれ異なる遺伝的変異が、異なる集団のあいだで進化したのだ。

複数の集団が同じように適応進化するのは、ヒトにかぎったことではない。むしろ、このような種内収斂はありふれた現象だ。ハイイロシロアシマウスは、目もくらむほどの純白の砂丘に定着した個体群で、明るい毛色を繰り返し進化させた［二次元コードを参照］。メキシカンテトラ（アクアリウム愛好家にはおなじみのテトラの仲間の近縁種）は、複数の個体群が地下洞窟に侵入し、色素と眼を失った。サメハダイモリのたくさんの個体群が、天敵のガーターヘビによる捕食から身を守るために多量のテトロドトキシン（フグ毒の成分）を分泌するよう進化し、対するガーターヘビでは、テトロドトキシンへの生理的耐性を獲得した個体群が数多くみられる。こうした例ならいくらでもあげられる。一般に、近縁の個体群が同じ淘汰圧にさらされた場合、同じ適応をとげる傾向にある。

ここまで、わたしは類似した環境に生息する2種の生物のあいだの収斂について述べてきた。このアイディアは長い歴史をもつ。ダーウィンが『種の起源』で何度か言及し、それ以降、進化生物学者たちが議論を重ねてきた。そして先述のとおり、古くからの考えでありながら、大きく脚光を浴びたのは近年になってからだ。収斂はこれまで考えられていたよりもずっとありふれていると、わたしたちはようやく気づいた。

一方で、これと関連するが、もっと歴史が浅く、ほんの20～30年前から発展しだしたアイディアがある。ダーウィンの考えは、ひとつの淘汰圧のもとで複数の種が同じように進化すると想定していた。だが、収斂進化を、同じ環境条件に適応する1組の種に限定する理由はない。知ってのとおり、どんな場所にも多種多様な生物種が生息し、それぞれが独自のニッチに適応している。2つの場所がきわめてよく似ているとしたら、自然淘汰は全体として収斂した生物相を生みだし、一方にみられる適応的な形態のどれをとっても、対応する収斂の例が他方に見つかるのでは？　進化生物学において、生物相全体の収斂というアイディアはずっと新しく、比較的最近になってようやく研究が始まった。こうした研究の大部分は、島を舞台におこなわれてきた。

＊7　すでに見たように、すべての哺乳類が仔を産むわけではない。カモノハシとハリモグラ（あわせて単孔目とよばれる）は卵を産む。すべての哺乳類に共通する特徴は乳の産出と体毛だ（ただしクジラなど、少数のひげ以外に体毛のない哺乳類もいる）。

＊8　より保存状態のよい標本が新たに発見されたおかげで、いまやわたしたちは、コンウェイ＝モリスは自身に落ち度はないとはいえ、ハルキゲニアの上下と前後を逆にして復元していたと知っている。支柱のような脚は実際には背中の棘で、上面のくねくねした7本の管が本来の脚だった。彼が調べた標本からは、脚が2列あることがわからなかったのだ。さらに、保存状態のよい標本のおかげで、頭と尾も逆だったことがわかった。

＊9　レトリックとしては今も有効だが、バージェス頁岩や同じような古い化石産地から複数の脊索動物が新たに発見されたことで、グールドの主張の説得力は弱まった。たとえピカイアが死に絶えていたとしても、脊索動物という系統全体が消滅するわけではなかったのだ。

＊10　たとえば、コンウェイ＝モリスは次のように述べている。「もし時間を巻き戻し、先カンブリア時代とカンブリア紀の境界の後生動物の多様化を繰り返したなら、この初期の進化の爆発に由来するボディプランの成功例のなかに、軟体動物ではなくウィワクシア類が含まれる可能性はあるだろう」。さらにこうも述べている。「誰かがカンブリア爆発を目の当たりにしたとしても、どの初期後生動物のボディプランが系統的に成功を収め、どれが絶滅する運命にあるかを予測することは、おそらく不可能だ」

＊11　それどころか、いくつかの点でタコの眼はヒトの眼よりもすぐれている。脊椎動物の眼では、網膜の視細胞の前方に視神経が接続しているため、光は視細胞に到達するまでに神経のあいだを通過しなければならない。そのうえ、束になった神経が眼球の外に抜けるとき、網膜に視細胞のない部分ができる。いわゆる盲点だ。これに対し、タコの眼球のデザインはずっと理にかなっていて、神経は視細胞の後方に接続しているため、入射光を遮ることも、眼球の後方を抜けるために視界をふさぐこともない。もし進化という現象が存在せず、生命が知的存在によってつくりだされたとしたら、その存在はヒトという「試作品」を経て、よりよいデザインを備えたタコの眼を完成させたのだろう。

＊12　皮膚色の収斂進化は、わたしたちのごく近い親戚であるネアンデルタール人にもみられる。北方に住んでいたネアンデルタール人も明るい色の肌を進化させたが、その原因である遺伝的変異は、ホモ・サピエンスのどの集団でも見つかっていない。

第2章 繰り返される適応放散

このあどけない少年は、13歳の頃のわたしだ。家族旅行でマイアミの大おばを訪ねたときの写真で、この手の旅行ではいつも、わたしは南フロリダのうっそうとした草むらをひっかき回し、大好きな爬虫類を探した。このときの大捜索は成功を収めた。獲物の小さなトカゲは、グリーンアノール *Anolis carolinensis* だ。

グリーンアノールは当時(そして今も)ペットショップでよく売られていたため、学校の科学の課題でトカゲの研究をしようと考えたわたしにぴったりの対象だった。8年生(中学2年生)のときはグリーンアノールが背景に合わせて体色を変えるか調べ(俗説に反し、背景とはマッチしなかった)、12年生(高校3年生)のときは春の繁殖行動が何を引き金に始まるのかを解

●両生爬虫類学のスタート地点に立つ著者

明しようとした（この課題は失敗に終わったが、答えは日照時間だ）。

こうしてすっかり刷り込まれたわたしは、両生爬虫類学を学ぼうと心に決めて大学に進学した。そして大学2年のとき、ジャマイカでフィールドアシスタントをやらないかと大学院生の先輩に誘われ、二つ返事で引き受けた。なにしろ対象がアノールだったのだ（ただ、テニスラケットはもってこなくていいと言われたのにはがっかりだった。フィールドワークがどんなものか、わたしは思い違いをしていたようだ）。

グリーンアノールは北米で唯一のアノール属の在来種[*13]だが、他地域ではもっとたくさんの種のアノールがみられる。キューバだけでも60種以上が分布し、中南米本土には約250種が棲む。キューバの10分の1の大きさのジャマイカには、7種がいる［1］。

ジャマイカに着き、まずは北部の海岸に面した海洋研究所を訪れた。ここはカリブ海のサンゴ礁を研究する海洋生物学者にとって最高の場所であると同時に、緑豊かな敷地内にうようよしているトカゲが目当ての面々にも知られていた。フィンにもマスクにもシュノーケルにも目もくれず、陸を愛する生物学者たちは、この研究所を拠点にジャマイカの陸生動物相の研究をおこなっていた。

到着してから、トカゲの多様性に気づくまでにそう時間はかからなかった。そこらじゅうトカゲだらけで、しかも物怖じせず注意をひこうとするのだ。オスのアノールには（一部の種ではメスにも）喉元にデュラップとよばれる皮膚のひだがある。休んでいるときは畳みこまれ、あごの先端付近から胸まで伸びる、ひとすじの皮膚の出っ張りにしか見えない。だが、トカゲが何か、たとえば「おい、失せろ、ここは俺のなわばりだ」とか「やあレディたち、こっちにおいでよ。僕の子どもを産まない？」とか言いたいときは、デュラップのお出ましだ。あごの下に弧を描いて現れる半円形の構造は、不釣り合いに大きく、トカゲはたいてい肢をめいっぱい伸ばし、腕立て伏せの要領で地面から体を離して、広げるスペースをつくらなくてはいけない。

アノールはどんな植生にも棲んでいた。もっともよく目にした種は、もっとも地上性傾向が強いジャマイカブッシュアノールだ。小さな体で草むらから草むらへと軽やかに駆け回ったり、木の低い位置にとまってなわばりを監視したりしていた。この種は地面の近くに棲むため、くすんだ茶色の体色が背景にマッチする。

だが、樹上では話は別で、こちらでよく見かけたのは、ジャマイカブッシュと同じくらいの大きさだが別種のグラハムアノールだ。木のどこにでも（高い位置にも、低い位置にも、幹にも、枝にも）いて、その華やかな姿は地味なブッシュアノールと対照的だ。頭や胴、前肢は気品あるアクアマリンが輝き、腰のあたりで深みのある青へ、尾はコバルトへとグラデーションで彩られる。さらに体全体に白の斑点と虫食い模様が入り、まるで生きた二次元コードだ。これだけでも美しいが、デュラップを誇示するオスは一段と見事だ。明るいオレンジ色が、濃淡さまざまなブルーの体とコントラストをなす。

だが、思わず目を奪われるグラハムアノールでも、ジャマイカのトカゲビューティーコンテストで優勝はできない。トロフィーを獲得するのは、大型の樹上性種ガーマンアノールだ。地元ではグリーングアナとよばれているが、この現地名は美しい姿を表現しきれていない。明るい黄緑色のチュニックを身にまとい、背には有史以前のドラゴンのような棘が並び、眼は黄色のリングに囲まれる。全長はグラハムアノールの2

●ジャマイカに分布する、生息環境に特化したアノールたち

（左上から時計回りに）ガーマンアノール（グリーングアナ）、グラハムアノール、ジャマイカブッシュアノール、ジャマイカツイッグアノール。

倍、体重は8倍に達するガーマンアノールは、ジャマイカのトカゲの王であり、昆虫や果物だけでなく、小柄な親戚たちをも好んで食べる暴君だ。

樹上性のアノールはもう1種いるのだが、こちらはいでたちがまったく違う。ジャマイカツイッグアノールは、派手な装いではなく控えめを選んだ。灰白色の地に茶色の斑点のその姿は、背景の木々にすっかり溶け込み、スレンダーな体型のおかげで止まっている小枝と同化する。

四者四様の装いから、ジャマイカのアノールの多様性がうかがえる。だが、これはまだ進化の物語の序章にすぎない。種によって異なる特徴は、体色以外にもたくさんあるのだ。まずは、アノールがもつ、もっとも驚くべき特徴に目を向けてみよう。すべての指先にある、扁平(へんぺい)な楕円(だ)形のパッドだ。アノールを裏返すと、パッドの裏側はたがいに少しずつ重なりあう長方形のうろこで覆われているとわかる。指の根元に近いほうには小さいうろこが並び、中央のうろこは幅広く、先端ではまた小さくなっている。

パッドを指でそっと触ってみると、わずかな反発を感じる。動

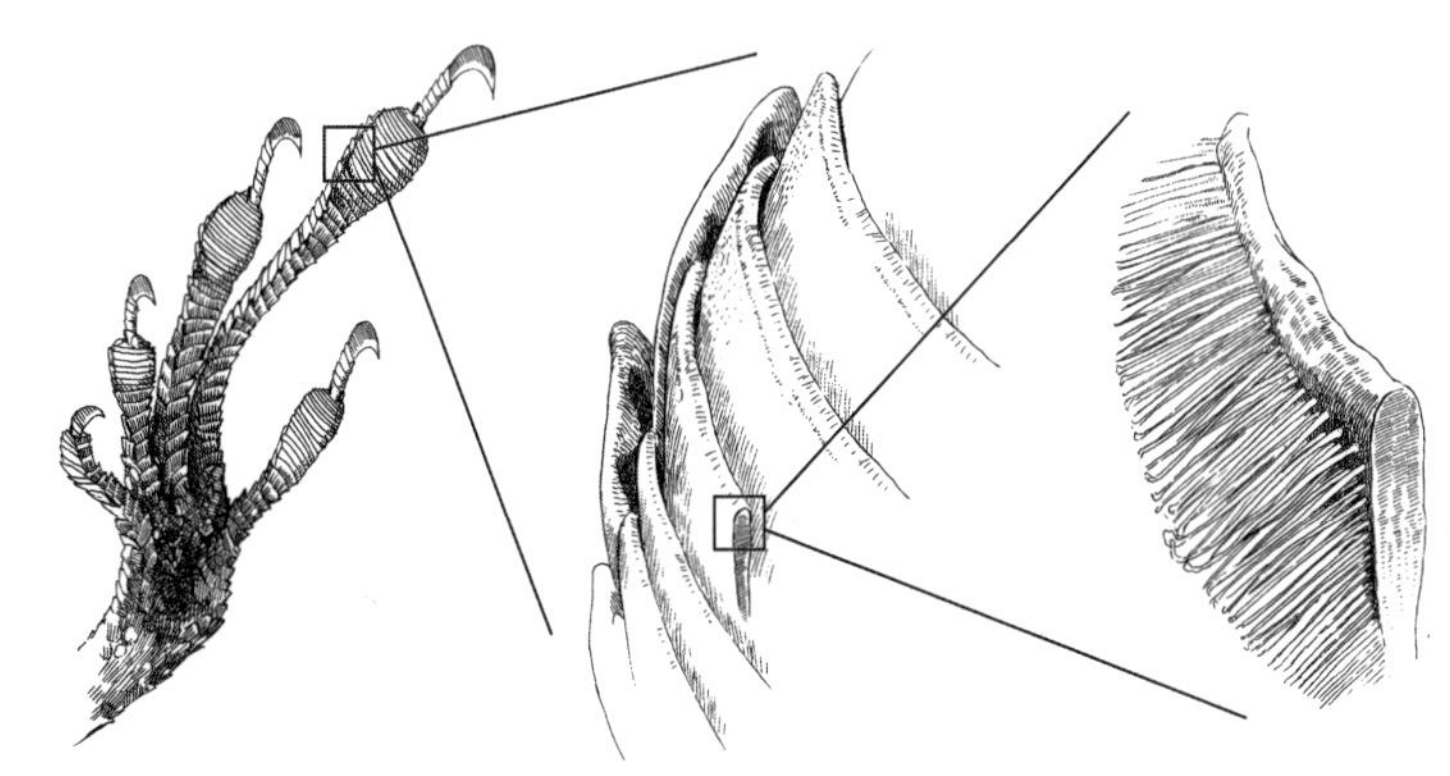

●アノールの指先のパッド

パッドの裏面のうろこ（指下板）は、無数の微細な毛に覆われている。

いていないときでも、パッドには抗力が生じているのだ。トカゲを水平なガラス板の上に乗せてみよう。すると、パッドはガラスの表面に接する。今度はガラス板を片側からゆっくりと傾けていこう。ガラスが垂直に近づくにつれ、トカゲの体は下向きに引っ張られるが、パッドは違う。しっかりと固定されたまま、重力に逆らいつづける。さらに傾けつづけ、ガラス板が90度を超えると、トカゲはどんどんさかさまに近くなり、まるでスパイダーマンのように、4本の肢（正確には20本の指）だけでガラスに接する状態になる。時には、ガラス板が完全に裏返しになっても、トカゲはまだくっついていられる。

数十年のあいだ、研究者たちはトカゲの接着力の源がいったい何なのか、頭を悩ませてきた。爪をガラス面の微小な穴にひっかけている？　はずれ。吸盤？　パッドの表面の微小なフックで、マジックテープのようにくっついている？　粘液の分泌？　正解は、このなかのどれでもない。

アノールのパッドが顕微鏡サイズの無数の繊維に覆われていることは、以前から知られていた。繊毛とよばれるこの毛は、ヒトの髪の毛よりもはるかに細い。トカゲのなかの別系統であるヤモリも繊毛で覆われたパッドをもつ。おもに温暖な地域に分布し、夜に壁などの垂直面を走り回るヤモリは、アノール以上に壁のぼりが得意だ。接着には繊毛がかかわっていると考えられていたものの、具体的にどうやってくっついているのかは謎のままだった。

２０００年、ある研究チームがようやく解明したそのしくみは、ＳＦ顔負けだ。無数の繊毛１本１本の表面には自由電子が存在し、一定の条件下で、この電子はガラス面やその他の物体の表面の電子と結びつく。専門用語でファンデルワールス力とよばれるこの結合は非常に強力で、そのためトカゲは指１本で体重を支えたり、落下の最中でも葉に指が触れるだけでつかまったりできる。スパイダーマンでもこうはいかない！

ちなみに、この発見によってまったく新しい工学分野が誕生した。生物のデザインに学ぶバイオミメティクス、俗にいう「ゲッコー（ヤモリ）・サイエンス」だ。今ある最高の接着剤について考えてみよう。瞬間接着剤やダクトテープは、一度つけたらはがせないか、はがした後にべたべたの汚れが残ってしまう。これに対し、ヤモリの指は強力な接着を自由に解除でき、しかも表面から離れたあとに一切痕跡（こんせき）を残さない。このため、大勢の研究者たちがヤモリの指の秘密を活かして人びとに役立つ製品を生みだそうと奮闘している。２００８年には初の実用化商品として、傷口をふさぐ新素材［2］が誕生した。

さて、そろそろジャマイカのアノールの話に戻ろう。ほかのアノールと同様、この島に棲む種もすべて強力な接着パッドをもつ。だが、その接着力には種差がある。トカゲをフォースプレートとよばれる機械の上に置き、そっと後方に引っ張ると、それに抗って指のパッドからフォースプレートにかかる力を測定できる。

この測定法を編みだしたのは、わたしの指導のもとで博士号を取得し、今や立派に研究者として名をはせるダンカン・アーシックだ。彼の研究結果は明快で、アノールがどれだけの接着力を示すかは、指のパッドの大きさに比例していた。では、パッドがいちばん大きい種はどれか？　ジャマイカで最大のアノール、ガーマンアノールが群を抜いている。ほかの3種は体こそほぼ同じ大きさだが、パッドの大きさはまったく異なる。もっとも樹上性傾向が強いグラハムアノールのパッドは、地上性のブッシュアノールの3倍近い。

樹上性傾向が強いほど強い接着力が必要なのには、２つの理由がある。第一に、樹上性のトカゲのほうが滑りやすく、つかまりにくい表面（葉や、熱帯の樹木に多い滑らかな樹皮）を頻繁に利用する。こうした表面に張りつくには、より強い接着力が必要だ。第二に、木のてっぺんから落ちるのは、地上30センチの高さの枝から落ちるよりもおおごとだ。ほとんどのアノールは小さいので、落下そのものでけがを負うことはない。だが、高い木にまた一から登るのは、エネルギー消費の面でも、捕食者に見つかりやすいという面でも、重大なコストになる。

ジャマイカのアノールを比較すると、種間で明らかに異なる外見的特徴がもうひとつある。肢の長さだ。こちらに関しては、地上性の種に分がある。ブッシュアノールの後肢は、他種よりもかなり長い（ガーマンアノールとは体サイズ比の長さで比較）。その対極がツイッグアノールで、こちらはダックスフントのトカゲ版といえるような、胴長短足の体型をしている。

ジャマイカや、広くカリブ海のアノールを見渡すと、肢の長さの多様性は、その種が生息地のなかのどこで生活しているかと関係している。ジャマイカブッシュアノールのように太い木の幹や地面を利用する種は肢がとても長く、細い小枝を利用する種はきわめて短い肢をもつ。

その理由を知るため、わたしたちはトカゲを研究室にもち帰り、「トカゲオリンピック」を開催した。陸上競技の第1種目、2メートル走では、トカゲに細いコースをダッシュさせ、等間隔の赤外線ビームを通過する際のスピードを計測した。第2種目の幅跳びでは、トカゲの腰を軽くつついて、ジャンプするよう促した。

結果は予想通りだった。肢が長い種ほど速く走り、遠くまでジャンプできたのだ。生体力学的に理にかなってはいるが、ひとつ疑問が残る。短い肢の利点は何だろう？

その答えは、5種競技によって得られた。わたしたちは再度トカゲの走行速度を測定した。ただし今度は、直径の異なる5種類の棒の表面を走らせた。肢の長い種は太い棒の上をもっとも速く走り、肢の短い種は、野生で利用している小枝に似た、細い棒の上をもっとも速く走るだろう。わたしたちはそう考えた。

だが、予測は間違っていた！　どの種も棒が細いほど走るのが遅くなり、ツイッグアノールに細い棒の上を走らせても、ほかの種より速いわけではなかった。短い肢が、細い足場を高速移動するための適応ではないのは明らかだ。

わたしたちが走らせたトカゲのなかには、時折よろめいたり、完全に落下したりするものがいた。失敗は記録に残していたが、後にそれこそがパズルの欠けたピースであると気づいた。太い棒の上を走らせたときは、どの種もさほど苦労せず、失敗試行は全体の20パーセントほどだった。だが、細い棒のときは、ツイッグアノールは変わらずうまく切り抜けたのに対し、肢の長い種は大苦戦し、4分の3以上の試行で滑ったり完全に落下したりした。こうして答えにたどり着いた。短い肢は細い足場をすばやく移動するのに有利なわけではなく、単にこうした場所をやすやすと動き回るためのものだったのだ。

今から思えば、はじめからこう予測すべきだった。わたしたちが野生生息地でトカゲを長時間観察したなかで、肢の長い種は頻繁にトップスピードで走っては、獲物を捕えたり、天敵から逃れたりした。対照的に、ツイッグアノールの戦術は、スピードよりもステルスだった。見事にカモフラージュした姿でゆっくりと獲物に忍び寄り、捕食者に遭遇したときは、慎重に一歩ずつ横歩きして、枝の反対側に隠れてやり過ごした。このようなライフスタイルに重要なのは、すばやさよりも器用さであり、それこそが短い肢の利点だったのだ。

ジャマイカはもともと島ではなかった。中米の一部として、メキシコのユカタン半島あたりにくっついていた。約5000万年前、ジャマイカと大陸は別の道を歩みはじめ、新たに生まれた島は東のカリブ海へと進んだ。そのあいだに島は海面下に沈み、陸生生物は一掃された。数百万年後、ようやく再び姿を現し、新たな未来へのまっさらな舞台が整った。できたばかりの進化の劇場は、新米役者たちが適役を見つけるチャンスに満ちていた。

やがてジャマイカのアノールの祖先が、カリブ海のほかの島、おそらくはキューバから流れ着いた。時が経つにつれ、最初の種はたくさんの子孫種を生みだし*14、それらは生息地のさまざまな場所に適応して、体色、指のパッド、肢など、数かずの異なる特徴を進化させた[3]。

この分岐進化の結果、地質学的にみれば新しいひとつの共通祖先から生じ、それぞれのニッチに適応した、複数の種からなるひとつのグループが形成された。生物学者はこの現象を適応放散とよぶ。そして多くの研究者は、これこそが進化による多様化のもっとも重要な要素のひとつだと考えている。

適応放散はよくある現象で、長きにわたって研究されてきた。ダーウィンの思想にきわめて重要な役割を果たした、あのダーウィンフィンチが典型例だ。だが、アノールの適応放散は特別だ。その理由が知りたいなら、カリブ海のほかの島に目を移そう。

アシスタントを務めた5年後、わたしはジャマイカに戻ってきた。今度は大学院生として、自分の博士論文のデータを取りにきたのだ。わたしは再び海洋研究所を訪れ、怪訝(けげん)な顔をする海洋生物学者たちを尻目に、陸にこもってトカゲの研究に没頭した。

ただし今回、ジャマイカは最初の目的地でしかなかった。必要なデータを集めたあと、わたしはアイランドホッピングに赴いた。プエルトリコのルキリョ山の緑豊かな熱帯雨林で、わたしは再びそれぞれが独自の生息環境に適応し共存するアノール属のトカゲたちに出会った。だが、単に新たな種というだけではなかった。プエルトリコにも、ジャマイカにいるのと同じ、局所環境に特化したスペシャリストが生息していたのだ。樹冠には、大きさも外見もガーマンアノールに似た大型種と、小型で緑色で大きな指パッドをもち、植物の表面を動き回る種がいた。地面の近くには、肢が長く茶色でパッドが小さく、ダッシュと幅跳びが得意な種がいた。そして枝先には、見事にカモフラージュした肢の短い種がいて、速くは動けないが細い足場をすり歩くのによく適応していた。

素人目に見れば、別べつの島に棲む似たものどうしは近縁種だと思うだろう。ジャマイカとプエルトリコそれぞれのツイッグアノール、「グリーングアナ」、肢の長い走り屋は、おたがいのいとこであり、最近になって分岐進化をとげたのだろうと。しかし、実際は違う。生態学的にも解剖学的にも多様なジャマイカのアノールたちは、すべてジャマイカに流れ着いたひとつの共通祖先をもち、プエルトリコで生態学的に同じ位置を占める種よりも、見た目の異なる同じ島の仲間と近縁だ。つまり、ジャマイカとプエルトリコの適応放散は別べつの進化的事象であり、にもかかわらず、きわめてよく似た生息環境に特化したスペシャリストが生まれたのだ（公正を期していうと、2つは完璧に合致するわけではない。プエルトリコにはジャマイカでは進化しなかったタイプの種がもうひとついて、細長い草の葉の合間に棲むのに適応している）。

次の年、わたしはイスパニョーラ島の半分を占めるドミニカ共和国を訪れた（もう半分は悲劇に満ち、だがトカゲは豊富な国、ハイチだ）[*15]。ここでもさまざまなアノールの種に出会い、それらはまたしても、もはやおなじみのドッペルゲンガー、つまりプエルトリコで見られた5タイプのスペシャリストの組合せだった。そして、今度もまた、似ているのは近縁だからではなかった。DNAからは、外見に反して、3島それぞれに棲むツイッグアノールどうしや、茶色の地上性アノールどうしは近縁ではないとわかった。共通の生息環境に特化したスペシャリストすべてに同じことがいえた。

その数年後、わたしはようやくキューバの入国許可を得た。アメリカが禁輸措置を敷き、一方のキューバは労働許可を求めるアメリカ人はひとり残らず侵略を企てるCIAの工作員だと疑っていた時代、これは並大抵のことではなかった。言うまでもない話なのでくどくど説明しないが、またしても生息環境のスペシャリストの組合せが、キューバでも独立に進化していた。

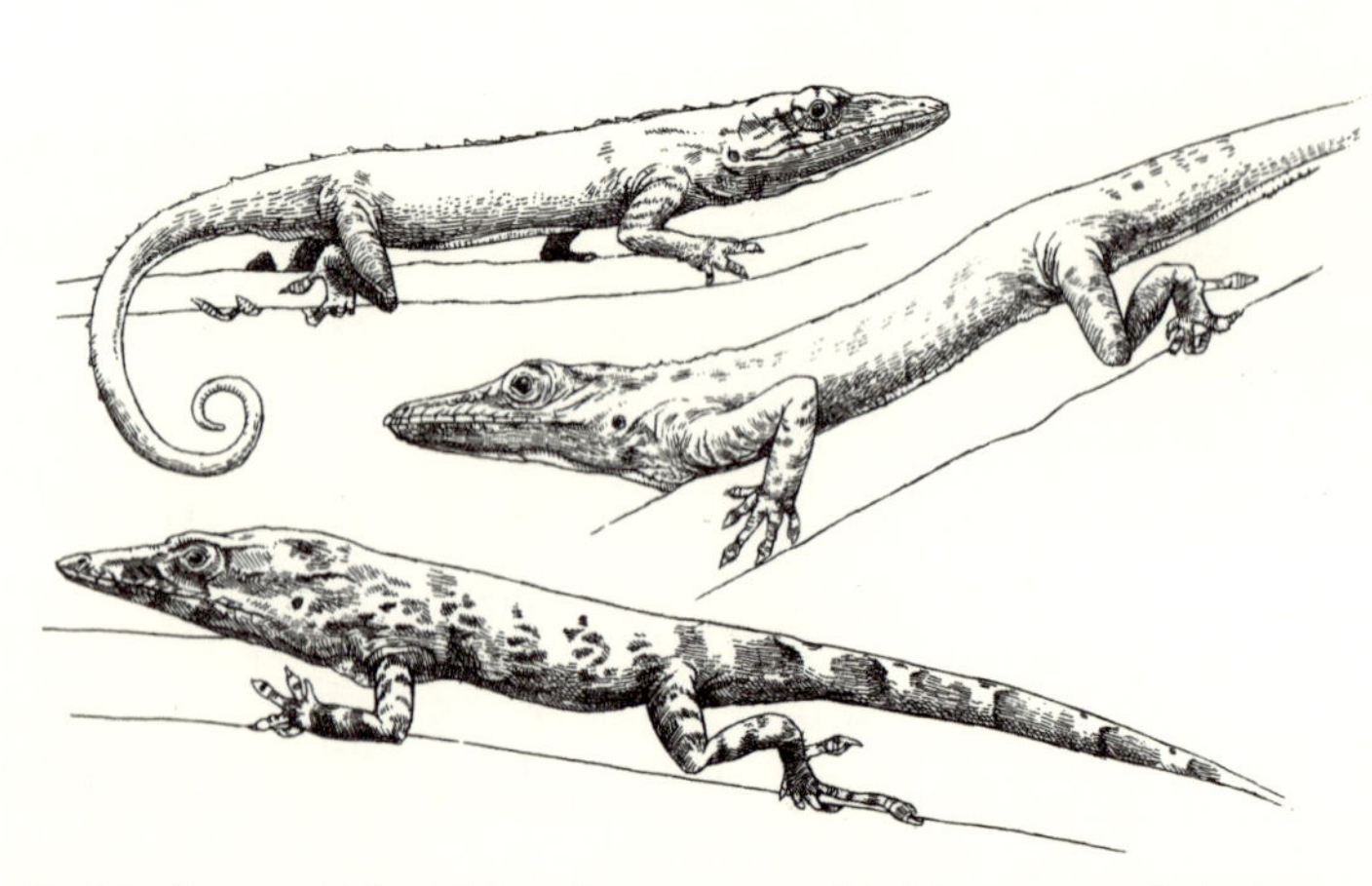

●イスパニョーラ島（上）、プエルトリコ（中央）、キューバ（下）のツイッグアノール

大アンティル諸島の4つの島において、アノール属のトカゲの種群はきわめてよく似ている。4タイプのスペシャリストは4つの島すべてに生息し、たいていの場合、同じタイプのトカゲはどの島の種も瓜二つで、同種と見間違うほどだ。さらに、もうひとつのタイプは3島でみられ、言及しなかったがキューバとイスパニョーラ島だけにみられるタイプがあと2つある。ひとつの島だけにみられ、ほかの島で進化した「分身」のいない種は、ほとんどいなかった。

長いあいだ、大アンティル諸島のアノール以外に、反復適応放散とよばれる現象の詳しく記録された実例は存在しなかった。ところが、近年になってほかの例が多数発見され、いまでは適応放散そのものの収斂は、かつて考えられていたほど珍しいものではないとみなされている［4］。

最近見つかった例のひとつが、知られざる日本の離島［5］に棲むカタツムリだ。カタマイマイ属 *Mandarina* のカタツムリは、東京から約1000キロメートル南にある30の島じま、小笠原諸島に分布する。辺鄙で、小さく（総面積は約100平方キロメートル）、人口過疎（総人口2400人）の島じまであり、知名度の低さもうなずける。だが、面積でも人口でも取るに足らない小笠原には、それを補って余りある美しい自然がある。2011年に世界自然遺産に登録された小笠原は、生物多様性の宝庫であり、時に「東洋のガラパゴス」と称される。

その名高い小笠原の動物相の一角をなすのが、19種を有するカタマイマイ属だ［二次元コードを参照］。アノールと同様に、同所分布する種どうしは、例外なく利用する生息環境が異なる。つねに樹上に、しかもたいていは葉の上にいる種や、半樹上性で木の幹でも地上でもみられる種。完全に地上性の種はさらに、ひらけた場所で生活する種と、隠れ家に潜む種に分かれる。

生息環境の違いは、形態の違いを伴う。まず、樹上性の種は地上性の種よりも小さい。殻を樹上まで運び上げるのはただでさえ容易ではないのに、足がなくてなおさら大変だからだろう。また、樹上性種は殻の開口部が大きく、そのおかげで木の表面に接する体表面を広くできる。半樹上性種は殻が扁平で、これは木の幹にある狭い隙間にくさびのように入り込む行動に呼応している。2タイプの地上性種もたがいに異なり、ひらけた場所に棲む種のほうが地味で扁平だ。

すなわち、カタツムリ版の適応放散だ。そして、カリブの島じまのアノールと同じく、カタツムリの適応放散は小笠原の島じまで繰り返し起こった。いくつかの島で、カタツムリは1種の祖先種から、異なる生息環境に適応した複数のスペシャリストへと多様化した。そのうえ、島どうしを比較すると、アノールでそうだったように、同じタイプのスペシャリストの組合せがそれぞれの島で別べつに進化していた。異なる島の同じ生息環境に特化したスペシャリストのなかには、あまりに見事に収斂していて、殻の形態では区別できないものもいる。

反復適応放散のもうひとつの例は、空が舞台だ。5000種以上いる現生哺乳類のうち、コウモリは5分の1を占め、最新データでは1240種にのぼる。なかでもとくに成功を収めたグループが、ホオヒゲコウモリ属 *Myotis* だ。この属は100種以上からなり、北米でコウモリを見かけたら、それはトビイロホオヒゲコウモリ *Myotis lucifugus* である可能性が高い。膨大な個体数を誇るこの種は、毎日体重の半分もの昆虫をむさぼり食ってくれる益獣だ。

この仲間は総じて「mouse-eared bat（ネズミの耳をしたコウモリ）」の英名でよばれるが、だからといってどの種も似たような外見というわけではない。従来の分類では、ホオヒゲコウモリ属はさらに形態的にも生態的にも異なる3つのグループ（亜属）に大別される。トビイロホオヒゲコウモリに代表される *Selysius* 亜属の種は、飛翔昆虫を追って高速で空を飛びまわる。足は小さく、後肢のあいだに大きな膜があり、空中で昆虫を捕まえるときにはこの膜をキャッチャーミットのように使う。*Leuconoe* 亜属のコウモリは、翼が細く、ふつう水上で採食し、時には長く毛むくじゃらの後肢で水面下の魚を引っかけて捕えることもある。最後に、*Myotis* 亜属に含まれる種は、大型で、大きな耳と幅広の翼をもち、枝葉や地面に止まっている獲物を掴みとって食べる。

定説では、これら3つの亜属は進化的にみて別べつのグループであり、それぞれのタイプは過去に一度だけ進化し、そのあとたくさんの類似種を生みだし世界中に分散したとされていた。ところが、DNA解析により[6]、ホオヒゲコウモリの世界はひっくり返った。世界のホオヒゲコウモリ属の種の4分の3を対象に、複数の遺伝子の配列決定をおこなった結果、これまでの形態に基づく分類はまったくの間違いだったとわかったのだ。アノールやカタマイマイと同じように、形態的にも生態的にも異なる同所分布のコウモリの種どうしのほうが、異なる地域に棲む類似種どうしよりも近縁だった。こうして、各タイプの一度きりの進化とそれに続く全世界への拡散というストーリーは破綻した。ホオヒゲコウモリの仲間は、世界各地で3タイプへの適応放散を繰り返したようだ。

アノール、カタマイマイ、ホオヒゲコウモリのような例は、今も次つぎと発見されている。おそらく、場所は違えど環境条件がきわめてよく似ている場合、自然淘汰は同じスペシャリストの組合せの進化を促すのだろう。このような収斂を生みだす淘汰圧は非常に強力なので、結果としてそっくりな種が生まれ、実際には独立して起こった適応放散の産物であるにもかかわらず、近縁種とみなされてしまうのだ。

マダガスカルの動物のDNA研究の結果から、あと2つだけ例をあげよう。数年前にわかった事実だが、従来の説に反して、マダガスカルのカエルはインドに棲む生態学的に相似の種とは近縁ではない。この赤い島でカエルは独自に多様化し、穴に棲む種や渓流を好む種、樹上性種が生まれたのだが、姿かたちはインドのカエルとそっくりなのだ[7]。

マダガスカルの鳥にも同じことがいえる[8]。近年のDNA解析により、マダガスカルのスズメ目の鳥にみられる多様性は、アフリカ大陸の鳥類相ときわめてよく似てはいるが、大部分が島内での爆発的な多様化の産物であると明らかになった。第1章でみてきたように、オーストラリアの鳥類も同様の適応放散をとげていて、この地で生まれた多種多様な生態学的スペシャリストは、北半球のさまざまな種の鳥に収斂している。

グールドの思考実験は、時をさかのぼり、同じ初期条件から進化を再スタートさせ、同じ展開をたどるか確かめるというものだった。だが、思考実験の方法はこれだけではない。時間を巻き戻してテープをリプレイするのではなく、同時に別の場所でテープを再生してみたらどうだろう？　つまり、複数の場所に同一の環境を用意し、まったく同じ初期集団を放って、それぞれの集団が同じ進化の道のりを歩むかどうかを検証するのだ。

もちろん、これは思考実験であり、何もかもが実現可能な理想世界のなかでの話だ。現実世界でこんな実験はできない。実験室の外の世界にまったく同じ場所は2つとなく、また時とともに2つの場所では異なるできごとが必ず起こる。

そうはいっても、島が進化の実験室とよばれるのには相応の理由がある。隔離環境であるため、ひとつの島で起こるできごとはほかの島に影響を与えない（少なくとも、移動分散能力の低い種の場合は）。また、完全に同一はありえないものの、同じ地域にある島じまは概してたがいによく似ている。

理想世界において、先の思考実験をおこなうとしたら、同一のトカゲの集団を、環境条件の等しい4つの島に導入し、その後の数百万年でどう進化するかを観察すればいい。だが、この夢の研究プログラムは、大アンティル諸島のアノールに実際に起こったことと大差ないのではないか？　とすれば後者は、現実世界で自然がつくりあげた、グールドの「生命テープのリプレイ」にかぎりなく近いものといえそうだ。

その結果は、言うまでもなく、グールドの主張とは矛盾する。大アンティル諸島の4つの島じまで同時に再生されたテープは、進化の結果、ほとんど同じ姿かたちをしたトカゲを生みだした。ジャマイカ、キューバ、プエルトリコの環境が同一ではないという事実は、反証としての説得力をむしろ強める。トカゲの進化の道のりは、それぞれの島に固有の条件に起因するものではなかったのだ。

カタマイマイやホオヒゲコウモリをはじめ、ほかの多くの生物にも同じことがいえる。反復適応放散がさまざまな場所で起こったことは、続々と発見される新たな実例が示している。どうやら、進化は繰り返すようだ。別べつに振られた進化のサイコロが、偶発性に妨げられず、実質的に同じ目をだすケースは確かにあるのだ。

タヒチ、バミュータ、マデイラ、バリ。誰でも島は大好きだ。だが、島を極度に愛し渇望する、重度の島愛好症（ネシオフィリア）を患う者といえば、進化生物学者をおいてほかにない。ダーウィンのインスピレーションの源泉は、かの有名なビーグル号の航海で立ち寄った島じまだった。アルフレッド・ラッセル・ウォレスも、東南アジアの島じまを渡り歩くなかで自説を練りあげた。そして、ダーウィンとウォレスが自然淘汰による進化の理論を共同で提唱して以来、大勢の生物学者たちが島じまを訪れ［9］、新たな洞察を得てきた。彼らの研究により、過去150年のあいだに蓄積された、進化についての知見のかなりの部分は、島での研究に基づいている。

進化生物学者が飽きもせず島を訪れる理由は何だろう？　この質問には、2通りの答え方ができる。まずは研究者らしく、杓子（しゃくし）定規にいこう。島は繰り返される進化の自然実験だ。ひとつの海洋島やひとまとまりの群島は、自己完結したひとつの世界であり、そこでの進化の動態は、ほかの場所で起こっていることとは切り離されている。したがって、ある島を別の島と比較すれば、進化の潜在的な可能性や予測可能性を理解できる。進化は似たような最終産物を何度も生みだすのか？　アノールや小笠原のカタツムリについていえば、その答えはイエスだ。しかし、こうした結果をどこまで一般化できるだろう？　進化による多様化によって生じる可能性のある結果には、どれくらい幅があるのか？　研究者たちは、島の動植物相にみられる共通点と相違点を比較して、こうした問いに答えようとしている。

では、もっと楽しいもうひとつの答えをお教えしよう。島は最高だからだ！　美しい風景の話ではなく、わたしが言いたいのは、島の途方もない多様性、つまりどの島にも驚くほど奇妙な独特の動植物がいることだ。たとえばニューカレドニアを見てみよう。山々が連なる南太平洋の島で、赤茶けた斜面は熱帯雨林に覆われている。この島のジャングルは、驚くべき生きものたちの宝庫だ。わたしの前腕ほどもある夜行性のヤモリ、ヤシの葉で道具をつくり問題解決をおこなうカラス、被子植物のなかでもっとも古い系統に属する奇抜な植物アムボレラ、尾にスパイクと頭にツノを備えた巨大なリクガメ、それに陸生ワニ（最後の2つは、残念ながら最初にニューカレドニアに上陸した人類が滅ぼしてしまった）。

島は変わり者たちでいっぱいだ。だが、島で進化したおかしな生物すべてのなかで、わたしのいちばんのお気に入りは、ベッドロックから抜けだしてきたとしか思えない。コブルストーン郡ベッドロック、そう、フレッド・フリントストーンとバーニー・ラブルが暮らす、『原始家族フリントストーン』の舞台だ。物知りな読者のみなさんなら、あの架空の時代の先進技術の数かずを覚えているだろう。脚力が頼りの車、翼竜飛行機、鳥のくちばしを針にしたレコードプレーヤー、ブロントサウルスの建設用クレーン……。しかし、生物学的にみていちばん的確だったのは、台車に乗ったミニサイズのマンモスが鼻で吸引する掃除機だ。

どう考えても、『原始家族フリントストーン』を制作したハリウッドの伝説的コンビ、ウィリアム・ハンナとジョセフ・バーベラは、実在する（そして矛盾した名前の）ドワーフマンモスにヒントを得たに違いない。ミニマンモスは、地質学的にみてつい最近までギリシャのクレタ島に棲んでいた。肩までの高さは120センチメートルに満たず、わずか200キログラム強の体重は、祖先である本物の巨大マンモスの3パーセント程度でしかない。

あるいは、ハンナとバーベラは別の島を思い浮かべていたのかもしれない。というのも、小さなゾウはクレタ島の専売特許ではないのだ。それどころか、小型ゾウは世界中のたくさんの島じまで何度も繰り返し進化していて、そのいくつかはごく最近の時代にヒトと共存していた。マルタ、コルシカ、アラスカ沖のセントポール島。フロレス島ではコモドドラゴンと共存し、南カリフォルニア沖のチャネル諸島でも小型化が起こった。

小柄なゾウが過去にこれほどたくさんいたという事実から、3つの教訓を得られる。その1：品種改良でプチ・エレファントをつくれば、大儲けは確実だ。シェットランドポニーほどの大きさのゾウなら、誰だってペットに欲しいだろう。わたしなら2頭買う！　その2：またしても収斂進化の実例だ。島にゾウを連れてきて、しばらく待ってみれば、ほらこの通り。巨象たちはみんな、こんなに小さくなった。

けれどももっとも重要なのは、これは単なる収斂進化、つまり特定のタイプの動植物が同一の環境条件への反応として同じ方向への進化を示した例ではないことだ。そうではなくて、島のゾウ

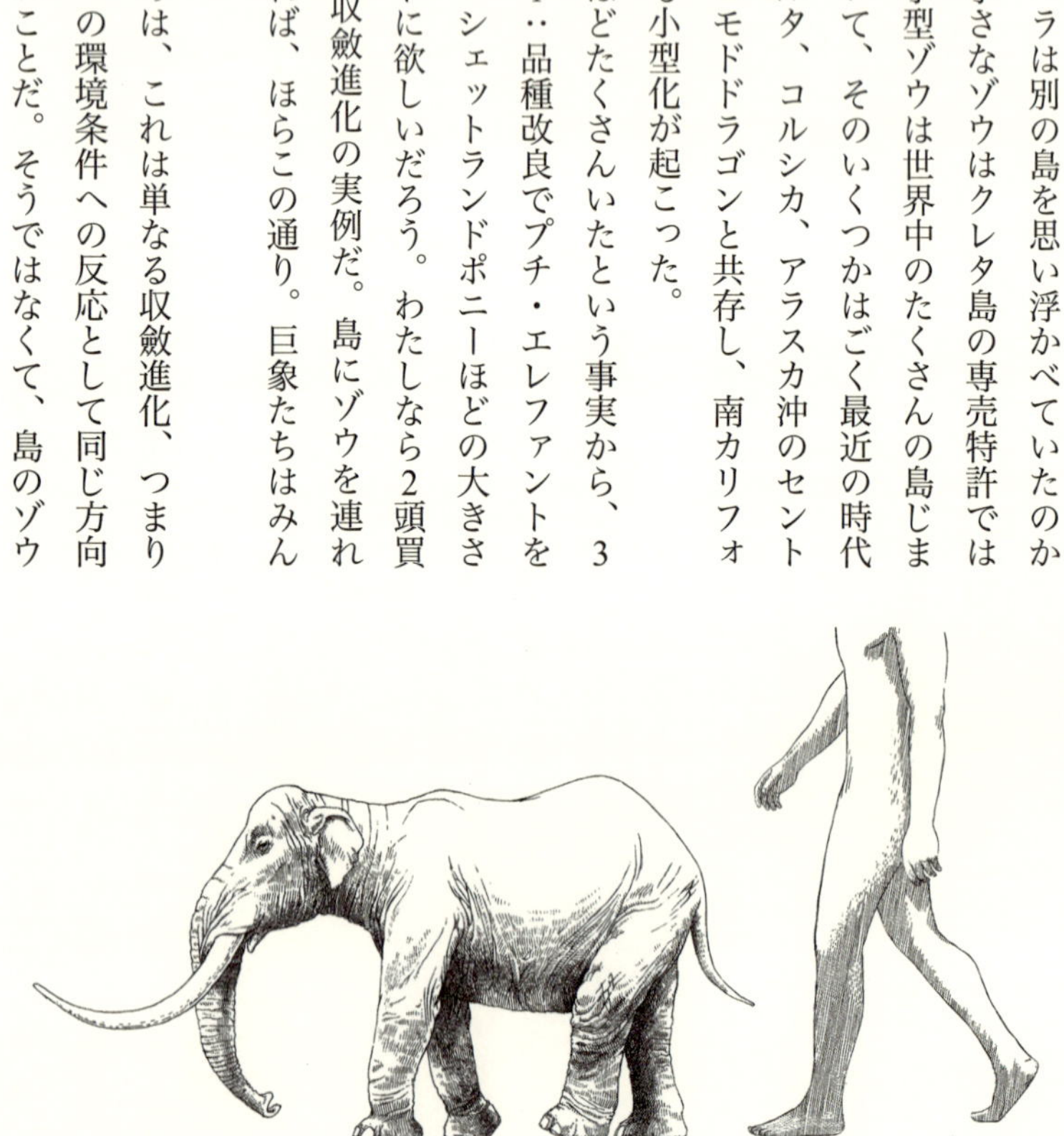

●マルタとコルシカのピグミーマンモス
つい数千年前まで生存していた。

の小型化は、多くの大型哺乳類に広くあてはまる、一般的な進化の法則の例なのだ。小型のカバは地中海の複数の島で進化した。数千年ジャージー島で生きてきたシカは体が83パーセントも小さくなった。身長1メートルのホミニド（通称「ホビット」、学名は *Homo floresiensis*）は、つい1万7000年前までインドネシアの島に棲んでいた。どんな大型哺乳類でも[10]、島に放てば小さくなる可能性が高く、なかには極小サイズになるものもいる。

島における進化の傾向にはもうひとつ、飛翔性動物が飛べなくなるというものがある。翼が小さくなり、一部のパーツが失われ、時には翼がまるごと消失する。飛べない鳥は、世界中の島じまで数えきれないほど進化した。モーリシャスのドードー、数百の島じまのクイナ（ニワトリとサギの合いの子のような姿をした小型の鳥）、ハワイとレユニオン島のトキ、複数の島のインコ、ガラパゴスのコバネウ、ほかにもカモ、ガン、フクロウ、ハヤブサなど、枚挙にいとまがない。そのうえ、飛翔能力の喪失は鳥にかぎった話ではなく、島の昆虫にもいえる。とくに甲虫に多いが、ほかにもハサミムシ、ガ、コオロギ、カリバチも飛べない体に進化した。

大型哺乳類が小さくなり、鳥や昆虫が翼を失う。そう聞いて、島での生物進化はスケールダウンに向かうのかと思ったかもしれないが、そう判断するのは早急だ。一部の生物は島で大型化する。その典型が植物だ。樹木はふつう、長い漂流に耐えられる種子をつくるわけではない。樹木の種子は大きすぎるのだ。そのため、大陸の樹木が島にたどり着くケースはあまりない。[*16] したがって、新たに誕生した島には、背の高い植生が存在しないのがふつうだ。樹木が高くそびえるのには理由がある。天を衝く巨木は、ほかの植物の陰に入らないため、日光をめいっぱい浴びて、光合成能力を最大限に発揮できる。つまり、樹木のない島では、他種よりほんの少しでも背の高い草花は優位に立てる。そして十分に長い時間があれば、通常は小さな植物が、樹木のような姿に進化するだろうと予測できる。これがまさしく実際に起こったのだ。どの島をみても、大陸では灌木（かんぼく）や薮（やぶ）、小さな草花でしかない植物が、樹皮と主幹を備えた高木へと進化し、大陸の樹木と見まごう姿になっている。

ところで、進化の規則性は島だけに存在するわけではない。予測可能な進化といえば、哺乳類と鳥類のサイズと体型が、赤道からの距離に応じて変化する例が有名だ。クマを例に考えてみよう。最大級のクマはコディアックヒグマとホッキョクグマであり、どちらも極北の地に棲む。同じように、ネコ科の最大種アムールトラは、トラのほかの亜種のみならず、ほかのすべての現生のネコ科の種よりもずっと大きい。同種または近縁種の動物が、高緯度地域に分布するものほど大型であるという傾向は、発見者である19世紀のドイツ人生物学者にちなみ、ベルクマンの法則とよばれている。

今度はホッキョクグマの顔を思い浮かべ、耳に注目してみよう。ずいぶん小さいはずだ。同じく極北の地に暮らすホッキョクギツネも、耳が小さく、脚も短い。対照的に、酷寒というほどではない気候帯に棲むおなじみのアカギツネは、より大きな耳と長い脚をもつ。アフリカの砂漠に分布するフェネックの耳はさらに巨大だ。またしても規則性が見つかった。哺乳類と鳥類の付属器官は、高緯度地域では小型化する。この傾向は、19世紀のアメリカ人生物学者の名にちなみ、アレンの法則とよばれる。

この2つの法則については異論も多く、もちろん一般則であって例外もたくさんある。だが、気温が要因であるのは皆が認めている。寒冷地では、内温性動物（自ら熱をつくりだし、高い体温を維持する動物）[*17]は熱のロスを最小化しなければならない。熱は動物の体を構成するそれぞれの細胞のなかでつくられ、動物の体表面から失われる。体が大きくなるほど、単位体積あたりの表面積は小さくなり、熱のロスも小さくなる。付属器官を縮小すると、さらにロスを減らせる。反対に、暑い気候帯では、オーバーヒートの回避が課題になる。そのためには、単位体積あたりの表面積の大きい小柄な体と、大きな付属器官が効果的だ。

最後にもうひとつ、150年前にダーウィンが最初に指摘した一般則を紹介しよう[11]。家畜化された動物は、似たような形質を進化させる傾向にある。たとえば、毛皮の暗色部分に白い柄が混ざる特徴は、多くの家畜動物にみられる。このような「ぶち柄」は、マウス、ラット、モルモット、ウサギ、イヌ、ネコ、キツネ、ミンク、フェレット、ブタ、トナカイ、ヒツジ、ヤギ、ウシ、ウマ、ラクダ、アルパカ、グアナコにみられる。垂れ耳も、ウサギ、イヌ、キツネ、ブタ、ヒツジ、ヤギ、ウシ、ロバの家畜品種の特徴だ。カールした尾は、イヌ、キツネ、ブタに現れた。また、ほとんどの家畜動物は（あいにくだがイヌとネコも含めて）、祖先の野生種よりも小さな脳をもつ。それにもちろん、すべての家畜動物は、祖先よりもおとなしい。

こうした形質が繰り返し進化した理由は不明だ。馴（な）れやすさを除いて、前述の特徴はどれひとつとして人為的な選択交配の対象だったわけではない。一般に、ブリーダーは白いぶち柄の品種の作出に力を入れたり、わざと垂れ耳で巻き尾のヤギやブタをひいきしたりはしない。むしろ、これらの形質の進化は、なにかほかの形質に対する人為選択に付随する結果として起こったようだ。

家畜の共通形質の進化は、シベリアでおこなわれた長期実験[12]によって実証された。1950年代後半、ロシアの遺伝学者ドミトリー・ベリャーエフとリュドミラ・トルートは、130頭のギンギツネをエストニアの毛皮農場から購入した。彼らはキツネの人間に対する攻撃性を評定し、もっともおとなしい個体を選んで交配した。そして、生まれた子どもたち、孫たちにも同じ基準を適用した。こうした選択交配を60年にわたって続けた結果、人間を見れば尻尾を振り、お腹を撫でてとねだり、つねに気をひきたがる、イヌそっくりなキツネが誕生した。ちなみに、このキツネは現在、ペット用に販売もされている（ただしシベリアからの輸送費はかなり高額だ）。

そして、このような行動面の変化に加え、キツネたちは「家畜化症候群」として知られる形態的特徴も進化させた。かなりの個体が額に白いぶち柄をもち、興奮すると尻尾を上に巻き、ジャックラッセルテリアのような垂れ耳の仔ギツネも多い。

これらの形質がキツネで、また広く家畜動物一般において進化した理由はわかっていないが、以下の仮説が有力だ。まず、おとなしい個体の選択によって従順な行動を生みだすようなホルモンの変化が生じた。そして、これらのホルモンの効果は行動以外にも及んだ。とりわけ妊娠中は、ホルモンが胚発達を調整する役割を担うため、形態にも影響が現れたのだ。こうして、行動に対する選択の結果として生じたホルモンの変化が、多方面に影響を与え、家畜化のプロセスにおいて繰り返し進化したひとそろいの形質を生みだした、というわけだ。

収斂の普遍性。反復する適応放散。進化の一般則。これらの証拠は、進化的決定論に圧倒的に有利に思える。コンウェイ＝モリスたちが正しいのかもしれない。進化は繰り返す。それも予測可能な形で。

だが、ひとつ問題がある。これまでに見てきた証拠の大部分、とくに収斂進化と反復適応放散の長いリストは、後づけで収集されたものだ。進化がどれだけ予測可能かを検証する実験に基づいていないどころか、偏りのないサンプルですらない。進化が繰り返された事例があるのはわかった。では、進化が繰り返されなかった事例はどのくらいあるだろう？

＊13　これ以外にカリブ海の島じまからここ数十年で10種が移入された。

＊14　種分化のプロセス、すなわち祖先種がどのように複数の子孫種に分岐していくかは、進化生物学における重要課題のひとつであり、本1冊をかけて語るべきテーマだ（実際、そうした本はいくつもある）。2つの個体群が相互に交雑せず、あるいは交雑できず、妊性のある子どもを残さない場合、両者は別種とみなされる。アノールの場合、デュラップが種分化に重要な役割を果たすと考えられる。アノールは、自種をデュラップの色と模様で見分け、種間交雑を回避しているのだ。したがって、しばしばデュラップの新たな装飾の進化の結果としてアノールの種分化が起こる。ただし、そうした進化がアノールにおいて、あるいは一般にどのように起こるかについては諸説ある。2つの遺伝子プールが混ざりあうのを阻み、分化を促進する地理的隔離は、重要要素のひとつだと考えられる。2つの個体群を別の方向へと進化させるような淘汰圧も、種分化を促進するだろう。現在、進化生物学者たちは、この2つの要素の相対的な重要度をめぐって議論を繰り広げている。

＊15　わたしがハイチに行ったことがないのは、ずっと昔、ドミニカ共和国から国境を越えようと考えていたとき、殺されはしないだろうけど投獄されるよ、と忠告を受けたからだ。何人かの勇気ある同僚たちはハイチに入国し、すばらしい発見をしている。残念ながら、トカゲにかぎらずハイチのきわめてユニークな生物種の多くは、全面的な森林伐採により深刻な危機にさらされている。

＊16　ヤシは例外だ。ココヤシの実は大海を漂い、流れ着いた海岸で出芽する。

＊17　いわゆる「温血動物」だが、この言葉は不正確だ。理由はいくつかあるが、もっとも重要なものをあげると、体内で熱をあまり生みださない動物も、日光浴によって高い体温を維持できる。

第3章

進化の特異点

下草のなかを嗅(か)ぎまわりながら、毛むくじゃらの小さな動物が夜の森を徘徊(はいかい)する。やわらかな体をもつごちそうのにおいに誘われて、鼻先をあちこちに突っ込んでいる。森は暗く、この生きものの視力は弱いが、長いひげと鋭い嗅覚のおかげで道に迷うことはない。脅威を感じると猛スピードで逃走し、草木の合間をすり抜け、穴に潜り込んで、あっという間に姿を消す。

ごくありふれた生活様式だ。こんなふうに夜の林床を歩き回り、小さな獲物を探す動物は多い。たとえば、ハリネズミやトガリネズミ、イタチがそうだ。もっと体の大きい、オポッサムやブタにもいえる。このような動物は世界中にいる。

だが、こいつは特別だ。ほかのみんなは毛に覆われている。この動物も、無数の細い繊維からなる柔らかな被毛をもつが、それらは毛ではない。ほかのみんなは四足歩行で仔を産むが、こいつは違う。

地面を引っかき、鼻先を突っ込み、においを嗅ぎながら、この動物はしょっちゅうつがいの相手と鳴き交わし、デュエットする。こうやって、はぐれずになわばりを巡回するのだ。そしてオスの鳴き声を聞けば、

●キーウィ（デヴィッド・タス画）

正体が明らかになる。「キーウィー、キーウィー」

ここはニュージーランド。くだんの夜行性食虫動物は、鳥の一種だ。小さな塊と化した翼、ネコのようなひげ、柔らかな羽毛をもち、そして鳥のなかで唯一、くちばしの先端に鼻孔がある。この鳥を「名誉哺乳類」とよぶ人も多い。

ニュージーランドの奇抜な鳥はキーウィだけではない。[*18] もっとも有名なのは、飛べない巨鳥モアで、背丈2・7メートル、体重270キログラムに達した。ほかにも、飛べないオウム、肉食でヒツジを襲うオウム、クイナの親戚でがっしりして飛翔能力を欠くかわりに捕食に特化した巨大なくちばしをもっていたアプトルニス、そして史上最大の猛禽で、モアすら捕食したワシもいた。奇抜なのは鳥類だけではない。さかさまの国の変わり者には、枝を外側、葉を内側にしてごちゃごちゃに絡まる灌木や、ハンバーガー並に大きなカタツムリ、それに世界最大級の昆虫で、ラットほどもある、装甲をまとったコオロギもいる。ニュージーランドは型破りな種でいっぱいだ。[*19]

ところで、同じくらい奇妙なのは、この地にいない動物だ。そう、哺乳類である。ニュージーランドに獣たちの居場所はないに等しい。のどかなビーチでくつろぐアザラシを除いて、在来哺乳類は3種のコウモリだけだ。彼らもまた一風変わっている。腕が翼に変化しているコウモリは、ふつう地上では不器用なのだが、ニュージーランドでは違う。もっとも地上性傾向の強いコウモリであるツギホコウモリは、林床を機敏に走り回り、昆虫や果実や花蜜を採食する。高名な生物学者ジャレド・ダイアモンドいわく、「ネズミになろうとしたコウモリ」[1]なのだ。

哺乳類は、過去5500万年にわたり地上生態系を支配してきた。ニュージーランドは、哺乳類のいない、あり得たひとつの別世界を垣間見せてくれる。ここでは鳥類が空白を埋め、ふつうは哺乳類が占める生態系のなかの役柄を、見慣れないかたちで演じている。一見したところ、キーウィのニッチはトガリネズミやアナグマに相当するといえそうだ。だが、主要な植物食者だった、絶滅したモアや飛べない巨大ガンは、レイヨウやシカの群れとは似ても似つかない。それに、肉食性のオウムや鈍器のようなくちばしをもつクイナが、ネコ、オオカミ、クマ、イタチといったおなじみの肉食獣の代役とは妙な話だ。というよりも、おそらく捕食圧からの解放が、昆虫やカタツムリの巨大化や、コウモリのネズミ化を促したのだろう。鳥を主役に据えた進化の再演は、哺乳類バージョンとはまったく違う展開になったのだ。

独自路線を突き進んだのはニュージーランドだけではない。カリブ海のアノールや小笠原のカタマイマイは別として、島は奇抜な進化の宝庫だ。ところ変わって、キューバにも固有の変わり者がいる。小学1年生ほどの背丈のフクロウや、そのフクロウに子どものうちは捕食されていたかもしれない巨大な地上性ナマケモノ(ゴリラほどもある種もいた)は、残念ながらどちらも絶滅した。だが、マルハナバチほどしかないハチドリや、有毒の唾液と長く柔軟でひげだらけの鼻をもつ、ドクター・スースの絵本から飛びだし

●ソレノドン

てきたような原始的な哺乳類ソレノドン、それにビーグル並に大きくモルモットに似た姿で、樹上に棲み緑色のバナナのような糞をそこらじゅうにまき散らすフチアは健在だ。

小さな島にも奇妙で興味深い生きものたちがいる。タスマン海に浮かぶ、面積わずか15平方キロメートルのロードハウ島には、全長15センチメートルの黒い「ツリーロブスター」が棲んでいる。その名に反して、実際はがっしりした巨体に進化したナナフシの仲間だ。南太平洋のソロモン諸島には、サルの真似をするトカゲがいる。つややかでほっそりした、全長75センチメートルのオマキトカゲは、ものをつかめる尾を命綱として使いながら、樹冠で果物を探す。ナポレオンの流刑地として有名な南大西洋のセントヘレナ島には、あまり知られていないが、数十年前まで全長10センチメートル近い巨大ハサミムシがいた。光沢のある黒い体の後端に、長さ2・5センチメートルのはさみを備えたその姿は、どことなく『スタートレック』に登場する生物を思わせた。そしてもちろん、ドードーの名には誰でも聞き覚えがあるはずだ。インド洋のモーリシャス島に棲んでいた、怖いもの知らずの飛べない果実食のハトであるこの鳥は、オスのシチメンチョウほどもある大きさで、背の高さ1メートル、体重20キログラムに達した。

だが、小さな島じまのなかで、奇抜な進化のきわめつけの舞台といえば、ハワイ諸島にほかならない。ここでは、ふつうは水生のイトトンボのヤゴが陸上に暮らし、ガの幼虫は貪欲な肉食性になり、ショウジョウバエはフルーツよりも腐植を好む。さらには、ハンマー型の頭をもち、まるでオオツノヒツジのように頭突きでけんかをしてなわばりを防衛するハエまでいる。

ハワイの植物も負けてはいない。その代表であるアールラは、「頭にレタスを乗せたボウリングピン」にたとえられる（実際、英語での別名は「棒に刺したキャベツ」を意味する）。高さ1メートルほどで崖を好み、著名な植物学者も「世界中のどの植物にも似ていない」[2]と書き残したこの植物は、カウアイ島とモロカイ島の北側のクレバスに自生する。膨らんだ根本のおかげで強い海風にさらされても揺れてやり過ごせて、丈夫で多肉質の葉は乾燥した塩分の多い環境に耐えるように適応している。

ところ変わってマダガスカルは、独特の生物相から時に「8番目の大陸」とまでよばれる。この島のカエルと鳥についてはすでに述べたが、語るべき生物はまだまだいる。コビトカバの一種。キツネザルの適応放散（体重35キログラムでナマケモノのようにさかさまに木

●ハワイのアールラ

にぶら下がっていた種や、巨大化したコアラのような姿の種などもいた）。[20]身の丈3メートル、体重500キログラムの鳥（史上最重量の鳥類だった）。体の2倍もの長さに達するねばつく舌を射出して、無防備な昆虫を捕食するカメレオンは、全世界の種の半数が棲む。XLサイズのピザほどもあった化石種のカエル。植物食のワニ。首がキリンのように長い甲虫。また、植物も負けず劣らず奇抜だ。ひょろ長くとげだらけの木々からなる砂漠の森。ずんぐりしたバオバブの木は、さかさまに地面に突き刺さり、てっぺんから根が伸びているかのようだ。さらには、動物界と植物界の合わせ技として、花の根元が30センチメートルもの管状になっているランと、そこに差し込み蜜を吸うのにぴったりな、体の数倍の長さの口吻（こうふん）を備えたスズメガまでいる。[21]

最後に、忘れてはいけないのがオーストラリアだ。カモノハシ、カンガルー、コアラのような動物は、ここ以外に世界中のどこにもいない。

これら「島の変わり者」たちから何がいえるのだろう？　そこから垣間見えるのは、進化の平行世界、生命史が少しばかり違った展開をたどったら生じたかもしれない世界だ。もし白亜紀末に、恐竜とともに哺乳類も滅亡していたら？　ニュージーランドがその後の展開のヒントになるだろう。霊長類のなかからサルも類人猿も生じなかったら、その進化の行方はどうなっただろう？　その答えは、マダガスカルにしかいない、多種多様なキツネザルたちが知っている。

島は進化のレシピ大全だ。そして、できあがった料理からいえるのは、オーブンを開けるまで何が出てくるかはわからないということだ。材料を変える、材料を入れる順番を変える、温度を上げる、何かを入れ忘れる、塩ひとつまみのところをふたつまみ入れる……。こうしたことが、料理の味を大きく変えるかもしれない。また、同じレシピでつくったとしても、小麦粉のメーカーを変えたり、隣の家のキッチンを使ったりといった、一見たわいもないできごとから、大きな違いが生じる可能性がある。島嶼(とうしょ)というレシピ大全には、偶発性と偶然にまつわる逸話が多数収録されている。結果の多様性を考慮すれば、ある島で何が進化するかを予測するのはきわめて困難だろう。結局のところ、現地に行って探すしかないのだ。どんな生物がいてもおかしくないと、自分に言い聞かせながら。

もちろん、進化の特異点は島だけに存在するわけではない。自然界は、進化的にいって類を見ない、独特の動植物でいっぱいだ。たとえばゾウ。鼻を使って物をもち上げたり、砂浴びしたり、家族を愛おしげに撫でる動物など、ほかにいるだろうか？　あるいは、テッポウウオはどうだろう。特殊化した視覚系と口の構造により、枝の上の昆虫を正確無比の水鉄砲で撃ち落とす魚だ。これに勝るとも劣らない遠隔攻撃能力をもつのがナゲナワグモで、先端に粘液の球がついた長い糸をカウボーイのように振り回し、不運なガを粘液球にくっつけて捕える。捕食から繁殖へと目を移せば、オスのチョウチンアンコウには驚きだ。メスよりもはるかに小さく、メスに咬みつくと自分自身の唇とメスの皮膚を溶かす酵素を分泌して癒合し、やがては体の残りの部分もほとんどが分解されて、精巣だけの姿で使命をまっとうする。そしてもちろん、巨大な脳をもち、道具を使用する二足歩行動物もユニークだ。生物の世界は、自らの生活様式に独自の適応をとげた種であふれている。

コンウェイ＝モリスらは収斂進化の例の長いリストをまとめたが、これに匹敵する分量の、似たもののいない種のカタログを編纂（へんさん）するのは難しくない。それに収斂は理解しやすい現象だ。似たような環境に対して、異なる種が同じ適応をとげる。だが、一度きりの進化のほうは何が特別なのだろう？　なぜ、同じような適応進化をとげた種がほかにいないのか？

ひとつの可能性として、これらの種が棲む環境自体も唯一無二のものなのかもしれない。そっくりさんがいないのは、似た環境を経験してきた種がほかにいないからというわけだ。この説明は、コアラにあてはまりそうだ。コアラのライフスタイルは、すべてがユーカリを中心に回っている。樹上に棲み、有害物質を多量に含む葉を食べる。その結果、コアラの消化器官は極端に長くなっていて、そのおかげで葉を解毒し、栄養を吸収するのに十分な時間を稼げる。一方で、栄養価の低い葉を、ゆっくりと消化するため、コアラのエネルギー収支はぎりぎりの線だ。だから体力を浪費しないよう、1日のほとんどを寝て過ごす。ユーカリが自然分布するのはオーストラリアだけであり、したがってコアラの独自性は、環境のユニークさを反映したものといえるだろう。

だが、わたしが思うに、たいていのケースはこの筋書きにあてはまらない。カモノハシ[*22]はオーストラリア東部の小川や池に棲み、ザリガニなどの水生無脊椎動物を餌にする。水底をかきまわし、くちばしにある電気受容器で獲物の位置をつきとめる。外で泳いでいないときは、川岸に掘られた長い巣穴の奥にある寝室で休んでいる。

カモノハシのライフスタイルが可能な場所は、オーストラリア以外にもたくさんありそうに思える。彼らが好む小川は、わたしの故郷セントルイスで友達の家の裏に流れていた川とそう変わらない。北米にザリガニがわんさかいる川は無数にあり、その多くはカモノハシの分布域と似た気候帯に位置していて、またオーストラリアにいるものよりたちの悪い捕食者がいるわけでもない。それなのに、カモノハシのドッペルゲンガーはいったいどこにいるのか？　こんな姿の動物が、ほかのどこでも進化しなかったのはなぜだろう？それにカンガルーや、これまであげてきたどの例にしても、よそにもあるような生息地に棲んでいるではないか。

一度きりの進化のもうひとつの説明は、自然淘汰は一部で主張されるほど予測可能でも強力でもないというものだ。すなわち、たとえ同一の環境を経験したとしても、２つの種が同じように進化するとはかぎらない、という考えだ。

環境が課した制約に対処する方法はひとつとはかぎらない。これこそが、収斂の不在のおもな理由だ。脊椎動物の泳ぎ方を考えてみよう。尾で推進力を生みだす動物は多いが、すべての尾が同一というわけではない。魚の尾は平面が垂直で、遊泳時は左右に動かす。ワニも同じ泳ぎ方だ。だが、クジラの尾は平面が水平で、上下に動かして推進力を得る。ウナギやウミヘビのように、体全体を波打たせて泳ぐものもいる。また、ウやアビなど一部の鳥は、水かきのついた後肢を猛烈にばたつかせ、水中を高速で動き回れる。一方で、アシカやペンギンのように、変化した前肢を使って泳ぐ動物もいる。だが、いちばん意外なスイマーはナマケモノだろう。彼らは枝から逆さにぶら下がるように適応した長い前肢を駆使して、クロールのように泳ぐのだ。無脊椎動物まで含めれば、高速水中移動の手段はさらに増える。その一例が、タコやイカのジェット推進だ。

水中をすばやく動き回るためのさまざまな方法を見てきて、あなたはこう思っているのではないだろうか。収斂と認められるためには、2つの種の形質はどのくらい似ていればいいのだろう？　イカとイルカは、まったく別の解剖学的構造を利用して、水中を高速移動する。これらが収斂していないのは明らかだ。一部の水鳥にみられる「ばた足推進」も、非収斂的な遊泳手段といえる。

けれども、ほかの例についてはそこまで明確ではない。クジラとサメの尾びれはどうだろう？　デザインも動作も似ているが、前者は水平で上下に動き、後者は垂直で左右に動く。これらは収斂した主題にみられる些細なバリエーションなのか、それとも同じ機能を果たす非収斂的な別べつの方法なのか？　おそらく、水平な尾びれと垂直な尾びれについては、ほとんどの人が本質的に同じ方法だと判断するとは思うが。

ここで一歩引いて、機能面では同じ結果を生みだすが、種間の形態的多様性の大きい形質について考えてみよう。動力飛行は、脊椎動物において3度進化した。コウモリ、鳥、翼竜（恐竜の時代に空を支配した大型爬虫類）だ。いずれも前肢を翼に変化させて飛ぶ（翼竜の場合は飛んだ）、すなわち軽量化した構造を打ち下ろして揚力と前向きの推力を得る点では、本質的に同じだ。

だが、詳しく調べてみると、これら飛翔性脊椎動物の翼の構造は大きく異なるとわかる。もっとも明白な違いは、空気力学的表面そのものにある。鳥には羽があり、1本1本が腕の骨から直接生えている。対して、コウモリと翼竜の翼は、薄いけれどもきわめて丈夫な皮膚が指骨と体のあいだに張ったものであり、種によっては後肢にも伸展している。同様に、三者の翼の骨格の構造もまったく違う。

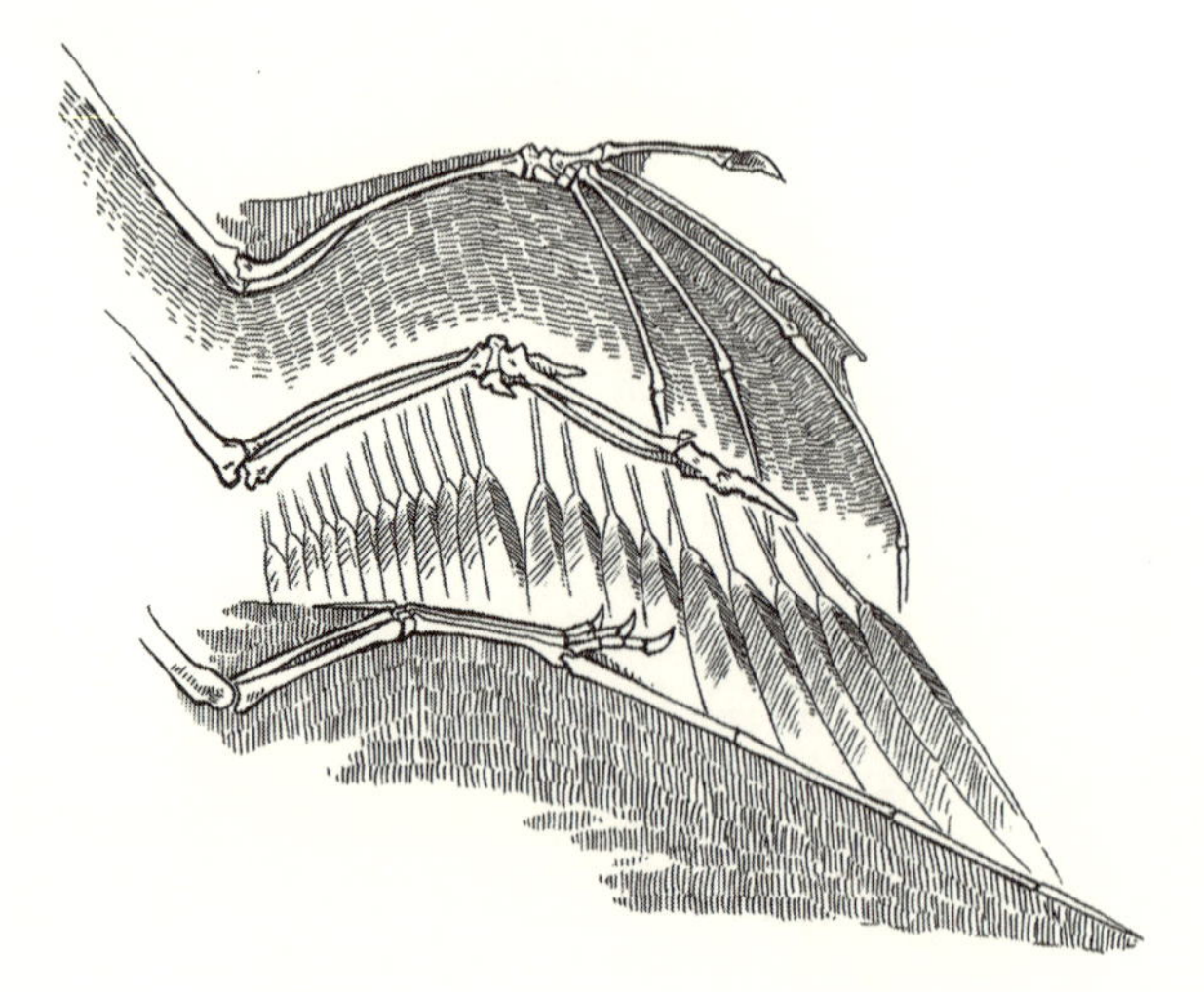

●コウモリ（上）、鳥（中）、翼竜（下）

これらは、それぞれ前肢の異なる部分を伸ばして翼を進化させた。加えて、コウモリと翼竜の翼の表面は皮膚でできているが、鳥は羽に覆われている。

さて、鳥、コウモリ、翼竜の前肢が変化した翼は、形は違えど動力飛行に適応した収斂なのだろうか？　それとも、動力飛行を可能にする、収斂ではない別べつのやり方なのだろうか？

もうひとつ例をあげよう。全長18メートルを超える世界最大の魚ジンベエザメは、「whale shark（クジラザメ）」の英名の通り、ヒゲクジラによく似ている。またヒゲクジラと同じく濾過食者で、莫大な量の水を巨大な口に含み、その中にいる微小な獲物を濾し取って食べる。だが、類似点はここまでだ。ヒゲクジラ（シロナガスクジラ、ザトウクジラ、コククジラなど）は、上顎からカーテンのように垂れ下がる櫛状の硬いプレート（ひげ）の隙間から水を押しだして獲物を濾し取る。ひげの狭い隙間よりも大きな餌粒子は、すべてカーテンの内側の表面に付着し、そのあと消化される。これに対し、ジンベエザメはまったく違う方法で餌を濾し取る。水は頭の後ろの両側面にある鰓孔から排出される。鰓孔の中に軟骨でできたフィルターがあり、水はフィルターのあいだを流れ、鰓孔を通って海に出ていくが、餌粒子は体内に留まって鰓孔の後方へと移動を続け、咽頭で塊になったあと飲み込まれる。つまり、ヒゲクジラとジンベエザメは、いずれも巨大な口を使って水を取り込み、小さな獲物を濾し取る大型水生動物ではあるものの、濾過を担う器官そのものは、構造も位置もしくみも異なるのだ。両者の濾過食への適応は、収斂といえるだろうか？

おおまかには似ていて、同じ機能的利点を有する構造を、収斂形質とするか、非収斂形質とするかの基準は恣意的だ。わたしなら、鳥、コウモリ、翼竜の翼は収斂とみなす。ヒゲクジラとジンベエザメについても同様に、いずれも大きな口をもつプランクトン食の濾過食者であるため、全体として収斂していると考える。ただし後者の例では、濾過食を担う器官については収斂ではなく、濾過食を可能にする別べつの適応と判断するだろう。とはいえ、結局のところ、こうしたケースに正解はない。

一方で、別種の生物が明らかに異なる非収斂形質を進化させ、同じ機能を生みだした適応の例もたくさんある。わたしのお気に入りは、地下で生活する齧歯類だ。250種以上のネズミの仲間が、一生のほとんどを地下に留まり、自力で掘ったトンネルの中を動き回って暮らしている。このような穴掘り行動は齧歯目のなかで何度も進化したが、そのスタイルはさまざまだ。多くの種が採用した一般的なやり方は、前肢で土砂を緩ませ、後方にかきだすというものだ。こうした種の前肢は太く筋肉質で、爪は長く頑丈だ。爪のかわりに歯を使って土砂をかきわける種もいる。ご想像の通り、彼らは齧歯類のなかでもとりわけ長く突出した歯をもち、あごの筋肉と頭骨も巨大だ。歯で掘削する齧歯類のほとんどは、そのあと前肢で土砂を後ろにどける。だがここにも多様性がみられ、種によっては緩んだ土砂をトンネルの壁面に押し固めるのに、鋤（すき）のように長く伸びた鼻先を使う。穴居性齧歯類にみられる形態の多様性は、同じ機能を生みだす非収斂的な適応進化の好例といえるだろう。

収斂が起こらないのにも理由がある。ある環境条件に適応するうまいやり方が複数あるのは珍しくない。たとえば、ライオンのような捕食者がいる環境で、獲物になりうる種がどんな適応をとげるかを考えてみよう。天敵が追いつけないほどの俊足を進化させるのもひとつの手だが、方法はほかにもある。カモフラージュ、受動的防御、能動的防御などだ。その結果、明らかに非収斂的なさまざまな適応が生じた。アフリカスイギュウの角、センザンコウやリクガメの装甲、インパラの長い肢、ヤマアラシの棘、ドクフキコブラの毒と正確な噴射、ブッシュバックの斑点模様の毛皮。

同じ淘汰圧に対して複数の適応が生じるのは、防御にかぎった話ではない。チーターとリカオンは同じ獲物を狩るが、前者は爆発的なスピードで短時間でけりをつけるのに対し、後者はスピードこそ劣るものの長時間の追跡を仕掛け、獲物を疲弊させて最後には倒す。両者の形態的適応の違いは、それぞれの狩りの戦略に対応している。チーターの極端に長い肢と柔軟な背骨が時速110キロメートルのスピードを生む一方、リカオンは驚異のスタミナで、時速50キロメートルの一定のペースを維持し、獲物を疲れさせるのだ（チーターがトップスピードを維持できるのはわずかな距離だけだ）。

あるいは、花蜜を得るための動物たちの適応を考えてみよう。植物は、しばしば甘い香りを備えた糖分たっぷりの液体をつくりだし、昆虫や鳥などの動物に報酬として与えて、繁殖プロセスに協力させる。動物が頭や全身を花に突っ込んで蜜を飲もうとすると、花粉が体に付着する。そして、次の花を訪れたとき、花粉の一部が落ち、その花の胚珠を受粉させるのだ。

　多くの花は、先端に蜜のある非常に長い管を備えている。こうすると、植物は花粉を運ぶ動物を、その植物に特化した1種または少数種に限定できる。ここでの送粉者は、長い口吻をもつガや、同じように長いくちばしと舌をもつハチドリなどだ。これらは対象の植物に特化しているため、他種の花をあまり訪れず、したがって花粉が間違った花の上に落ちて無駄になることも少ない。

　だが、すべての花蜜食者がルールを守っているわけではない。一部の昆虫、鳥、哺乳類は、共進化という契約で定められた自らの役割を無視して、花の根元に穴をあけ、花びらと花粉を迂回する。こうした盗蜜者は、送粉者とはまったく違った適応をとげている。長い管の底に届くような長い舌や口器のかわりに、花という防護壁を効率よく突破するように進化しているのだ。たとえば、ハチドリのなかには、くちばしの縁が鋸歯状になっているものがいる。また、英名で「flowerpiercer（花に穴をあけるもの）」とよばれるハナサシミツドリの仲間は、その名の通り、上のくちばしの先端にある鋭いフックで花を切り裂く。

　こうした数かずの例からわかるように、環境が課したひとつの試練を克服するのに、進化上の選択肢が複数あることは珍しくない。だが、複数の選択肢があるからといって、そのすべてが、というよりも2つ以上が、実際に進化するとはかぎらない。コンウェイ＝モリスらは、ひとつの選択肢がほかのどれよりもすぐれているのがふつうで、だからこそ同じ形質が何度も収斂進化するのだと主張する。そうはいっても、収斂はいつでも起こるわけではない。自然淘汰が毎回同じ形質を選ばないのはなぜだろう？

2つ（あるいはそれ以上）の形質が同等である、というのがひとつの可能性だ。カモフラージュすることと、トップスピードで逃走することは、捕食者回避の手段として等しく有効なのかもしれない。あるいは、ある目的に関しては一方が他方よりもすぐれているが、別の面でコストを伴うため、優位が相殺されているのかもしれない。たとえ近づいてくる捕食者からすばやく逃げるほうが回避に成功する可能性は高くても、カモフラージュは、ヘビなどの動物の場合、自らが獲物を奇襲するのにも役立つだろう。そうして生存と繁殖にかかわる損益を足し合わせると、カモフラージュした個体は、スピード重視の個体と同じだけ、繁殖し次世代へ遺伝子を継承することに成功している、という状況が考えられる。この場合、自然淘汰はどちらをひいきするわけでもない。どちらの形質が進化するかは偶然の産物で、個体群が捕食圧にさらされたとき、どちらの変異が先に生じるかによって決まる。

別の可能性として、どの形質が進化するかは、その種の最初の表現型と遺伝子型に左右されるのかもしれない。そもそも概して活動性が高い種は、新たな捕食者の脅威に直面したとき、移動速度を上げるような形質を進化させやすい傾向にあるだろう。一方、あまり動かない種は、カモフラージュを選ぶ可能性が高いだろう。選択肢として一方が他方よりもすぐれているわけではないが、進化の結果は初期条件に強く依存する、というわけだ。

あるいは、唯一の最適解が存在するとしても、状況によってはベストではない選択肢を進化させるほうが容易だとも考えられる。DNAの機能を解明する研究でノーベル賞を受賞したフランス人科学者フランソワ・ジャコブ[3]は、なぜ自然淘汰が必ずしも完璧なデザインを備えた生物を進化させないのかを、次のようなたとえで説明した。いわく、自然淘汰は目の前の問題への最適な解決策をいちからつくりだすエンジニアではない。むしろ修理屋であり、手元の使える材料は何でも使って、間に合わせの解決策を実装する便利屋だ。その結果は、ありうるすべてのなかの最適解ではなく、そのときの状況において実現できるなかでベストであるにすぎない。

ここで、ある鳥の一種を考えてみよう。この鳥の生息地には湖があり、泳ぐのが遅い魚がたくさんいる。すると、水に飛び込んで魚を食べるようになり、やがてはより水中に適応して、ウのような特大でパワフルな後肢を進化させたり、翼をひれに変化させペンギン風の姿になったりするかもしれない。仮に、すばやく機敏に泳ぐのに最適な方法は、筋肉質で強靭な尾を左右または上下に振動させて推進力を生みだすことだとしよう。実際、これは泳ぎがもっとも速い動物たちが採用している方法だ。しかし、鳥に長い尾はない。鳥の尾は1億年以上も前、進化史の初期段階で失われ、癒合した小さな骨として痕跡を残すのみだ（一般に鳥の「尾」とよばれるものは、羽だけでできていて、中に骨はない）。長い尾が再び進化することはありえないとは言わないが、修理屋である自然淘汰は、おそらくその方法はとらないだろう。鳥にはもともと、翼と肢という、何らかの推進力を生みだす器官が備わっている。こうした既存の構造の遊泳機能を強化するほうが、まったく新しい構造をいちからつくりだすよりも、自然淘汰のはたらきとしては可能性が高い。たとえ骨の通った尾をもつ、アビ［二次元コードを参照］とワニを掛けあわせたような架空の鳥のほうが優秀な水泳選手になれるとしても、関係ないのだ。

そうはいっても、もし「ワニ鳥」のほうがよりよく適応していて、よりすぐれた高速スイマーならば、どうして水鳥はそうなる方向に進化しないのだろう？　それはおそらく、時には最適解に向かう道が閉ざされてしまっているからだ。ひとつの適応した形態から別の形態へと進化するのは、その中間段階で劣った形態を経由する場合は難しい。長く強靱な尾は高速移動に適しているかもしれないが、短い尾を振動させても邪魔になるだけで、遊泳効率を下げてしまうだろう。自然淘汰に先見性はない。ゆくゆくは最適な形質を生みだす道のりの最初の一歩だからという理由で、有害な形質が保存されはしないのだ。自然淘汰によって形質が進化するためには、途中のどの小さなステップも、前段階と比べて改良されていなければならない。たとえ進化の移行段階であっても、自然淘汰は劣った形質を決して優遇しないのだ。

結果として、生物は次善の適応にとどまる場合がある。そのような種の祖先は、理由はどうあれ、適応に至る最適ルートを選択しなかった。そのため、自然淘汰をくぐり抜け、適応をとげたものの、ありうる最良の形質を獲得したわけではなかった。この推論から、偶発性が進化の行き先を定めるうえで重要な役割を果たす可能性が明らかになる。また結果的に、同じ環境条件におかれた複数の種が必ずしも収斂しない理由も、これで説明がつく。祖先の遺伝子型と表現型にみられる差異や、最初にどの変異が生じるかによって、生物は異なる適応をとげ、時には最適解に劣る形質に甘んじることもあるのだ。

同じ理屈で、2つの祖先種が似ているほど、同じ淘汰圧にさらされたときに同じように進化する可能性が高いと予測できる。そして実際、そうなっている。反復収斂進化の典型例が近縁種のあいだにみられるのは偶然ではない。アノール属のトカゲは、同じ生息環境スペシャリストの組合せを4度進化させたが、島に棲むそれ以外のトカゲのなかでアノールに収斂したグループはいない。ほとんど見分けのつかない

2種のイボウミヘビは同属だ。指先の接着パッドは、ヤモリの仲間で11回も進化したが、6000種以上いるそれ以外のトカゲのなかでは、わずか2回しか現れなかった。すべての収斂が進化的な意味での親類縁者のあいだで起こるわけではないが〔4〕、最近おこなわれた統計解析でも、近縁種どうしのほうが収斂進化しやすいと裏づけられている。

当然ながら、近縁であることの影響は、同種の異なる個体群を比較した場合にとりわけ顕著で、同じ環境条件にさらされた際、しばしば同じ形質を繰り返し進化させる。すでに第1章で、砂丘のネズミ、洞窟魚、猛毒のイモリ、そしてヒトと、たくさんの例をあげたが、あとひとつだけ紹介しよう。

イトヨ〔5〕はふつう全長5センチメートルほどの小さな魚で、北半球北部の沿岸域に広く分布する。この魚のもっとも目立つ特徴は、背びれの前に一列に並ぶ3本の長い棘であり、腹側にも腹びれがあるはずの位置に1対の棘がある。この海の小魚にとって、捕食は深刻な脅威だ。それは先述の棘が直立した位置で固定でき、さらに側面には守りを固める骨板が、個体によっては40個もみられることからもうかがえる。

最終氷期、北半球の大部分は氷河の下に埋もれていた。約1万年前に氷が溶けはじめ、新たに形成された河川が海に注ぎ込んだ。サケと同じで、イトヨも淡水域で繁殖するため、各地域の個体群はこのような新たに生まれた繁殖場所にいち早く進出した。

しかしその後、地形は再び変化した。厚さ1・6キロメートルにも達する氷が乗っていたころ、地面はその重みで沈み込んでいた。だが氷がなくなったために、地面はゆっくりと隆起し、標高が高くなったのだ。現在のカナダにあたる一帯では、こうした現象によって河川が海から切り離され、湖へと姿を変えた。そして、かつて海生だったイトヨは湖に取り残された。

これと同じことが、北米の西海岸を流れる大小さまざまな何千、何万という川で起こった。これらの河川は地質学的に新しく、種多様性に乏しかった。イトヨのほかに川をさかのぼった海水魚はあまりいなかったのだ。その結果、新たに形成された湖のイトヨは、捕食性の魚がほとんどいない、まったく新しい環境に放り込まれた。

こうして、天然の水槽に隔離されて独自に進化した、多くの湖それぞれのイトヨ個体群は、平行して変化を経験した。存在しない捕食魚に対抗して防御器官をつくるなど、資源の無駄遣いでしかない。そんなわけで、湖のイトヨは、体の装甲のほとんどを失い、棘も小さくなるという収斂をとげた。遺伝子解析により、収斂進化はゲノムにまで及んでいるとわかった。複数の湖の個体群に共通する遺伝子変異が、骨板と棘の進化的変化を引き起こしていたのだ。

近縁種や同種の個体群間で収斂が広くみられることに不思議はない。近縁であれば遺伝的な共通点も多く、自然淘汰が同じ遺伝子に対してはたらきやすいはずだ。また、親戚どうしは似通った表現型を多くもつ傾向にある。

これらの共通点のおかげで、近縁種や同種の異なる個体群は同じ進化的素因をもっていて、同じ方向に進化しやすい。このような素因を「制約」あるいは「進化的バイアス」とよぶ進化生物学者もいる。バイアスはさまざまな形ではたらく。いちばんわかりやすい例は、先述の遺伝的な共通点であり、自然淘汰のはたらく対象が同じになるというものだが、もっととらえがたいバイアスもある。祖先において進化した何らかの形質が、進化的な選択肢の一部を無効にし、子孫がたどる道筋がかぎられる。あるいは、祖先が進化させた形質が、第2の形質の進化の土台となる。こちらは分子生物学用語で活性化（potentiation）とよばれ、共通祖先をもつ近縁種がそろって同じ第2の形質を進化させる一方、その形質が同じ祖先から派生していない種にほとんどみられないようなケースは、これで説明がつく。

これまで見てきたさまざまな理由から、近縁の個体群は同じ淘汰圧にさらされた際、同じ形質を収斂進化させせる傾向にある。もちろん、遠い親戚のあいだで収斂が起こらないわけではない。そうした例も実際に存在するが、単に頻度が低いだけだ。

少し脱線になるが、ここでひとつ指摘しておきたい。収斂は、同じ環境への適応を反映したものである必要はなく、それどころかそもそも適応の結果ですらない場合もある。なぜなら、ある形質の進化をもたらすプロセスは、自然淘汰だけではないからだ。形質の進化はランダムに起こる場合もあり、とりわけ小さな個体群ではその傾向がある。また、自然淘汰を通じて選択された別の形質と遺伝的に関連している場合や、別の個体群から継続的に個体の流入がある場合も、形質が進化しうる。したがって、2つの個体群が適応以外の理由で同じ形質を進化させた結果、偶然にも収斂が成立するときもあるのだ。このような非適応的収斂も、多くの進化的素因を共有する、同種の個体群間や近縁種間に多いと考えられる。

サラマンダーの指がいい例だ。多くの種のサラマンダーは、祖先形質である5本ではなく、4本の指をもつ。おとなのサラマンダーの指の数は、胚発達の初期段階において、肢の前駆体（肢芽）にいくつ細胞が発生するかによって決まる。肢芽の細胞の数を減らす要因（細胞の大型化や、体サイズの小型化など）は、何であれ指の減少につながる[6]。この指の退化の収斂が自然淘汰によって起こった証拠は見つかっていない。4本指の種が特定の環境を好むわけではないし、指が少ない利点も（わたしたちが知るかぎり）存在しない。むしろ、指の減少の収斂は非適応的な理由で起こった可能性が高い。おそらく、ある種では細胞サイズが大きくなり、別の種では体全体が小さくなるといった変化がランダムに起こったのだろう。

理想をいえば、自然淘汰が収斂を引き起こしたという仮説を直接検証したいところだ[7]。仮説に関連するデータは、自然淘汰を定量化し、形質がもたらす利益（もしあるなら）を詳細に分析し、対象種の進化史を解明すれば得られるだろう。たとえ、ある形質が同じ環境条件で繰り返し進化したという観察結果だけでも、適応であると示唆するものには違いない。形質の進化と環境条件の相関は、自然淘汰の関与なしには予測されないからだ。しかし、残念ながら、関連データが何ひとつ手に入らないこともある。

Tレックスがいい例だ。世にも恐ろしい姿をしたこの暴君には、腕という、文字通りの短所があった。弱々しい2本指の前肢は、自分の口にさえ届かなかった。研究者たちは、ありとあらゆる仮説を唱えてきたが、いずれも突拍子もないものばかりだ。ティラノサウルスの食事があまりに狂乱をきわめていたため、うっかり腕を咬みちぎって食べてしまわないように小さくなった。昼寝のあとによいしょと起きあがるのに使った。Tレックスのオスは、メスを上手に愛撫するのに短い腕を使った。言うまでもないが、これらの説は支持を集めなかった。

近年、古生物学者が発見した新種の獣脚類恐竜、グアリチョ・シンヤエ *Gualicho shinyae* は、Tレックスと同じような貧弱な2本指の前肢をもっていた。どちらの種についても、この形質が進化した理由はわかっていないが、記載論文の著者のひとりは、「獣脚類の異なる系統で複数回進化したのだから、何らかの適応的意義があったのは明らかだ[8]」としている。

本当にそうだろうか？　収斂進化は、必ずしも共有形質が自然淘汰の結果として生じたことを裏づけるわけではない。もしかしたら、Tレックスとグアリチョは、どちらもたまたま腕を退化させただけなのかもしれない。2本指の短い前肢がなぜ進化したか、それにどんな利点があったか、なぜ自然淘汰によって保存されたかがわかっているなら、収斂を適応的とみなす理由になるだろう。けれども、データがまったくないのに、自然淘汰によるものと決めつけるのは性急だ。

第一部の締めくくりに、非収斂的な進化に至るいくつものルートを指し示す例を、もうひとつだけ紹介しよう。木の中にいる昆虫の幼虫を食べる動物たちだ。キツツキが削岩機のようにリズミカルに木に穴を掘りすすめることはよく知られている。1秒に20回にも達するスピードで、くちばしを木にたたきつけるのだ。[*23]だが、ウッディ・ウッドペッカーが見つけた幼虫をどうやって取りだすかを知る人は少ない。キツツキは、長い舌（あまりに長いため、使わないときは頭蓋の後部に巻きつけるように収納されている）を穴の奥深くまで突っ込み、先端に生えている剛毛に獲物を引っかけて取りだす。

じつに見事なやり方だ。だが、イモムシの摘出はキツツキ科の専売特許ではない。キツツキはほぼ全世界に分布するが、海を越えた移動分散は不得意であるため、オーストラリアや多くの海洋島には生息していない。キツツキが不在の土地では、ほかの動物がイモムシ食のニッチに進出したが、いずれもキツツキ的な進化はしなかった。それらは収斂するのではなく、木から幼虫を取りだすという問題に、それぞれ異なる解決

●イモムシを食べる方法はひとつではない
（上から）ホオダレムクドリ、カワリハシハワイミツスイ、キツツキ、キツツキフィンチ。

策を編みだした。

ハワイ諸島にも、イモムシに目がない美しい鳥が棲んでいる。オスは頭が黄色く、メスはオリーブ色なのだが、驚くべきはそのくちばしだ。上下でまったく形が違い、下くちばしは太く短くまっすぐで、キツツキと同じく穴を掘るのに使う。だが、カワリハシハワイミツスイ（現地名アキーアポラーオウ）が獲物を取りだすのに使うのは舌ではなく、細長く下向きに大きく弧を描く上くちばしだ。長さは下くちばしの2倍もあり、穴の奥深くまで差し込み、幼虫をほじくりだせる。

ニュージーランドでは、1羽の鳥がこのように芸達者になることは叶わなかった。かわりにホオダレムクドリ（現地名フイア）は、雌雄で分業するという別の策をとった。オスの見た目はキツツキ風で、頑丈なくちばしで朽木に穴を開け、イモムシを探す。一方、メスのくちばしは上下ともカワリハシハワイミツスイの上くちばしにそっくりで、細く、強く曲がっている。細く深い割れ目から獲物を取りだすのに使うのだ。かつてはつがいで共同作業し、オスが穴を掘りメスが取りだすとされていたが、この説は初期の論文の記述を誤解したものらしく、現在は雌雄は別べつに採食していたと考えられている。残念ながら、ホオダレムクドリは20世紀のどこかの時点で絶滅し、詳細な研究はもはや不可能になってしまった。

このライフスタイルにもっとも驚異的な適応をとげた鳥は、じつはまったくもって凡庸なくちばしをもつ。ガラパゴス諸島のダーウィンフィンチ類の一種、キツツキフィンチのくちばしは、ごく一般的なまっすぐな形で、とりたてて太くも細くもなく、長くも短くもない。たたきつけるほど頑丈でもなければ、つまみだせるほど器用でもない。それでも平気なのは、獲物をほじくりだすのにくちばしを使わないからだ。少なくとも、直接使うことはない。かわりに、蟻塚からシロアリを釣り上げるチンパンジーのように、このフィンチはくちばしに合うサイズの枝をくわえ、穴や隙間に差し込んで、小刻みに動かし、つついたり刺したりして、イモムシが我慢できずに這いだしてきたところを、あっという間に平らげる。しかも、これまたチンパンジー（それにカレドニアガラスや、もちろんわたしたちとも）同様、キツツキフィンチは単にそこらに落ちている枝を手当たり次第に拾って使うわけではない。入念に道具を選び、時にはきっちりと無駄な枝を取り除いて形を整え、目的にあった道具をつくりだすのだ。

ここまでの例から、木からイモムシを掘りだして食べる生活様式は鳥のものだと思っているかもしれないが、それは誤りだ。進化の驚異がひしめく島、マダガスカルでは、イモムシ摘出食者もじつに奇抜だ。ここではキツツキのニッチを、鳥ではなく霊長類が占める。しかも、極めつけの変わり者が！　イエネコほどの大きさで夜行性のアイアイは、まるでホラー映画に出てくる怪物だ。黄色く光る眼。大きな黒い垂れ耳には毛がなく、淡い色をした顔とは対照的だ。やたらと広い額に、ほっそりして短い鼻先。頭頂部と側頭部からまばらに生える灰色の毛。その姿は、さながらアルバート・ア

●アイアイ

インシュタインと『スター・ウォーズ』のヨーダの悪趣味な合成だ。だが、天才物理学者ともジェダイのグランド・マスターとも違うのは、アイアイには生涯伸びつづける1対の巨大な門歯（前歯）と、長く骨ばった、どの方向にも自在に曲がる中指があることだ（多くのマダガスカル古来の民間伝承でアイアイは魔力をもつとされるが、まちがいなく、悪夢に出てきそうなこの最後の特徴のせいだろう）。

アイアイがイモムシを捕えるさまはじつに見事だ。まず、長い指で木の幹をタップして、レーダー受信機のような大きな耳で反響音を聴き、木の中に空洞がある場合に特有の響きを探す。幼虫のトンネルがありそうな場所に行きついたら、突出した門歯で、空洞に達するまで木を齧り（かじり）つづける。トンネルが見えたら、そこから長い指を差し込み、穴に沿って関節を自在に曲げて、鉤爪にイモムシがかかったところで引っぱりだす。変わったくちばしがなくても、長い指と歯で事は足りるのだ。

なぜ自然淘汰は、同じ「イモムシ問題」にいくつもの異なる解を用意したのだろう？　考えられるのは、昆虫の幼虫には土地によって違いがあり、大陸のイモムシを捕まえるにはキツツキのやり方が最善だが、ガラパゴスのイモムシは小枝で誘いだすのがベストで、マダガスカルのイモムシは大きな耳をした霊長類に見つかりやすいのが弱点だという可能性だ。それぞれの種が地元のイモムシを捕食するのに最適な方法を進化させたという、この楽観的な仮説は棄却できないが、次の2つの説明のほうが可能性は高そうだ。

ひとつは、こうした違いはランダムな偶然によって進化したというものだ。キツツキの祖先にたまたま長く棘だらけの舌をつくる変異が生じ、一方キツツキフィンチの祖先には枝を拾って穴に突っ込む行動を促進するような変異が生じたのかもしれない。つまり、どのルートもほかよりすぐれているわけではなく、どの変異が生じるかは運次第だったというわけだ。

もうひとつ、歴史が重要な意味をもつという可能性もある。これは、それぞれの種が自然淘汰にどう反応するかは、その種が過去にどう進化してきたかに影響されるという見方だ。たとえば、アイアイはキツネザルの一種だ。霊長類は、ほかの哺乳類と同様、骨、皮膚、筋肉、そして通常は歯を備えた口をもっている。*24 硬くとがった鳥のくちばしのような器官を進化させるのは、哺乳類には難しいはずだ。すでにある門歯をトンネル掘削用につくりかえる遺伝的変異のほうが、はるかに生じやすいだろう。逆に、鳥は前肢を飛翔用に改造してしまっているため、指骨を使ってアイアイの不気味なフックのような構造はつくりだせない。

それで、どういう結論を下せばいいのだろう？　収斂は普遍的で、自然界の本質であり、すべての生物は予測可能な自然淘汰のはたらきによって、環境があらかじめ定めた結果に向かうのだろうか？　それとも、数かずの収斂進化は例外にすぎず、行きあたりばったりの自然のなかから予測可能性を示すかに思える例を都合よく集めただけで、結局のところほとんどの生物には進化的な分身など存在しないのだろうか？

この議論の応酬はどこまでも平行線をたどるだろう。こちらがカモノハシを引き合いにだせば、あちらはハリネズミの収斂で反論する。体に藻類をまとい、木からさかさまにぶら下がるナマケモノはユニークだと言い張れば、二足で飛び跳ねるネズミは3大陸で独立に進化したではないかとやり返される。結局のところ、進化の予測可能性をめぐるこれまでの論争は、双方がリストをまとめて主張を押し通す、こうした堂々めぐりだった。

コンウェイ＝モリスらが収斂進化に脚光をあてたことは称賛に値する。それ以前から、収斂進化は自然史の妙技、自然淘汰の威力を端的に示す例として広く知られていた。だが、コンウェイ＝モリスらは、進化の反復はわたしたちが思うよりもはるかにありふれた現象であると明らかにした。いまや、自然界に収斂は珍しくなく、どこにでも実例が転がっていると認識されている。それでも、普遍的とまではいえない。似たような環境を利用していながら収斂していない例も、同じくらい、あるいはそれ以上に多いのだ。

歴史的パターンを記述し、肯定と否定の証拠の山を積み上げるのはこれくらいにしておこう。問うべきは、なぜ収斂が起こるときと起こらないときがあるのか、それをどうすれば解明できるかだ。収斂の有無に対して、何がどこまで影響を与えているのか。なぜ二足でジャンプする齧歯類は世界中の砂漠で独立に進化し、カンガルーは一度しか進化しなかったのか。そのためには、リストに事例を書き加えるだけでは不十分だ。進化的決定論の仮説を、直接検証しなくてはならない。

過去1世紀にわたり、多くの科学分野で実験が標準的手法とされてきたのには、もっともな理由がある。注意深くひとつの変数を操作し、ほかを一定に保てば、原因と結果を直接調べられるからだ。これに対し、非実験研究には、対照群が存在せず、観測結果の違いがたくさんの変数のうちのどれに由来する可能性も否定できないという問題がある。

にもかかわらず、進化生物学では最近まで実験がおこなわれてこなかった。進化は途方もなくゆっくりと起こると信じられていたせいで、はなから見込みなしとされていたのだ。いまやわたしたちは、この考えが誤りで、進化は時にきわめて急速に起こると知っている。そして、それを知ったとき、進化研究の新たな扉が開いたのだ。

ここまでは、自然史の抽斗（ひきだし）をひっかき回し、時を後ろにさかのぼって、過去に起こったことを理解しようとしてきた。では、今度は前を向いてみよう。実験的手法の強みを生かし、偶発性と決定論が進化に果たす役割を検証するのだ。

＊18　キーウィはじつは1種ではなく、非常によく似た近縁の5種からなり、すべてニュージーランドに分布する。

＊19　あるいは、いっぱいだったと言うべきか。モア、アプトルニス、巨大ワシなど、多くの鳥類は過去１０００年のあいだに絶滅した。ほとんどがヒトによる狩猟と生態系撹乱によるものだ。

＊20　いずれも過去２０００年のあいだにマダガスカルに入植した初期人類によって滅ぼされた。大型のキツネザルはみな同じ運命をたどっている。

＊21　ランの形態を調べたダーウィンがこのガの存在を予言したという逸話のおかげで、このガは進化生物学界隈では有名だ。

＊22　英語でカモノハシ（platypus）の複数形を正式にどうよぶべきかには諸説あり、「platypus」（単複同形）と「platypuses」が候補にあがる。じつはあと2つ候補があるのだが、これらは間違いだ。「platypus」という単語はギリシャ語由来（意味は「扁平足」）なので、ラテン語として複数変化させた「platypi」は誤り。理屈のうえではギリシャ語の複数変化である「platypodes」が正しいのだが、この用法が採用されたことはない。

＊23　このため、近年では脳震盪（のうしんとう）を専門とする医学研究者の注目を集めている。

＊24　哺乳類にも一部、歯のない種がいて、そのほとんどはアリやシロアリを専食する。

第二部 ● 野生下での実験

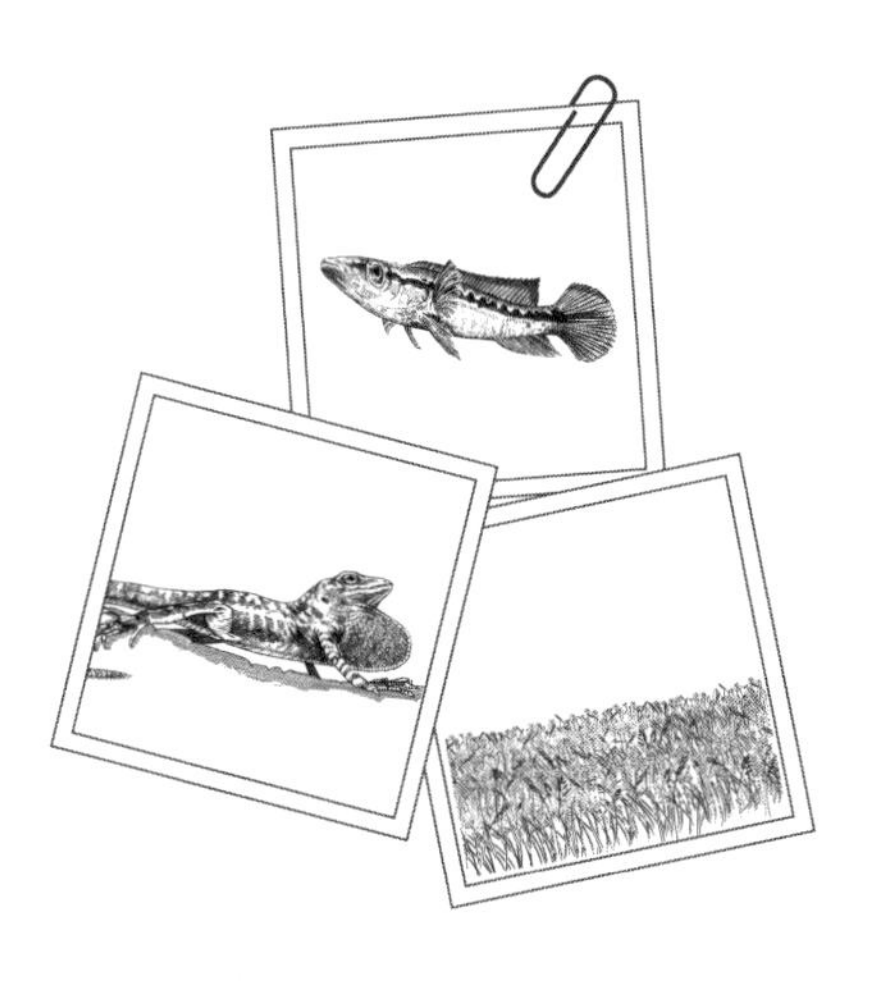

第4章

進化は意外と速く起こる

チャールズ・ダーウィンが偉大な実験科学者だった事実は、あまり知られていない。当時まだ科学界で目新しい手法だった実験を利用して、ダーウィンは、塩水に浸した種子が発芽するかどうか（一部はする）、植物がどうやって光に向かって成長するか（成長中の植物の先端が重要）、ミミズが音楽に反応するかどうか（たいていはしない）を検証した。しかし彼は、自身のもっとも偉大なアイディアについて、一度として検証実験をおこなわなかった。そのアイディアとはもちろん、自然淘汰による進化だ。

この一貫しない態度は簡単に説明がつく。進化の検証実験は無意味だと思っていたのだ。ダーウィンは、進化が起こるスピードは非常に遅く、その変化は地質時代を通じてしか認識できないと考えていた。「長い年代が経過するまで、ゆっくりと進むその変化にわれわれが気づくことはない」と、『種の起源』で彼は述べている。進化実験の結果を得るには何千、何万年の時間が必要であり、これほどの実験期間はまったく現実的ではない。知られているかぎり、ダーウィンはそのような実験計画を検討すらしなかった。

ダーウィンの学術的業績は圧巻だ。サンゴ礁が形成されるしくみを解明し、ミミズが土に空気を含ませると示した。それにもちろん、進化が起こることだけでなく、それを推し進めるのがおもに自然淘汰だとも明らかにした。それゆえ、かのダーウィンが言ったのだから、進化はカタツムリの歩みのようにゆっくり進むのだろうと、分野全体が100年以上も信じてきたのも無理はない。

当然ながら、ダーウィンの時代には、進化のペースに関する実際のデータは存在しなかった。野生個体群を対象に、時とともに変化がみられるか、みられるとしたらどの程度かを調べた研究者は誰ひとりいなかった。ダーウィンの考えは、地質学的変化に関する通説や、現代生活においてイノベーションは低頻度であるのが望ましいとするヴィクトリア時代の価値観に影響されていた。

けれども、ここ50年で、ダーウィンは間違っていたことが明らかになった。進化は、認識できないほど遅いどころか、時に（しばしばと言ってもいい）光の速さで進行する。ダーウィンの考えに反して、自然淘汰は圧倒的な力をもつ場合があり、そのようなケースでは、個体群は短期間に劇的な変化をとげる。

進化的変化のペースに関して、わたしたちの理解が大転換をとげたのは、さまざまなデータの積み重ねのおかげであり、そうしたデータが得られるようになったのは20世紀半ばだ。おそらく、もっとも大きな影響を与えたのは、いまやすっかり有名になった19世紀のイギリスのガの例だろう。

オオシモフリエダシャク *Biston betularia* は目をひく生きものではない。小さく、灰白色で、夏の夜にポーチの照明のまわりを飛びまわる典型的なガという印象だ。翅（はね）に散りばめられた小さな黒い斑点から、英名では「peppered moth（コショウ柄のガ）」とよばれる。こんな地味な鱗翅目（りんしもく）の一種が進化のアイコンになるなどと、誰が想像できただろう？

しかし実際、そうなったのだ。200年前、このガは英名のとおり、灰色の地にコショウを振ったような黒点の柄をしていた。もちろん、たまには色違いや柄違いの変異も生じただろうが、それらは長続きしなかった。理由は単純だ。オオシモフリエダシャクは日中、木の表面で翅を平らに広げて休む。そして、イギリスの森の木々は、このガと同じコショウ柄をしていた。通常のガは森にうまく溶け込む一方、変異型は背景から浮いて目立ち、鋭い視力をもつ鳥たちの恰好の餌食になったのだ。

ところが、19世紀半ばの産業革命は、人間社会だけでなく、ガの世界をも一変させた。ヒトへの影響は広範で多岐にわたり、進歩と混乱の両方がもたらされた。一方、ガへの影響は単純だった。工業地域とその風下では、工場の煙突から出る煤(すす)で木々が黒く覆われたのだ。明るい色のガにとって、これは一大事だ。以前は見事にカモフラージュできていたのに、いまや黒い幹の上で簡単に見つかってしまう。

19世紀のチョウやガのコレクターほどおかしな格好はそう

●オオシモフリエダシャク

そうない。だぶだぶのズボンにウールのジャケットを着て、ネクタイを締め、眼鏡をかけ帽子をかぶった上流階級のナチュラリストを想像してほしい。そんな彼らが羽ばたく虫を追いかけて、捕虫網を振り回していた。虫たちはたいてい、すんでのところで身をかわし、事なきを得た。

当時、チョウやガの採集は大流行していた。あちこちで会合が開かれ、団体が結成され、会報が発行されていた。そのため、何か新発見があれば大ニュースになった。新たな知見は、『昆虫学者のための月刊誌』『昆虫学者による記録および変異に関するジャーナル』といった媒体で厳かに報告された。そのため、暗色型がいつ、どこで現れたか、拡散の範囲と速度はどの程度だったのかが、綿密に記録されていた。

暗色のガがはじめて捕獲されたのは1848年、イギリス中部のマンチェスターだった。続いて1840年にはヨークシャーで2頭目が捕獲された。その後まもなく、北部や南部でも発見が相次ぎ、19世紀末にはロンドンに到達した。1940年代までには、イングランドの大部分で暗色型がみられるようになった。工業地域やその風下では、個体群のほぼすべてが暗色型というケースも珍しくなかった。

研究者たちは20世紀初頭からオオシモフリエダシャクの暗色型の広まりを研究してきた。だが、長いあいだ、この急速な進化的変化がもつ意義が顧みられることはなかった。そんな状況を変えたのが、物理学から転向したイギリスの昆虫学者、バーナード・ケトルウェル［1］だ。彼がおこなった一連の実験は、いまでは古典となっている。ケトルウェルは、両方のタイプのガを農村部の森林と都市部に放ち、のちにそれぞれの場所に戻って、可能なかぎり再捕獲した。この研究で、木々が煤（すす）で汚れていた工業地域の森では、暗色型のガの生存率が高いとわかった。対照的に、手つかずの農村地域では、通常の灰色のガのほうがうまく生き延びた。さらに追加研究で、ケトルウェルは背景色を変えて鳥にガを見せる実験をおこない、背景色に一致しないガは簡単に捕まると示し、鳥が淘汰を作用させた主体だと明らかにした。

一連の研究は、ほどなく野外ではたらく自然淘汰の教科書的な実例となった。実証実験［2］で示された強い淘汰と、数十年のあいだに色彩変異が急速に広がったという歴史記録は、自然淘汰による進化が急速に進むと明確に示していた。*25

ケトルウェルの研究と同じ頃、研究者だけでなく一般大衆も、身のまわりで起こっている急速な進化に気づきはじめた。ペニシリンは「奇跡の薬」と謳われ、感染症なき未来の扉を開くと期待されていた。だが、第二次世界大戦中から大々的に使われはじめると、間髪入れずにブドウ球菌の耐性進化が起こり、１９５０年代半ばにはペニシリンの薬効のほとんどが失われた。

その後、新たな抗生物質が開発されるたび、細菌は薬剤耐性を進化させた。テトラサイクリンは１９５０年に実用化され、その9年後に耐性菌が出現。１９５３年発売のエリスロマイシンの耐性菌は１９６８年に発見された。１９６０年に導入されたメチシリンに至っては、わずか2年で耐性進化が起こった。急速な進化が一般大衆の知るところとなり、しかも人命を奪っていることが明らかになったのだ。

細菌が各種抗生物質を役立たずにしていたのと同じ頃、さまざまな有害生物が、新開発の殺虫剤や除草剤を、同じように無力化していた。１９５０年、セイヨウヒルガオが除草剤耐性を最初に獲得した植物となり、まもなく多くの他種がそこに加わった。雑草に化学攻撃が効かなくなる現象は、時には新たな除草剤の開発とほぼ同時に起こることさえあった。

動物でも同じだった。殺虫剤ＤＤＴの大量散布は第二次世界大戦中に始まったが、１９４０年代前半には早くも耐性の最初の証拠が見つかり、１９６０年代までには耐性害虫が蔓延した。殺鼠剤ワルファリンに耐性をもつネズミが現れたのは、利用開始から10年後の１９５８年だった。なんらかの殺虫剤に耐性をもつ昆虫の種は、１９３８年には7種だったが、１９８４年には４４７種に激増した。[*26] 急速な進化は数十億ドル規模の損失をもたらし、地域によっては飢餓や貧困を引き起こした。

オオシモフリエダシャク、細菌、有害生物。20世紀半ばまでには、スローな進化というダーウィンの見方は覆されつつあった。しかし、難題がまだひとつあった。ダーウィンの説は、自然界での進化に関するものだ。一方、ここまでに見てきた事例すべてに共通するのは、人間が起こした劇的な環境変化に対する適応だ。大気汚染であれ、最初は劇的な効き目のあった薬であれ、前述の種はいずれもこれまで経験したことのない、非常に強い新たな淘汰圧にさらされた。そのうえ、強い淘汰圧は変動せず、ある年もその次の年も一貫して強いのがふつうだった。これは自然界の淘汰のはたらきとして想定されるものとは異なっていた（思いだしてほしい、当時は野外研究がほとんどなかったのだ）。

遺伝学者たちは１９２０年代以降、ショウジョウバエなどの動物を実験室で一貫した強い淘汰圧にさらし、それらが急速に適応すると実証してきた。これと似た人為淘汰は、家畜や農作物の新品種を作出する際にもおこなわれてきた。オオシモフリエダシャクや耐性菌や有害生物は、単に実験室や農場と同じことが自然界で起こっただけとも考えられる。人為淘汰の研究では、ヒトが一貫した淘汰圧をかけつづければ、実験個体群は急速に適応すると、以前から知られていた。新たな事例は、このような淘汰圧に応じた急速な進化が、実験室や農場だけでなく、自然界でも起こると示したのだ。

このように、人為淘汰と等価であるように見えたせいで、急速な適応の観測事例は、悠久の時を通じた進化のしくみを代弁してはいないとされた。この見方によれば、原生自然のなかで淘汰圧がこれほど強く一貫していることはほとんどない。人間の介入のない自然界では、進化はおそらく、ダーウィンが思い描いたように、ゆるやかなペースで起こる。進化が暴走するのは、人間が調和を乱したときだけだ。

皮肉にも、進化はつねにスローだという考えに終止符を打ったのは、ダーウィンの名を冠するガラパゴスのフィンチの研究だった。オオシモフリエダシャクと同様、ダーウィンフィンチは進化の代名詞だが、それは種名と発見の経緯のせいだけではない。この鳥が広く知られるようになったのはむしろ、プリンストン大学の生物学者、ピーターとローズマリーのグラント夫妻［3］が40年にわたって続けてきた、卓越した研究のおかげだ。

1973年以降毎年、グラント夫妻は1年のうち数か月を、ガラパゴス諸島にあるクレーター型の小島、ダフネ・マヨール島で過ごしてきた。目的は、ガラパゴスフィンチ（地上性のフィンチ3種類のなかで中くらいの大きさであるため、英名は「medium gound finch」という）の個体群を対象に、世代を超えてどう変化するか（あるいはしないか）を調べ、変化を促す自然淘汰の強さを測定することだ。[*27] そのために、夫妻は毎年、島にいるすべてのフィンチを捕獲し測定してきた。個体群全体の形態的特徴（体重、くちばしのサイズ、翼の長さなど）が世代を超えて変化しているかどうかを調べるには、これが唯一の方法なのだ。

鳥の捕獲は、ガやトカゲを捕まえるのと比べれば受動的な作業だ。獲物を探してうろつきまわり、網や輪のついたひもなどの道具で捕まえるかわりに、鳥類学者は鳥が自分から捕まるのを待つ。使うのは、巨大なバドミントンネットのような仕掛けだ。目が非常に細かいため、鳥が気づいたときには手遅れで、一直線に飛び込み、手の施しようもないくらいに絡まる。そこへグラント夫妻のどちらかがやってきて、怒り狂う小鳥を慎重に救出し、布袋に入れて、測定のためキャンプへともち帰る。

キャンプといっても、岩陰に日差しを遮るタープをかけ、折りたたみ椅子を置いただけの簡素なものだ。グラント夫妻は、キャリパーを使ってくちばしの寸法（長さ、高さ、幅）を注意深く測定した。それから手際よく翼を広げ、翼と脚の長さも記録した。そして最後に、いくつかのカラー足環を両脚に装着して、個体識別できるようにした。

夫妻は島を毎年訪れ、進化のプロセスが展開するさまを目の当たりにした。自然淘汰は、個体の生存と繁殖成功が表現型の影響下にある場合に起こる。グラント夫妻はデータをもとに、自然淘汰がはたらいているかどうかを検証した。夫妻は毎年、どの個体が前年から引きつづき生存し、どの個体が死亡したかを記録した。全個体の表現型の測定値はすでにそろっているので、あとは2つのデータセットの相関を調べるだけだ。各個体の脚の長さやくちばしの幅は、その個体が生きるか死ぬかに関係しているのだろうか？

夫妻がその答えにたどり着くのに、長くはかからなかった。研究開始から4年目、極度の干ばつが島を襲った。例年なら雨季に130ミリほどの雨が降るところ、1977年の雨量は30ミリにも満たなかった。ダフネ・マヨール島は不毛の地と化した。植物は枯れ、水不足が例年以上に深刻化した。フィンチの主食である種子はきわめて希少になった。

飢餓と水不足の強烈なダブルパンチにやられ、鳥たちは次つぎに息絶えた。飢えた鳥は新しい羽をつくれず、古い羽が抜け落ちた部分の皮膚が露出し、水分の蒸発量が増えたためだ。1977年1月、ダフネ・マヨール島には1200羽のガラパゴスフィンチがいた。だが12か月続いた干ばつのあと、個体数は180羽まで激減した。

そして、生死はランダムではなかった。体の大きな個体、くちばしの大きな個体は生存率が高かったのだ。種子が小さいものから食べつくされた結果、それらが底をつくと同時に、くちばしの小さな鳥たちの命運も尽きた。小さなくちばしでは噛む力が足りず、残っている大きな種子を割って開けることができなかった。

●大きなハマビシの種子を食べるガラパゴスフィンチ

これほど強力な自然淘汰が野生下で観察された例は当時ほとんどなかった。

自然淘汰は必ずしも進化的変化をもたらすわけではない。大きなくちばしをもつ鳥の生存率が高く、よく繁殖したならば、時とともにくちばしの平均サイズは増大するはずだ。ただし、この予測が成り立つのは、くちばしの大きな鳥の子孫もくちばしが大きい場合にかぎられる。言い換えると、形質の変異に遺伝的基盤があり、形質のスコアが親から子に引き継がれなくてはならないのだ。たいていはそうなのだが、常にというわけではない。たとえばヒトでは、ボディビルダーの子どもが必ずしも大きな筋肉をもって生まれるわけではない。

あるいは、キッチンの窓際に置かれた、日向を好む植物を考えてみよう。日陰に移せば、成長は遅くなるだろう。水や肥料の量も影響する。いちばんいいのは、遺伝的に同一な植物を接木や切り枝でたくさん用意して、光や水や肥料の条件をさまざまに組み合わせて育てることだ。数か月後には、間違いなく、まったく見た目の違う植物に成長しているはずだ。

遺伝的に同一な生物が環境条件によって異なる表現型を示す現象は「表現型可塑性」とよばれる。「生まれか育ちか」論争において「育ち」に相当するのがこれだ。

しかし、ガラパゴスフィンチの場合、表現型の変異には遺伝性があり、親から子に受け継がれていた。グラント夫妻のチームが親子の比較をおこなったところ（誰が誰の子かがわかったのは、孵化したひながまだ巣にいるうちにすぐに足環を装着したためだ）、両者の測定値には強い相関がみられた。体の大きさも、くちばし、翼、脚の寸法も、きわめて遺伝性が高かったのだ。

そのため、体もくちばしも大きい干ばつの生存者たちが次世代に遺伝子を残したことにより、翌年以降のフィンチたちは体もくちばしも以前より大きくなった。強い淘汰圧が、急速な進化的変化を生みだしたのだ。

グラント夫妻はその後も35年にわたってダフネ・マヨール島のフィンチの研究を続けた。そうしてわかったのは、このような強い淘汰は珍しくないということだ。ほんの数年前にも、過去最大規模のエルニーニョ現象により、１４００ミリ近い雨量が記録された。例年の10倍だ。この大雨により、小さな種子の供給過剰が起こり、小さなくちばしをもつフィンチが強く選択された。小さな種子を効率よく収穫するには器用さが必要だったためだ。こうして再び、個体群は淘汰圧に応じて急速に進化した。

グラント夫妻の研究［二次元コードを参照］は、分野に測り知れない影響を与えた。すばらしい記録をもって、わたしたちに何ができるかを知らしめたのだ。これまでの常識に反して、自然界で起こる進化をリアルタイムで研究するのは可能だ。彼らの研究が後続世代のフィールド生物学者たちにインスピレーションを与え、同じような研究をおこなう研究者の数は爆発的に増加した。そして、これまでどこにも存在しなかった、自然界における進化の速度に関するデータが、次つぎにもたらされた。

グラント夫妻以降の研究すべてに通底するメッセージは明快だ。環境が変われば、生物はすみやかに適応する。その変化は、わたしたちが目で見てわかるくらい急速で、研究助成金が続く5年のあいだに記録できる。

ほんの数年前までは、短期間に起こった急速な進化的変化が見つかれば大ニュースになった。今やそれこそが予測される結果だ。むしろ急速な適応がみられないほうが、意外で興味深い発見であり、特別な説明が必要なのだ。

ダーウィンは創意工夫に富んだ実験科学者で、ありふれた材料を使って見事にアイディアの検証をおこなった。たとえば、ミミズの聴力を調べる研究では、警笛、ファゴット、ピアノ、それに自分の叫び声で反応を観察した。ミミズはどの音響攻撃にも無反応だった。けれども、ピアノの隣のテーブルの上ではなく、ピアノ自体の上にミミズを置いて音をだすと、ミミズはとたんに暴れだした。音と振動は別物なのだ。

実験好きのダーウィンが、もし進化が急速に起こると知っていたら、何をしただろう？　想像せずにはいられない。けれども彼は実際には知らなかったし、だから自然淘汰による進化の理論を検証する実験をひとつとして考案しなかった。そして、ダーウィンにならい、研究者たちが実験に挑むまでには1世紀以上の年月を要した。

スティーヴン・ジェイ・グールドは、進化は時に駆け足で進行するという考えを、早くから支持したひとりだ。彼が提唱し、議論をよんだ断続平衡理論〔4〕は、進化は散発的であり、ほとんど変化のない期間が長く続いたあと、短期間に劇的な変化が生じる周期の繰り返しだと主張する。けれども、グールドが急速な進化と、生命テープのリプレイの思考実験を結びつけ、具現化することはなかった。[*28] それをなしとげたのは、新世代の研究者たちだ。

*25　オオシモフリエダシャクの話には、ひとつではなく3つ注釈が必要だ。第一に、暗色型のガの増加は、喜ばしいことに20世紀後半以降の減少と対になっている。1952年のロンドンスモッグを受け、イングランドでは1956年に大気浄化法が成立。汚染レベルは急速に低下し、それにともない暗色型のガも減少した。現在、暗色型はイギリスでは珍しくなっていて、一部の地域では完全に消滅した。

第二に、この話は収斂進化の典型例でもある。オオシモフリエダシャクはイギリスに固有ではなく、北半球に広く分布する種で、暗色型の頻度増加とその後の減少はほかの地域でも起こったのだ。とくに北米では状況が詳細に記録されていて、こちらでもほとんど同じ経緯をたどった。大陸を超えた収斂は分子レベルにまで及んでいて、イングランドとアメリカで暗色型のガを生みだしたのは同じ遺伝子上の変異だ。

最後に、オオシモフリエダシャクの研究の信頼性を貶めようとする試みが近年さかんになされていて、創造論者がこれを公に支持している。たしかに、ケトルウェルの研究手法は現代の基準に照らせば荒削りだ。自然淘汰の研究はここ60年で飛躍的に進歩しているのだから。けれども、ほかの研究グループによる最近の研究でも、ケトルウェルの発見はしっかりと再認されている。

*26　最新データ（2008年）では553種となっている。

*27　じつは夫妻が初めて島に上陸したときの目的はこれとは別だったのだが、プロジェクト自体も自然淘汰と進化的変化を記録する長期研究へとすぐさま変貌をとげた。

*28　おそらく、彼が想定するタイムスケールは、人間のものではなく地質学的なものだったのだろう。数万年単位でみて急速な進化が、かならずしも数十年単位でみても急速とはかぎらない。

第5章

色とりどりのトリニダード

グールドが提唱したような、数億年の時間を巻き戻し、同じ初期条件で進化をリプレイする実験は不可能だ。それは四半世紀前グールドにとってそうだったように、今のわたしたちにも明らかだ。まだタイムマシンは発明されていないのだから。しかし、だからといってグールドの考えや、進化的決定論という概念に、実験的手法が適用できないわけではない。

収斂進化は、時をさかのぼってこそいないが、本質的に異なる場所でおこなわれた進化のリプレイであるというコンウェイ＝モリスの論理は、進化実験に応用可能だ。理論に合致する例と反する例を並べ立てるかわりに、収斂が起こるかどうかを直接確かめる、リプレイ仮説の検証実験をすればいい。

仮に、植物の生い茂る場所に棲む昆虫は緑色で、埃っぽく乾燥した場所に棲む昆虫は茶色だとしよう。実験的に茶色の個体群を緑豊かな場所に定着させると、「実験個体群は同じ環境条件を経験している野生個体群の表現型に収斂する」という仮説を検証できる。あるいは、複数の個体群を似たような環境におき、同じように収斂進化するかどうか確かめるという方法もある。2つの手法を組み合わせ、複数の実験個体群が、同じ淘汰圧を経験した野生個体群と同じ適応を生みだせると示せれば、さらに説得力は増すだろう。
科学の分野は、時に2つのカテゴリーに分けられる。実験科学と観察科学だ。この区分には、少なからず身内びいきがつきまとう。実験科学者の少なくとも一部は、自分たちを上位の存在とみなして非実験科学を見下し、過激派のなかには科学ではないと言い張る者までいる。[*29]
言うまでもないが、これは無知に基づく誤解だ。実験的操作をしなくても、自然現象を注意深く観察し比較すれば、多くを学べる。それに、実験には実験ならではの限界がある。たとえば、規模や視野の問題がそうだ。火山噴火や月の引力の原因を実験でつきとめられるだろうか?
実験と観察はどちらか一方を選ぶたぐいのものではなく、自然科学の陰と陽なのだ。自然界を観察して仮説が醸成され、その検証のために実験がおこなわれる。これから紹介する、進化生物学におけるフィールド実験の時代を築いた研究プログラムは、その最たる例だ。

世界各地の熱帯雨林を訪れたわたしから見て、この場所は多くの点で典型的だ。鬱蒼(うっそう)とした植生、極端に高い湿度、けたたましい昆虫や鳥の鳴き声。たくさんのヘビたちは、みなそろって魅力的で、ほとんどが無毒だ。それでも、万一まずいものを踏みつけたときのために、膝丈(ひざ)のウェイディングブーツは欠かせない。なにしろ下層植生の密度が尋常ではなく、通り抜けるのはほぼ不可能。そのため、わたしたちは沢の中を歩いていて、だから長靴が必須なのだ。アウトドア用品店で買った最高級品だが、それでも一歩一歩を慎重に踏みしめる。岩がものすごく滑るのだ。[*30]
沢を登っている理由はもうひとつある。普段、わたしが熱帯雨林に行くのはトカゲ探しのためだが、今回は小さな魚が目当てなのだ。グッピーは、家庭や教室に置かれた水槽の魚としておなじみだ。人気の理由はきらびやかな外見で、不釣り合いに大きく、色鮮やかで、大きな斑点の入った尾びれをもつ。人間は、イヌやハトにしてきたように、ありとあらゆる奇抜な品種のグッピーをつくりだし、これまたイヌやハトと同様、ショーやコンテストを開催し、商取引の対象としてきた。

しかし、すべての犬種がオオカミの末裔であるのと同様、グッピーの観賞用品種にも原種がいて、南米北部に分布する。ベネズエラの沖合にある、ここトリニダード島も分布域の一部だ（トリニダードは海面が今よりも低かった数千年前まで南米大陸とつながっていた）。野生のグッピーも鑑賞用品種と同じくらい多様で、個体群によって色や装飾にかなりの差がみられる。この点では、圧倒的な多様性をもつイヌの祖先だとはにわかに信じがたいオオカミと対照的だ。

ようやく小さな淵に到着したわたしたちは、そこで静かに待った。しばらくすると、隠れていた小魚たちが再び泳ぎはじめた。水槽用の網でさっとひとすくいして、中をのぞきこむ。そこにいたのは確かにグッピーなのだが、どうもぱっとしない。ペットショップで売られているのとは程遠い、地味な銀灰色の魚で、色彩も装飾もほとんど見当たらないのだ。

その後の数分でもう何匹かグッピーを捕まえたあと、わたしたちは再び、できるだけ水面を乱さないよう気をつけながら、上流を目指した。グッピーはふつう、流れの穏やかな淵にしかいないので、獲物のいない急流を長く歩いた。変わりばえのしない魚たちが泳ぐ淵をいくつか通り過ぎ、ようやく艶やかなグッピーのいる場所に到着した。ここの魚たちは、オレンジや青に彩られ、黒い斑点と縞模様が散りばめられて、玉虫

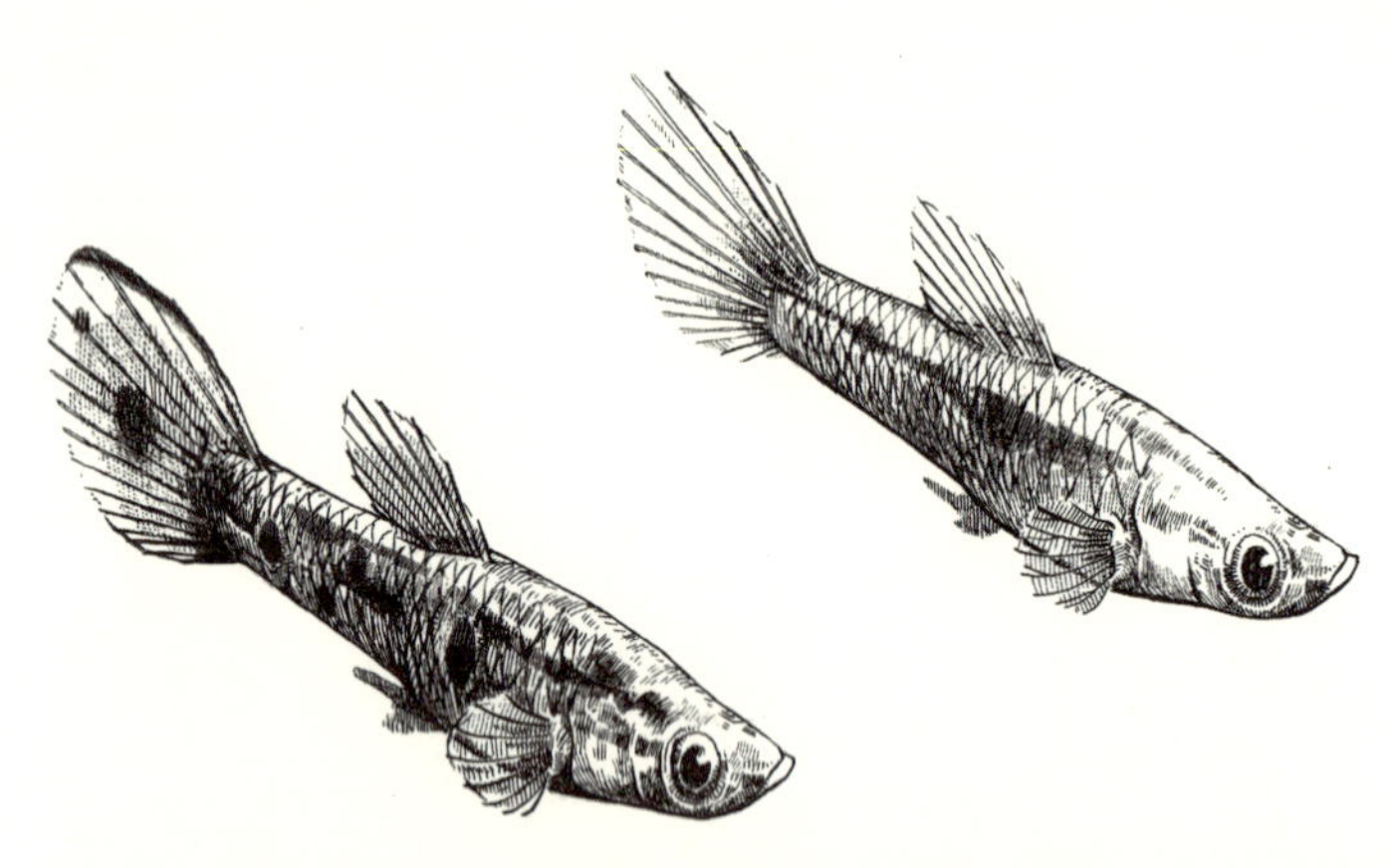

●上流の淵のグッピー（左）は、標高の低い淵の個体（右）よりも派手な装飾をもつ

色の輝きを放ち、黒い縁取りのある豪華絢爛（けんらん）な尾びれを翻している。

こうした好対照は、トリニダード北部のどの川でもみられる。下流の魚は地味で、上流の魚はゴージャス。進化生物学者が色めき立つのは、まさにこういった現象だ。個体群間の差異が繰り返し収斂しているということは、何かがグッピーの配色パターンの分化を推し進めているはずだ。その要因は何なのか？　半世紀以上にわたって続いているすばらしい長期研究のおかげで、今やわたしたちはその答えを知っている。その研究は、トリニダードの渓流で何が起こっているかを明らかにしただけでなく、ちっぽけなグッピーを進化研究のスターに変身させた[1]。

ことの起こりは20世紀半ば。専門化が加速し、ルネサンス的な多才な人物がますます希少になってきたこの時代にあって、キャリル・パーカー・ハスキンズは、18歳にして農業における化学の役割についての最初の論文を著した。続くイェール大学の学部生時代には、アリの研究で複数の論文を発表。その後ハーバード大学に籍を移し、1935年にショウジョウバエの遺伝学研究で博士号を取得した。以降、彼のキャリアは多方面で開花する。

ゼネラル・エレクトリックの研究部門では、放射線がカビの胞子に与える影響を研究。名著『Of Ants and Men（アリと人類）』[2]では、アリとヒトの社会を対比した。*31 初期のカラー写真会社の共同経営者となり、第二次世界大戦中に失明した退役軍人のための補助器具を開発。微生物学、栄養学、遺伝学にも功績を残した。

じつにすばらしい経歴だが、ところでグッピーはどこに？　20世紀初頭、デンマークの科学者オイヴィン・ウィンゲが、グッピーを遺伝学のモデル動物として確立した。この魚はとりわけ、限性形質（片方の性にのみ現れる形質）の遺伝の研究に適していた。*32 ハスキンズはウィンゲの研究を引き継ぎ、1932年以降は自身のグッピー交配プロジェクトを立ち上げて、主としてオスにみられる、体色に関する形質の遺伝について、知見を積み重ねていった。

ハスキンズらによるグッピーの遺伝学研究は急速に発展し、その遺伝システムの進化について多くの仮説が醸成された。しかしハスキンズは、野生下のグッピー個体群のデータがなければ、これらの仮説を検証できないと悟った。そこで1946年、妻で共同研究者でもあったエドナ・ハスキンズとともに、彼はグッピーの体色パターンの分布とその遺伝的基盤を明らかにすべく、自然生息地での調査に乗りだした。

ハスキンズは、地形的特徴が一部の種の魚にとくに大きな影響を及ぼしているとすぐに見抜いた。トリニダード北部の山地には、ところどころで滝に分断された渓流がある。ほとんどの滝は1～2メートル程度の高さだが、なかには10メートルも流れ落ちるものもある。このような滝は、ほとんどの魚にとって超えられない障壁であり、グッピーのおもだった捕食者にとっても同様だ。しかし、滝の上流にもしばしば生息する魚が2種いる。グッピーとキリフィッシュだ。

サケは滝を豪快にジャンプして上流へと進むが、グッピーもキリフィッシュも小さすぎて、落差を飛び越えられない。そのかわり、障害物に直面したカヌー愛好家と同じ方法をとる。迂回して陸上を移動するのだ。キリフィッシュは、湿った林床で身をよじらせ、驚くほど長距離を移動できる（こうした魚はほかにもいくらかいる）。滝壺から這い出て、もがきながら斜面を登り、滝の上の流れにたどり着くのだ。グッピーはそこまで器用に「歩ける」わけではないが、非常に浅い一時的な水たまりの中なら泳げる。直接観察されたわけではないが、グッピーは雨季に林床にできる一時的な水路を通り、上流に到達した可能性が高い。

●典型的なトリニダードの渓流

滝壺にはグッピーが豊富に生息し、往々にして捕食者も潜んでいる。

滝という障壁を、一部の種は突破できるが、ほかの種は超えられない。その事実がどんな進化的意義をもつかは、ハスキンズがトリニダードの渓流のさまざまな場所でグッピーを採集し比較して、明らかになった。捕食圧の低い滝の上の個体群では、オスだけがとてもカラフルだった。一方、捕食圧の高い下流の個体群では、オスもメスもきわめて地味だった。こうしてハスキンズは、グッピーを餌にする主要な捕食性の魚がいるかいないかが、オスの体色の進化に影響を与える重要要因だという結論に至った。

この説を検証するため、ハスキンズは実験室で捕食についての研究をおこなった。グッピーを水槽や屋外プールに入れ、そこにさまざまなトリニダード在来の捕食魚を投入したのだ。予想どおり、派手な個体は地味な個体よりもずっと早く水槽から姿を消した。捕食者がうようよしている場所では、カラフルな装いは大きなハンデになると実証されたのだ。

では、なぜ捕食者がいないとオスは派手になるのだろう？　それにはレディたちがかかわっている。理由はまだはっきりしないが、メスのグッピーは派手なオスを好み、その選好は捕食者のいない場所のほうが顕著だ。この知見[3]は、過去20年のあいだにおこなわれた数かずのエレガントな研究によって得られたものので、その端緒となったのもハスキンズが水槽でおこなった研究だった。

ハスキンズのグッピー研究はきわめて革新的で、示唆に富むものだった。しかも彼は、ほかのたくさんのプロジェクトや責務を遂行するかたわらで、副業としてやっていたのだから驚きだ。実際、この一連の研究は彼の業績のなかではマイナーだったため、ハスキンズ死去の際の伝記記事や追悼記事では言及すらされなかった。それでも、この研究があったからこそ、進化生物学のなかで屈指のエキサイティングな研究プログラムが、20世紀末から21世紀初頭にかけて、花開いたのだ。

激動の1960年代[4]、カリフォルニア大学バークレー校に少なくともひとり、学業に興味を失っていない学生がいた。南カリフォルニアの灌木地で虫捕りやトカゲ捕りに明け暮れる子ども時代を過ごした、若きジョン・エンドラーは、バークレー校で動物学を専攻した。入学後まもなく、彼は有名な同校の脊椎動物学博物館に足繁く通うようになった。そこは標本が所狭しと並び、大勢の動物学者たちが日夜研究に没頭する場所だった（しかも、偶然にも静かだった。エンドラーいわく、「抗議運動はどれもキャンパスの反対側でおこなわれていたので、集中できた」）。自然史博物館と聞いて、たいていの人が思い浮かべるのは立派な一般展示であり、動物の剥製（はくせい）が美しいジオラマに鎮座する、スミソニアンなどの博物館だろう。けれども、あまり知られていないが、多くの博物館のバックヤードには、動植物の標本が大量に収蔵されている。きっちりと目録をつけて整理され、博物館所属の研究員や外部の研究者が、学術研究に利用できるようになっている。

エンドラーは両生爬虫類学部門の助手として、爬虫類や両生類の液浸標本の管理を任された。仕事の一環として、さまざまな地域の標本を詳細に調べた彼は、同一種のなかにしばしば膨大な地域差があると知った。このような地理的多様性は自然界によくある現象だ。ヒトの肌の色や顔の形も、ひとつの種の分布域のなかで個体群間に大きな差がみられる典型例だ。

エンドラーはバークレー校で、地理的多様性について学んだだけでなく、とあるテクニックも身につけた。それは、自分の考えを検証する実験の組み方だ。彼が考案した実験には、たとえばイモリを缶に入れて転がし、星の位置を利用した定位能力が阻害されるか（確かに阻害され、これが彼の最初の学術論文になった）を調べるものや、トカゲにアルミ製の帽子をかぶせて頭に当たる光量を制限し、概日リズムの制御メカニズムに関する仮説を検証するもの（残念ながら、実験器具がうまく機能せず失敗した）などがある。

地理的多様性という現象に魅了され、エンドラーはエジンバラ大学の博士課程に進み、カタツムリの多様性の権威に師事した。そこで彼は、地理的分化がいかにしてひとつの広域分布種を交雑しない複数の種に変えるのかを説明する理論を構築した。

しかし、実験志向のエンドラーは、新種が生まれるしくみについての大胆な理論を提唱するだけでは満足できなかった。そして、すぐに理論を実験的に検証する方法を考えだした。こうして、実験室で容器ごとに分けたショウジョウバエを異なる集団とみなす、巧妙な研究が始まった。各集団を異なる淘汰圧にさらし、自然界で場所によって選択される形質が異なる状況を模倣した。世代ごとに一部のハエを容器間で入れ替え、自然界で起こる隣接個体群間の移動分散のかわりにした。従来の理論では、個体の入れ替えは隣接する個体群の遺伝子プールを均一化させる効果をもつとされた。しかし、実験の結果はこの理論と矛盾するものだった。たとえ遺伝的交流があっても、それぞれの集団にかかる異なる淘汰圧が、集団間の遺伝的分化を推し進めたのだ。これは、まさにエンドラーの理論が予測したとおりだった。

この研究は大成功を収め［5］、いくつもの重要な論文や広く読まれるモノグラフが刊行され、エンドラーは進化生物学の新世代のスターとしての名声を確固たるものにした。けれども、彼は根っからのナチュラリストで、生物の世界に魅了され、そのしくみを解き明かすことに夢中だった。そのため、理論構築や実験操作に頭をひねるかたわらで、すでに次のステップを考えはじめていた。それは自らフィールドに飛びだせるようなプロジェクトでなくてはならなかった。

博士研究のため地理的多様性に関する文献を読み漁っていたとき、エンドラーはグッピーの体色の多様性に関する論文を見つけた。興味をもった彼は、当時（1970年代初頭）ワシントン・カーネギー協会*33の会長だったハスキンズに手紙を書いた。もう10年以上も役職についていたが、ハスキンズは変わらず熱心にグッピー研究を続けていて、2人のやりとりは活発に続いた。エンドラーはワシントンDCにある協会の堂々たる本部ビルを訪ねてハスキンズと対面し、その後ハスキンズが自宅で管理していた膨大なグッピーコレクションも見学した。こうしてエンドラーはすっかりグッピーに惚れ込み、この魚を次の研究プロジェクトの対象種に決めた。

プリンストン大学に教授職を得てアメリカに戻ったエンドラーは、捕食がオスのグッピーの体色を決める主要因だというハスキンズのアイディアを、より厳密に検証することにした。彼は毎年夏にトリニダードに滞在し、たくさんの渓流を踏破して、グッピーの分布図づくりを進めた。

トリニダードの北端を横切る山脈の南北の斜面には、数えきれないほど渓流がある。といっても実際には数えられるし、エンドラーの手元にはそれらすべてを示した地図があった。彼は手つかずの森林に覆われたエリアを流れる川をひとつひとつ歩き、どの魚種が生息しているか、グッピーはどんな姿かを記録していった。最終的に、彼は5年間で53の渓流の113地点を訪れた。

これだけのデータをとるのは並大抵ではなかった。地図のおかげで、どこに行くべきかはわかっていたが、そこに到達するまでが問題だった。時には道路が近くを通っていて、山道を多少歩くだけですんだ。一方で、もっと長く、山歩きというより藪こぎを続けなくてはならないこともあった。

渓流にたどりついたら、今度はグッピーを見つけなくてはならない。そのためエンドラーは、川を上ったり下ったりして、静かな淵を探した。どの淵でもいいわけではなく、まとまった数のグッピーがいなくてはならない。河岸の傾斜が急すぎるときは、流れのなかを歩いたが、そうすると水は濁り、数十年後にわたしがやらかしたように、魚は逃げてしまう。時には、倒木の上で危ういバランスをとりながら歩くしかないこともあった。とりわけやっかいだったのは滝だ。滝のまわりの岩は、常に飛沫（しぶき）を浴びているため非常に滑りやすく、足場は不安定だった。滝の上にはしばしば、のどかで魚がたくさんいる淵があるのだが、そこまで登るのが最後の難関だ。絶妙な位置に枯れ木が倒れかかっていて、垂直の岩壁を登る足がかりになるような都合のいいことは、いつも起こるわけではない。

ちょうどいい淵が見つかったら、エンドラーは河岸に静かに座り、トリニダードの清流を1時間眺めて、捕食魚の種をすべて記録し、グッピーの個体密度を推定する。それが済んだら、ようやくグッピーすくいの時間だ。両手に1本ずつ捕虫網をもち、根気よくグッピーの群れをまとめあげてから、一瞬の早業で、ひとつの群れを丸ごとすくい上げる。エンドラーは、1か所につき約200匹を捕獲した。そのなかでオスの成魚は50匹ほどだ。これらの1匹1匹について、斑点の色や位置の綿密な記録をつけた。

丹念なデータ収集は4年の月日を要したが、それに十分に見あう結果が得られた。パターンは明白で、ハスキンズは非の打ちどころなく正しかった。オスのグッピーの体色は、捕食者の存在と強く相関していた。

滝の上など、捕食者が少ないかまったくいない場所では、オスのグッピーはきらびやかで、斑点が大きく数も多かった。ただし、どの斑点も同じというわけではなかった。大きくなるのは主として赤と黒の斑点で、青と構造色の斑点は数が増える傾向にあった。

このように地点間の比較は仮説を強く支持していたが、決定的とはいえなかった。例によって例のごとく、相関関係と因果関係は別物だ。もしかしたら、捕食者の存在と相関する何らかの他要因が真の原因かもしれない。たとえば、捕食性の魚のいない地点は、ふつう滝の上にあり、したがって標高が高い傾向にあり、そのため河床の小石のサイズが下流よりも大きい。つまり、グッピーの斑点のサイズは、捕食者の有無だけでなく、河床の小石のサイズとも相関するのだ。グッピーが背景に溶け込むのに斑点が役に立つとしたら、斑点の大きさと採集地点の小石の大きさは相関すると予想される。これが、滝の上に大きな斑点をもつ魚がいる理由を説明する代替仮説だ（こちらが正しかった場合、捕食性の魚以外にもグッピーの捕食者として重要な存在がいることを意味する。たとえば鳥だ）。

エンドラーは、こうした問題をどう解決すべきかを知っていた。今や古典となった１９８０年の論文［6］で、彼はこう述べている。「野外調査の結果は明快だが、環境中のなんらかの他要因が体色パターンに影響している可能性もある。体色パターンが総じて自然淘汰の産物であるという仮説をより直接的に検証するため、２つの実験を計画した。ひとつは温室内、もうひとつは野外での実験だ」。

第一部は実験室での進化実験だ。実験室での実験と聞いて、ふつう連想するのは、ショウジョウバエの入った試験管や、微生物がはびこるペトリ皿だろう。実際、本書の後半では、現在進行中のこうした進化実験を紹介する。だが、エンドラーの実験は桁違いのスケールだ。山積みになったコンパクトなペトリ皿や、ラックに並んだショウジョウバエが中を飛び回る試験管の出番はない。グッピーの集団を自然に近いセッティングで飼育するには、一般的な研究室の広さではまったく足りない。けれども幸い、エンドラーの研究室のすぐ隣に、この実験にぴったりの使われていない温室があった。彼はこの温室を引き継ぎ、グッピー研究用に改造した。

温室は広く、長さ18メートル、幅7・6メートルで、長机と植物用の実験器具が一式そろっていた。エンドラーは備品をすべて撤去し、仕事に取り掛かった。まずは床にコンクリートを打って（彼は作業のほとんどを自分でおこなった）、グッピーの自然生息地に似せた、淵と滝が連なるひとつ27平方メートルの人工の渓流をつくった。合計で10のグッピーの飼育区画を用意し、2本の通路を隔てて3列に配置した。淵の水底には、けばけばしい色のアクアリウム用の小石を敷き詰めた。ニュージャージーの温室には似合わない派手さだったが、トリニダードの河床を模倣したものとしては上出来だ。地元の川で採集した植物や無脊椎動物を導入し、それらが生きた生態系をつくりあげた。暖かく日照豊富な環境を存分に利用して、藻類が繁茂し、食物網の土台を固めた。

魚を導入する際、エンドラーは11の異なる渓流のグッピーを一緒にして、数世代にわたって自由に繁殖させたあと、ひとつの区画に200匹ずつ放した。どの個体をどの区画に放すかはランダムに割り当てたので、実験開始時のオスの装飾の度合いは、集団間でほとんど差がなかった。

実験の目的は、グッピーの体色の進化が捕食魚の有無によって予測できるかどうかの検証だった。各区画にグッピーを導入した4週間後、エンドラーは一部の区画に捕食魚を入れた。4つの淵にはパイクシクリッドが追加された。魚雷のような流線型の体と鋭い歯をもつ、グッピーを食べるために生まれてきたような、純肉食性の魚だ。別の4つには、そこまで脅威ではないが時折グッピーの幼魚を捕食するキリフィッシュが入れられた。残りの2つは捕食者なしのままにした。エンドラーの予測は、もしトリニダードの渓流でみられた体色の多様性が捕食者の影響なら、各実験集団は時とともに体色の差が大きくなり、パイクシクリッドと同居する集団は最初よりも地味に、捕食の脅威が小さいかほとんどない集団は性淘汰の結果どんどん派手になる、というものだった。

捕食魚をポチャンと放り込んで、エンドラーの実験的介入は終了した。あとは毎日の餌やりと水質管理をするだけで、グッピーと捕食魚は放っておいた。グッピーは生活環の短さでよく知られ、生後2か月とたたないうちに繁殖可能になる。何世代あれば進化的変化が起こるだろう？　エンドラーはフィールドワークのため再びトリニダードに向かい、温室は「自然」の摂理に任せた。

捕食者の導入から5か月後、エンドラーは経過を確認することにした。

●パイクシクリッド

すべての淵の魚を網ですくって写真を撮り、斑点の数と大きさを測り、色を記録した。その後、淵に戻された魚たちは、とくに弱った様子もなく進化を続けた。いくらグッピーといえども、5か月ではせいぜい2世代だ。進化的変化が起こるには短すぎると思われた。

だが間違っていた！　集団間の分化はすでに始まっていたのだ。捕食性の強いパイクシクリッドと同居したグッピーは、斑点の数が10パーセント減少していた。一方、捕食魚のいない区画や危険でないキリフィッシュと一緒の区画では、斑点の数は同程度に増加していた。

9か月後、エンドラーは再び測定をおこなった。各集団は反対方向に進化を続けていて、キリフィッシュのいる区画や捕食者のいない区画のグッピーは、パイクシクリッドの影におびえるグッピーよりも、いまや40パーセント以上も斑点が多くなっていた。

場所によって異なる捕食者と共存しているトリニダードの野生個体群と同様に、斑点の数の分化は、おもに青と構造色の斑点の数に差が生じた結果だった。また、キリフィッシュのいる区画のオスの斑点は、パイクシクリッドのいる区画のオスのものより50パーセント近く大きく、ここでも野生下の状況が再現された。それどころか、温室の区画と自然のなかの淵は驚異的な類似性を示し、実験集団はわずか2年のうちに、野生下で同じ捕食圧にさらされるグッピーの個体群に実質的に収斂した。

じつに見事な結果だが、それでも実験室（というよりも温室）での実験結果であって、条件の不自然さは否めない。魚たちは毎日給餌されていたし、グッピーと捕食魚以外のトリニダードの生態系を構成する種（鳥、ほかの魚、ザリガニなど）は皆無だったし、それに雨は決して降らなかった。この実験がプロジェクトのすべてだったら、細菌やハエより大きな動物で急速な進化を示したすばらしい研究とは認められるだろうが、少なくとも一部からは、実験室のアーチファクトであり自然界にはあてはまらないと軽んじられていただろう。

エンドラーは、こうした批判に先手を打った。コンクリートを流し込み、滝をつくっているあいだから、すでに彼はトリニダードのアリポ川上流の手つかずの淵に目をつけていた。滝のすぐ上にあるその淵には、キリフィッシュはいたが、グッピーはいないようだった。彼は2年にわたってたびたびそこを訪れ、すみずみまでグッピーを探したが、やはり見つからなかった。この淵にグッピーがいないという確信を得て、1976年7月、彼はプロジェクトの第二部をスタートさせた。

この淵の近くで、エンドラーはアリポ川の別の支流に属する2つのよく似た渓流を見つけた。どちらにもグッピーが生息していたが、捕食者の構成は異なっていた。片方はキリフィッシュだけだったが、もう片方にはパイクシクリッドをはじめ、グッピーを襲うさまざまな捕食者が棲んでいたのだ。そして、島内のパターンに違わず、この2つの渓流のグッピーの外見にも予測どおりの差がみられた。捕食者がキリフィッシュだけの渓流には、斑点が大きく数も多い、より派手なグッピーがいたのだ。

エンドラーの実験はシンプルだった。彼は、捕食者だらけの渓流で捕獲した、地味で斑点の小さい200匹のグッピーを、滝の上にありキリフィッシュはいるがグッピーはいない先述の淵に放したのだ。野生個体群の分布パターンから考えて、導入したグッピーは、キリフィッシュのみと同居する近くの別の渓流のカラフルなグッピーに似た姿に進化すると予測された。

進化生物学分野の当時の状況を考えれば、この実験をおこなったこと自体、エンドラーの先見の明を示している。トリニダードのグッピーの体色が環境によって異なるからといって、その差が急速に進化したものとはかぎらない。来たるべき革命の予兆はすでにあったものの、当時はまだ、進化は概してきわめてゆっくりと起こるというのが定説だった。しかし、エンドラーは教条主義に与しなかった。進化理論に精通していた彼は、自然淘汰が十分に強ければ進化はきわめて急速に起こるはずだと考え、またオオシモフリエダシャク、有害生物、細菌などの事例から、確信を抱くに至った。野外での進化の実験研究に前例はまったくなかったが、大胆にもエンドラーは、こうした実験に見込みがあると考えたのだ。

2年後、戻ってきたエンドラーは渓流のグッピーを捕獲し、手順どおりに測定をおこなった。すると、温室でそうだったように、自然淘汰がもたらす進化の魔法がここでも明らかになった。ほんの数世代で、放流されたグッピー集団では斑点がより大きく、より多くなり、典型的な高捕食圧個体群の外見から、キリフィッシュだけと同居する個体群に特有の外見に変わっていたのだ。

エンドラーは、グッピーの進化が予測可能だと示した。カラフルな集団とそうでない集団がいる理由を解明しただけでなく、淘汰のはたらいた状況を実験室や野外で再現すれば、予測どおりに進化すると実証した。

そして進化生物学者たちは、グッピーにとどまらない普遍的なメッセージを受け取った。自然淘汰が強くはたらくとき、進化は急速に起こりうる。その当然の帰結として、現代科学の原動力である実験的手法は、進化研究にも適用できる。それも、統制されているかわりに人工的なラボの隔離環境だけでなく、乱雑で無秩序で奔放な自然のなかでおこなうことすら可能なのだ。

エンドラーの研究は、駆けだしだったわたしの研究に大きな影響を与えた。学部2年生のとき、わたしは新種が生じるメカニズムについての彼のモノグラフを読む少人数授業を取った。この本のおかげで、わたしは理論とデータの相互作用に目を向けるようになった。自然のなかでの観察が、理論上のアイディアの発展につながり、それを今度は新たなデータを集めて検証するというサイクルだ。

それ以上にインパクトが大きかったのは、毎週の大学院ゼミでの彼のトークだ。当時すでにすっかり生物学オタクだったわたしは、院生室に入り浸り、忠告やゴシップに聞き耳をたてつつ、迷惑をかけすぎないよう心がけていた。大学院生とは今も昔もそういうものなのだが、彼らは無感動で、論文や発表をみるたび未検証の前提や致命的な欠点をあげつらうのが常だった。だが、このときは違った。エンドラーが自身の実験研究について発表したあと、教室を出て聞いた院生たちの昂(たか)ぶった言葉は、35年経った今でも鮮明に覚えている。誰かが言った次のせりふは、とくに記憶に深く刻まれている。「進化生態学が実験科学だなんて知ってたか？」その時はまだ知る由もなかったが、この言葉とそれがもたらした気づきが、その6年後、わたし自身のキャリアを大きく左右する結果になった。

エンドラーのトークに衝撃を受けたのは、わたしや院生たちだけではなかった。数年前、研究がまだ論文になっていなかった頃、エンドラーはフィラデルフィア自然科学アカデミーでグッピーの実験に関する発表をおこなった。

そのときの聴衆のひとりが、ペンシルベニア大学の4年生だったデヴィッド・レズニック［7］だ。エンドラーと同じく、レズニックも子どもの頃からのナチュラリストで、とくに爬虫類が好きだった。[*34] 彼は学部生時代、アメリカ南西部でのサマーインターンシップに参加し、溶岩の上に棲むあるトカゲが黒い体色で背景に溶け込む一方、隣接する砂漠に棲むその近縁種は、まったく異なる明るい体色をもち、砂の上で生活すると知った。溶岩はほんの数千年前の噴火で形成されたものなので、この個体群が暗い体色を進化させたのはごく最近に違いない。この観察に基づき、レズニックは確信した。個体群が新たな状況への適応を迫られたとき、進化はきわめて急速に起こる。

研究対象をトカゲよりもずっと扱いやすい魚に変えたレズニックは、大学院での研究テーマを生活史の進化に絞った。生活史とは、個体の繁殖成功を左右するすべての要因をさす言葉で、具体的には寿命、性成熟のスピード、1回の繁殖で生まれる子の数などが含まれる（似たような意味をもつ古い用語に「個体群統計学（demography）」がある）。

生活史が状況に応じてどう変化するかについては、体系的な理論に基づく予測があった。たとえば、捕食圧が高いなら、生物個体は太く短く生きるべきだ。老齢になるまで生き延びられる見込みが薄いのだから、早く性成熟して、体を大きく成長させるよりも早く繁殖を開始することにエネルギーを投資したほうがいい。加えて、捕食されるリスクが大きければ、分散投資が有利になるため、大きな子を少数残すよりも、小さな子をたくさん残すようになるはずだ。

反対に、捕食圧が低く、平均寿命が長い場合、生物個体にはエネルギーを成長に費やす贅沢（ぜいたく）が許される。繁殖を先送りすれば、体が大きくなったおかげで、より多くの子を残せる。さらに、子の生存確率が高いので、親にとっては、子ひとりあたりの投資量を増やし、他個体との競争に備えさせるのが得策となる。

生活史の進化に関する理論は、実験室でショウジョウバエなどの生物を使って検証されてきたが、野生下で実験がおこなわれたことはなかった。エンドラーと同じく、レズニックも自然淘汰が強くはたらく場合には進化は急速に起こるはずだと考えていた。加えて、地質学的に新しい環境で集団の分岐が起こっているという、先述の自身の観察例も、この予測を裏づけていた。

生活史の適応進化が急速に起こるというアイディアを検証するため、レズニックはニュージャージー州ケープメイの湿地に生息するカダヤシ（グッピーの親戚だがずっと地味な魚）の個体群の研究を始めた。ところが、これが一筋縄ではいかなかった。ここの個体群は季節性が強く、それが捕食者の有無による個体群比較をおこなううえで問題になった。しかも、フィラデルフィアから通うには遠すぎ、ニュージャージーのひどい景色と悪臭も相まって、思い描いていたようなフィールドワークにはならなかった。彼が本当にいるべき場所は熱帯だったのだ。

そんなとき、エンドラーの発表を聞いて、レズニックはすっかり霧が晴れた思いだった。カダヤシ研究に2年を費やしたからって、それが何だっていうんだ？　このグッピーは、理想の研究プロジェクトそのものだ。グッピーなら子どもの頃に水槽で飼った経験もある。これならいける。

ゼミの後の夕食会で、レズニックはエンドラーに自分のアイディアを話した。1週間後、2人はプリンストン大学で再び話し合い、エンドラーは翌年レズニックをトリニダードに招待した。レズニックのテーマである生活史は、エンドラーとハスキンズが注目する体色の研究と、完璧な補完関係にあった。

次の年の3月、レズニックとエンドラーは、トリニダードの山中にある野外研究施設で落ち合った。エンドラーは北部山脈の地形図を広げ、その上にトレーシングペーパーを置いてなぞり、人力コピーをとった（まだパソコンもなかった時代の話だ）。レズニックはこの手書きの地図を、今も大切に研究室に飾っている。エンドラーは地図上に、捕食者の有無によるグッピー個体群の比較をするならどの渓流がいいか印をつけた。レズニックはレンタカーに飛び乗り、山中へと分け入った。その後40年近く続く研究のはじまりだ。彼は島を駆けずり回ってサンプルを集め、捕獲したグッピーのライフイベントの時期を特定していった。

最初の夏、レズニックは16の個体群を調査した。体色と同様、生活史の特徴にも際立った差がみられた。パイクシクリッドやそのほかの捕食者と同居するグッピーと、捕食圧の低い場所に棲むグッピーとのあいだに、明らかな違いがあったのだ。前者は小さいサイズで性成熟し、繁殖により多くの資源を費やし、子の数は多く、子のサイズは小さかった。理論に基づく予測そのものだ！　当然ながら、その前提として、捕食圧の高い場所のグッピーは短命だと想定されていた。レズニックは寿命に関しても、捕獲・標識・再捕獲の手法で、標識をつけた魚がどれだけ生き延びたかを調べて検証した。わずか2週間のうちに、高捕食圧の場所では低捕食圧の場所よりもグッピーが15パーセント多く死亡した。さらに長期間にわたって調査したところ、捕獲後7か月の生存率は、高捕食圧の場所ではわずか1パーセントだったのに対し、キリフィッシュとだけ共存する場所では25パーセントだった。

生活史形質の分布パターンは納得のいくものだった。しかし、エンドラーと同じで、レズニックもこの結果を絶対的な結論ではなく、仮説の着想のもととみなした。もちろん、その核心には、捕食圧が集団間の差の原因であるという考えがあった。レズニックがグッピー研究に魅力を感じたのは、何よりアイディアを実験的に検証できるからであり、精力的にエンドラーの研究のフォローアップを進めた。彼はエンドラーが魚を放した淵を再訪し、この場所の（高捕食圧の淵の魚の子孫だが、平和な環境で代を重ねた）グッピーが低捕食圧環境の生活史を進化させたと示した。温室でも同様だった。エンドラーの実験開始から2年半後、レズニックが低捕食圧区画と高捕食圧区画でグッピーの生活史形質を比較した結果、野生下と同様の差が認められたのだ。

レズニックは自身の実験系も立ち上げ、捕食圧の低い2か所の別の淵にグッピーを導入した。こちらでもほぼ同じ結果が得られた。さらに彼は、別の方法の実験もおこなった。これまでとは逆に、グッピーを淵から淵へ移すのではなく、捕食者のほうを移したのだ。彼はパイクシクリッドの集団を、滝の上の、それまでグッピーとキリフィッシュしかいなかった淵に放した。シクリッドはこの好機を逃さず、無防備なもとの住民たちを文字通り食い物にした。そして、グッピーはすぐに高捕食圧の個体群の特徴を進化させはじめた。5年後（レズニックが最後に確認したとき）、かつては低捕食圧環境にいたこのグッピー個体群は、低捕食圧環境と高捕食圧環境のちょうど中間の生活史形質を示すようになっていた。

エンドラーとレズニックの研究結果は、全体としてきわめて似通っていた。体色に関するエンドラーの研究がそうだったように、レズニックの実験個体群も、野生個体群にみられる変異から予測されたとおりに進化した。グッピーの生活史は、きわめて可鍛性が高い（自然淘汰により、予測可能な進化的反応が短期間で生じる）形質だと考えられる。

急速な適応進化の証拠をさらに固めるため、レズニックが対処すべき問題がもうひとつあった。もしかしたら、彼が観察した高捕食圧と低捕食圧の環境におけるグッピーの違いは、進化の結果ではないかもしれない。個体群間の生活史形質の差は、理論上、遺伝子の変異に由来するものではなく、環境の影響によって遺伝的によく似たグッピーが異なるペースで成長し繁殖した結果という可能性もある。第4章でも取り上げた、表現型可塑性とよばれる現象だ。

レズニックは、この問題に正面から取り組んだ。異なる個体群の魚を実験室に持ち帰り、捕食者のいない均一な水槽で飼育したのだ。彼が「家畜」とよぶこれらの集団は、別べつの水槽の中で自由に繁殖し、生まれた幼魚はすべて、同一の環境で個別飼育された。この手法は、植物学で最初におこなわれたため、「コモンガーデン」実験とよばれる。

レズニックの目的は、野外で捕獲したメスにみられる違いが、同一の環境で飼育された子に受け継がれるかどうかの検証だった。もし母親のあいだにみられる差異に遺伝的基盤があるなら、子の世代にも違いがみられるはずだ。対して、母親どうしの違いが育った環境の影響だとしたら、コモンガーデンで育った子どもたちは、みなそっくりになるだろう。

結果はトリニダードの清流のごとくクリアだった。実験室育ちの子と孫の世代にも、野生捕獲の母や祖母にみられたような差異が確認されたのだ。捕食圧の高い渓流の個体の子孫は、先祖と同じように、成長が早く、若いうちにたくさんの子を残した。一方、捕食圧の低い平和な淵にルーツをもつ魚たちは、成長の遅いのんびりした生活史を示した。こうしてレズニックは、集団間の差に遺伝的基盤が存在し、分岐進化が起こったと結論づけた。

レズニックの研究は、ある意味、ハスキンズがその数十年前におこなった遺伝学研究の続報といえる。ハスキンズは、体色の多様性に遺伝的基盤はあるのかという疑問を抱き、レズニックとは異なるアプローチで検証を試みた。かの有名なメンデルのエンドウマメ実験のように、表現型の異なる親どうしを交配し、形質がどのように親から子へ受け継がれるかを調べたのだ。そして、レズニックの生活史形質の研究と同様、グッピーの体色の多様性の大部分は遺伝要因で決まっていることが、ハスキンズの研究、およびその後の追加研究で明らかになった。

今では、表現型の多様性の遺伝的基盤を探る研究は、多数の個体の全ゲノム配列決定により、新たな領域に踏み込めるようになった。レズニックの研究チームは現在、まさにこの手法を使って、グッピーの生活史、体色、その他の形質の多様性を実際に生みだす、DNA変異の特定を進めている。

ここまで、レズニックの研究の学術的価値を語ってきたが、熱帯のジャングルのど真ん中で最先端の実験研究をするのがいったいどういうことなのか、説明が足りていなかった。1978年の最初の訪問以降、レズニックはほぼ毎年トリニダードを訪れ、時には年に4回も足を運んだ。目的のひとつは人為導入実験のフォローアップであり、新たに実験集団を立ち上げてもいる（直近では2008年に2か所、2009年にも2か所で導入をおこなっている）。とはいえ、作業のほとんどは、野生個体群が高捕食圧と低捕食圧それぞれの環境にどう適応しているかに着目した、比較のためのものだった。

レズニックは立ちはだかる急流や滝を超え、いくつもの淵を訪れた。壮麗な熱帯林の中を淵から淵へ、日中ぶっ通しで歩き回り、魚を捕まえては測定する日々だった。

まばゆいばかりの青いチョウが舞い、トカゲは葉の陰を駆け回り、美しい鳥たちは木々に歌う。カエルたちの奏でるハーモニーや、時折それをかき消すように響きわたる、不思議に心地よい虫の羽音。デヴィッド・レズニックが理想の仕事を手に入れたのは間違いない。

けれども、いくら牧歌的に思えたとしても、トリニダードでの研究は危険を伴う。通いはじめて40年になるレズニックは、それを身に染みて理解している。森の中をいちばん楽に通り抜ける方法は、獣道を通ることだ。しかし残念ながら、森の獣たちを違法に捕えて食用にする、一部の現地住民も、この獣道を利用する。密猟者は肉を得るため、手作り銃のブービートラップを利用する。獲物が仕掛け線にかかった瞬間、パイプに詰められたショットガンの弾が発射するしくみだ。この通称「トラップガン」は、地面すれすれに設置され、ノウサギほどの大きさの齧歯類アグーチや小型のシカなど、さまざまな四つ足の獲物を効率よく仕留める。そして、淵から淵へと急ぐ二足歩行の生物学者がそこを通ったときも、仕掛けは容赦なく作動した。不幸中の幸いで、散弾のほとんどはレズニックの両足のあいだを通過したが、彼の左のくるぶしには今でも17個の散弾が残り、左耳の聴力は爆発で失われた。

またある時、彼は滝の上の渓流を歩くうち、クリフハンガーを経験した。ハラハラする展開という意味でもそうなのだが、木につかまって、インディ・ジョーンズのように、文字通り崖（がけ）からぶら下がったのだ。こんな危うい状況に陥ったのは、石の上で足を滑らせたためで、激流に流され、高さ6メートルの滝を落下する寸前に、なんとか枝をつかんで助かった。だが間が悪く、唯一の同行者はちょうど腕に深い切り傷を負っていて（レズニックは診療所に向かっていていて転んだのだ）、手を貸せなかった。幸い、冒険映画の主人公の例にもれず、レズニックは力を振り絞って崖っぷちを這い上がり、何事もなかったかのようにまた実験に精をだした。

レズニックに降りかかった災難の多くはヘビがらみだった。魚類学者でありながら、こうした嫌われ者たちへの彼の情熱は冷めることなく、フィールドでのきつい仕事を終えたあとも、夜になるとしょっちゅうカエルやヘビを探しに出かけていた。

ある別の研究グループは、論文の謝辞でレズニックに、「フィールドでの（時にはフェルデランスの上に立ったまま穏やかに施された）賢明な導き」への感謝を述べている。フェルデランスは猛毒をもつクサリヘビの一種だ。この逸話は誇張含みだとレズニックは言うが、みながこのヘビとは距離をおきたがるなかで、彼はいつも近寄ってじっくりと観察し、時には捕まえて通り道から離れた場所に運んだのは、まぎれもない事実だ。

そして、忘れてはいけないのがグンタイアリだ。数十万匹からなる飢えた群れは、あちこちを放浪し、逃げ遅れた昆虫や軟らかい体をもつ動物を、鋭い棘を備えた顎でかたっぱしから捕えてむさぼる。人間は捕食されるおそれこそないが、遭遇すれば無事ではすまない。興奮したグンタイアリ集団の捨て身の防御手段により、長い大顎が皮膚に刺さり、尻の先端にある毒針の攻撃も相まって、激痛に苦しむはめになるのだ。

進軍する隊列は、しばしば野外実験場の建物を突っ切った。それ自体は問題ではない。進行方向から椅子をどけて、必要なものをすべてアリたちの後ろに移したら、ただ過ぎ去るのを待てばいい。むしろ、床からごみや虫をきれいさっぱり取り除いてくれてありがたいくらいだ。

ある日、レズニックは、全長2メートルで暗青灰色にオレンジの腹をした、美しいキロニウスヘビが林床を這っているのを見つけた。彼は飛びかかって尻尾をつかみ、ヘビは鎌首をもたげて咬みつこうとした（キロニウスヘビは無毒だが、歯は鋭い）。ところがそのとき、ヘビもレズニックも、グンタイアリの集団のど真ん中にいると気づいた。ただちに休戦が宣言され、レズニックは尻尾を放し、ヘビは攻撃を中止して、両者は反対方向に脱兎（だっと）のごとく逃げだした。レズニックは近くの渓流へと走り、怒り狂うアリたちを洗い落とした。さんざん咬まれたり刺されたりしたが、アリたちは最悪の結末から彼を救ったともいえるかもしれない。別の時にレズニックがつかんだキロニウスヘビは、身を翻して彼の鼻に咬みついたのだから。

そして、極めつけが鉄砲水だ。フィールドワークの大半は、いつ雷雨が襲ってきてもおかしくない雨季におこなわれた。作業をする渓流はしばしば狭い峡谷に位置し、上流が嵐になれば、鉄砲水が何の前触れもなく怒濤（どとう）のごとく押し寄せる。レズニックと彼のチームは、何度か間一髪で難を逃れられはしたが、幸い誰も怪我を負わずにすんだ。

レズニックらは膨大な数の地点を調査し、グッピー個体群の生活史は捕食者の有無によって正確に予測できると示した。野生生息地での結果の一貫性からして、人為的に導入した実験も同様の結果になると予測され、まさにその通りになった。

ハスキンズとエンドラーの研究でも、体色に関して、これと似た予測可能性がみられた。オスのグッピーは、捕食圧の低い場所でより派手になる。エンドラーの実験（温室内の10個の池と1か所の野外放流）の結果には整合性があり、野生下の体色の多様性のパターンとも符合した。ところが、これほど有名な先行研究がありながら、その後の四半世紀にわたり、グッピーの移入個体群における体色の進化を誰も研究しようとしなかった。2005年、ついにレズニックとエンドラーが、動物の視覚を専門とする研究者たちとタッグを組み、レズニックが導入した個体群を使って、改めてこのテーマに取り組みはじめた。

エンドラーが放した魚たちと同様、レズニックのグッピーも、捕食圧の高い淵からキリフィッシュしかいない淵に移された場合、よりカラフルになっていた。ところが、どんなふうに派手になるかは2つの集団で異なっていた。エンドラーの集団は、どの色の部分も大きくなった。一方、レズニックの集団は、構造色の部分が広くなる一方で、赤と黒の斑点は大きくならず[8]、赤の斑点に関してはむしろ縮小した。おそらく、構造色を取り入れるスペースを確保するためだろう。

両者が別べつの装飾を発達させたのはなぜだろう？　捕食者の有無のほかにも、グッピーの体色に影響を与える要因はたくさんある。最適な体色は、それがカモフラージュのためであれ目立つためであれ、林冠からどれだけ光が降り注ぐかや、水がどれだけ濁っているかに依存する。河床の石のサイズも関係するかもしれない。温室の実験で、エンドラーは石の大小を操作し、捕食者がいる場合にのみ、斑点のサイズが背景にマッチするように進化すると示した。

あるいは、集団間の差は環境要因とは何の関係もない、単なる歴史的偶発性の結果で、2つの集団の進化的背景が異なるという事実からくるものかもしれない。レズニックの集団の祖先は、エンドラーのものよりも構造色が顕著だった。それがなぜかは不明だが、メスが体色を基準に配偶相手を選び、メスの好みは個体群によって異なるとわかっている。考えられるのは、レズニックの集団の祖先は構造色のオスを極度に好む傾向にあり、捕食者がいない環境で、このメスの好みがオスの構造色の進化を加速させた、という可能性だ。

とはいえ、これは憶測にすぎず、仮説として今後の研究で検証が必要だ。現段階でいえるのは、捕食圧の低い環境に魚を移すと装飾がより華美になるが、どの装飾が強調されるかは予測できない、ということだけだ[9]。


グッピー実験によって進化の予測可能性の検証がおこなわれた形質がもうひとつある。オックスフォード大学でグッピーの行動を研究するアン・マグランは、この実験がまたとないチャンスだと気づいた。グッピーの生物学的特徴の多くがそうであるように、高捕食圧の個体群と低捕食圧の個体群とのあいだには、行動にも違いがみられる。実際に捕食者に遭遇したとき、高捕食圧群のグッピーは群れの中にとどまり、捕食者から距離を保つ傾向にある。これに対し、低捕食圧群のグッピーは警戒心を失っていて、群れをつくって身を守ろうとせず、捕食者に接近する。では、ほんの数年前に高捕食圧の淵から低捕食圧の淵に移された実験集団のグッピーは、祖先の故郷に棲む魚たちのように慎重に行動するだろうか？　それとも、捕食圧の低い環境に見合った、お気楽な生き方を進化させているだろうか？

この問いに答えるため、マグランは魚たちを実験室に持ち帰って繁殖させ、幼魚を捕食者のいない環境で育てた。そして、水槽の中での行動実験で、グッピーを1匹ずつ、びんに入った別のグッピーの群れと、本物そっくりの捕食者の模型と一緒にして、グッピーの反応を調べた。

ラボでの行動実験の結果は一目瞭然（りょうぜん）だった。グッピーのふるまいは、すっかり向こう見ずになっていた。

群れと一緒にしたときは、安全な集団行動をとろうとせず、自分だけで泳ぎ回った。パイクシクリッドの模型と一緒にしたときは、すぐさま見物にやってきた。生活史や体色と同様、グッピーの行動も、実験的導入によって急速かつ予測可能なかたちで進化したのだ。

オリンピック金メダリストから進化生物学者に転身した*35シリル・オスティーンは、この研究をさらに一歩進め、グッピーの行動ではなく、グッピーと捕食者の相互作用の結果に注目した。捕食者と同居してきたグッピーは、捕食者のいない場所で気楽に生きてきたグッピーよりも、すぐれた回避能力を進化させているのだろうか？　それを明らかにするため、彼女は3つの実験集団からグッピーを集めた[10]。2つはエンドラーとレズニックが捕食圧の低い場所に導入したもので、もうひとつはレズニックがパイクシクリッドを導入した場所のものだ。それぞれの実験集団に対して、オスティーンはさらに対照群を設けた。前の2集団については祖先個体群、最後のシクリッドと共存する集団については近くのシクリッドのいない淵の個体群から対照群のサンプリングをおこなった。

仮説検証のため、オスティーンは実験群と対照群のグッピーを、パイクシクリッドのいる水槽に入れた。予測のとおり、シクリッドのいない淵から連れてこられたグッピーは、捕食圧を経験してきたグッピーよりも生存率がずっと低かった。比較した3組すべてで、捕食者を知らずに育ったグッピーは、経験豊富なグッピーの2倍のペースで餌食になった。その後の研究で、捕食者と共存してきたグッピーは、単に警戒心が強いだけでなく、襲撃を受けたときの回避能力にもすぐれているとわかった。コモンガーデン実験により、この行動の違いは予測可能な進化的変化の結果だとも確認された。

このあたりで、実験目的の導入の倫理的問題について触れておくべきだろう。侵略的外来種は、全世界で経済的にも生態学的にも莫大な損失をもたらしている。自然分布域の外に生物種を意図的に導入する行為は、研究目的であっても、全面的に禁止するのが妥当だと考える人は多い。まさにこの理由で、マグランらは今後のグッピー野外導入の一時停止をよびかけている。

魚を移動させた結果として起こりうる問題はいくつかある。第一に、人為導入は自然の秩序を乱す。ある淵にグッピーがいないのは自然のプロセスの結果であり、そこに棲む生物はグッピーのいない状態に適応している。実際に、レズニックらが現在進めている研究で、淵にグッピーを放すと生態系に重大な変化が生じることがわかってきた。こう考えると、グッピーの導入は侵略的外来種による自然の秩序の崩壊の一例であり、グアムの鳥類を食べ尽くし絶滅に追いやった蛇の一種ミナミオオガシラや、土壌から水を吸いあげアメリカ南西部の乾燥地の風景を激変させているタマリスクの木と変わらない、という見方もできる。

そのうえ、グッピー導入の影響は、放流された淵の中だけにとどまらない。上流への移動は滝に阻まれることもあるものの、滝の上の淵に放されれば、溢水（いっすい）に紛れて下流に移動するのは止められない。そうやって分散した人為導入のグッピーは、それまでグッピーのいなかった別の淵に定着したり、もとからいた個体群に新たな遺伝子を持ち込んだりして、影響を及ぼす可能性がある。

人為導入には研究面でのコストも伴う。ある淵にグッピーを導入してしまうと、別の研究者はそこでグッピー不在の環境を調査できなくなる。導入個体の遺伝子が下流へと拡散すれば、遺伝子の地理的分布パターンが変化し、研究機会の損失は流域全体にまで及ぶ。

わたしはレズニックに、こうした批判について尋ねてみた。彼は、グッピーの導入は地球の裏側から非在来種を移入するのとはまったく違う、と答えた。彼がおこなったのはむしろ、自然界で起こっている、同じ支流のなかでの下流から上流へのグッピーの移動の再現だ。実際に、グッピーは時折、雨季に斜面にできる一時的な流れの中を這い進んで滝の上に到達する。レズニックは、鉄砲水でグッピーが渓流の外へと押し流されるのも目撃している。つまり、ある地点にグッピーがいるかいないかは恒常的な状態ではなく、常に変化しているのだ。これを裏づけるように、レズニックのチームがおこなった遺伝子研究で、現在川の上流に棲んでいるグッピー個体群は、定着から比較的短い期間しか経っていないとわかった。言い換えれば、今ある状態は、自然界における定着と絶滅のバランスを反映したものだ。上流の淵に今現在グッピーがいないからといって、過去にいたことも、将来定着することもないとはいえない。グッピーはいつでも上流の淵に進出している。レズニックの人為導入は、継続的な自然のプロセスを、単に模倣したにすぎないのだ。

この変わりゆく世界のなかで、科学の進歩の追求と自然の礼賛は、本質的に異なる思想だ。客観的にどちらが正しくどちらが間違っているというのではなく、見解の相違があるだけだ。トリニダードでは、このような人為導入は禁止されておらず、当局の許可を得たうえで今もおこなわれている。

グッピーの進化実験研究は今も進行中であり、グッピーの進化の新たな側面や、グッピーの導入に応じて進化するほかの種に注目することで、さらなる発展をとげつつある。レズニックをはじめとする研究者たちは、いくつもの場所に新たに人為導入をおこなっている。とはいえ、これらの研究から得られる教訓の本質はすでに明らかだ。グッピーは、新たな淘汰圧に対応して、予測可能なかたちで進化する。

エンドラーの野外実験の論文は1980年に発表され、すぐにこの分野の古典的研究となった。レズニックが、2つめの野外実験でグッピーの生活史の進化を論じたのは、そのわずか数年後だ。こうして、進化生物学は実験科学になりうるし、自然状態のなかですら実験は可能であると、科学界に認識された。にもかかわらず、驚くべきことに、次に進化実験研究の成果が発表されるまでには長い年月を要した。そして、その研究の中身は、グッピー研究とはまったく異なるものだった。

＊29　「ボーイスカウト科学」という中傷もある。
＊30　初日から何度もしりもちをつきかけたわたしは、早々に靴底に滑り止め金具のついたプロ仕様の長靴に履き替えた。
＊31　著書の発売にあわせた米紙ニューヨーク・ワールド・テレグラムの記事で、ハスキンズはこう語っている。「アリは魅力的な生きものです。戦争に行けば殺し合い、毒を噴射し、敵の首を切り落とします。弱い種を虐げ、奴隷にさえします。ですが、優しくもあります。アリたちはペットの甲虫といつも一緒です」「人間と同じで、アリも集団でいるときがいちばん適応的です。それに、最大の敵が同種の他集団であることも共通しています。そして人間同様、アリもどこまでも旅をします」
＊32　ウィンゲは魚だけにとどまず、さまざまな生物の研究をおこなったが、酵母遺伝学の父としてもっともよく知られている。したがって、第9章、第10章、第11章に登場する実験研究者にとっては、学術界における祖先だといえる。
＊33　現カーネギー研究所。アンドリュー・カーネギーが1902年に設立した、権威ある民間の科学研究支援団体。
＊34　この点でも他の多くの点でも、レズニックとわたしはそっくりだ。わたしも幼少の頃からトカゲを追いかけ回していたし、本書の執筆中に知ったのだが、同じサマーキャンプに参加して、そこで影響を受けていた。「プレーリー・トレック」というこのプログラムは、ティーンエージャーたちを集めてアメリカ南西部でキャンプをさせるというものだった。また2人ともセントルイス・ワシントン大学にゆかりがあり、レズニックは学部生として、わたしはそのずっと後に教授として在籍した。もっとも驚くべきは、どちらもタブロイド紙『ナショナル・エンクワイアラー』で研究を馬鹿にされた経験があることだ。レズニックの記事のタイトルは「アメリカ政府、グッピーの死亡年齢の研究に9万7000ドルを浪費」、わたしの場合は「仰天！　トカゲのお気に入りの島を調べて税金6万ドル

を浪費」だった。

*35 オスティーンは１９８４年のロサンゼルス・オリンピックで、女子ボート競技・舵つきエイトのアメリカ代表チームの一員として金メダルを獲得した。

第6章 島に取り残されたトカゲ

バハマを訪れたら[1]、どこへ行っても必ず目にするものがひとつある。それはビーチでも、カジノでも、ヤシの木でもない。いや、ヤシの木については、確かにバハマに行って見ずに帰るのは難しそうだ。だが、それ以上に、樹上にも歩道にも建物にも、藪の中にも地面にも、いたるところで見つかるのが、小さな茶色のトカゲだ。このアノール属のトカゲこそが、わたしの研究対象だ。

「ブラウンアノール」という平凡な名前は、このすばらしい生きものに対して不当な扱いだと思う。確かに一見したところ、全長20センチメートルのこのトカゲは単調な褐色で、個体によっては白と黒のひし形やV字型の優雅な模様が背中に入る程度にすぎない。けれども、ひとたびオスが頭をもたげ、前肢をまっすぐ伸ばせば、首の下面から赤みを帯びたオレンジ色の鮮やかなデュラップが現れる。この派手なネクタイは、オスの気取った態度にぴったり合っている。走り回り、ポーズをとり、争い、餌を食べ、ナンパにいそしむ。ブラウンアノールの暮らしに、退屈の2文字は存在しない。

バハマでアノールのいない場所を見つけるのは至難の業だが、トム・シェーナーはそれをなしとげた。い

●ブラウンアノールの雌雄

まや世界屈指の生態学者のひとりであるシェーナーの最初の研究は、カリブ海のアノールに関するもので、ひとつの場所になぜこれほどたくさんの種が共存できるのかがテーマだった。1970年代半ば、シェーナーは同じく生物学者の妻エイミーとともに、ふた夏バハマを旅してまわり、大小さまざまな島じまで調査をおこなった。バハマはふつう、700の島じまからなる諸島とされるが、この数字は大幅な過小評価で、定義のトリックの結果だ。最小クラスの島じまは、ごつごつした石灰岩の上に藪が茂り、時に低木も育つ程度で、公式名称の上では「岩」とされるのだ。こうした岩はバハマ全土に数千か所も存在し、シェーナー夫妻はその多くを訪れた。彼らの調査で、岩のサイズが小さくなるほど植生が減少し、もっとも小さな数平方メートルの岩にはごく貧弱な植生しかないとわかった。そして、こうした岩には、バハマのどことも違って、トカゲがいなかった。

シェーナー夫妻は、ひとつの実験をすることにした。アノールが小さな島で生きていけないのはわかった。だが、なぜ？　現在に至るまで、個体群がいかにして絶滅するかはよくわかっていない。シェーナー夫妻は、これらの島じまに、絶滅のプロセスを検証するチャンスを見いだした。小島に少数のアノールを導入して、個体群が衰退し、ついには消滅するまでを観察するのだ。

だが、ことはそう単純ではなかった。シェーナー夫妻は、5年にわたって島じまでの経過を観察した。もっとも小さい、大型浴槽ほどの島じまに導入した集団は、早々に消滅した。もう少し大きな島では多少長続きして、場所によっては4年持ちこたえたが、結局は死に絶えた。ところが、ピッチャーマウンドより広い茂みのあるすべての島では、アノールの集団は生存したばかりか、おおいに繁栄したのだ。予想外の結果だった。これらの島がアノールにとって好適環境なら、なぜ自然分布していないのか？　シェーナー夫妻は、周期的な災害級のできごとが原因だろうと考えた。そして、カリブ海で災害といえば、候補の筆頭にあがるのは、ハリケーンをおいてほかにない。


シェーナー夫妻の論文が発表されたのは1983年だが、わたしが読んだのはその数年後、アノール属の反復適応放散についての博士研究を終えた頃だった。不穏なハリケーンの影にまで思い至らなかったため、わたしにはこの論文は、繁栄と絶滅をめぐる物語ではなく、意図せずおこなわれた適応進化の実験と映った。

わたしの博士研究は、複数種のアノールが異なる生息場所の利用に適応していると実証したものだった。

適応の要素のひとつが四肢の長さだ。広い平面を利用する種は長い肢を、狭い平面を利用する種は短い肢をもつ。シェーナーがトカゲを導入した島じまの植生はそれぞれ異なっていたので、彼らの研究は、数百万年に及ぶ適応進化によって生みだされたパターンの実証実験とみなせる。短期的進化と長期的進化のパターンが同じだと仮定すると、貧相な細い植物しかない島のアノールの集団は短い肢に進化し、より太い植物が繁茂する、もともと棲んでいた広い島に近い環境に導入されたアノールは、長い肢を維持するはずだ。

ジョン・エンドラーのグッピー研究のトークを何年も前に聞いて以来、わたしはずっと進化実験をやりたいと思っていた。これはチャンスだ。やるべきなのはただひとつ、トム・シェーナーにこれがいいアイディアだと認めてもらうことだ。

数か月後の学会でチャンスがやってきた。シェーナーには事前に連絡して、コーヒーブレイクの時間に会う約束をとりつけた。緊張のなか、わたしは研究計画を提案した。植生の特徴が異なるいくつもの島にトカゲを導入することで、シェーナーは事実上、トカゲの適応に対する環境要因の影響を検証する進化実験をスタートしたのだと、わたしは説明した。シェーナーはこの提案に、わたしが無謀にも思い描いていたとおりの反応を示してくれた。カリフォルニア大学デイヴィス校の彼の研究室に加わって、アノールが予測どおりに進化するかを調べるよう促してくれたのだ。こうして2年後の1991年の春、わたしはバハマ諸島の中心にある小島、スタニエル・ケイに足を踏み入れた。

バハマでフィールドワークをしていると人に話すと、誰の口元にも、隠しきれない意味ありげな笑みが浮かぶ。彼らが何を想像しているかはわかっている。ビーチ、ヤシの木、ハンモック。グラスの縁に小さな傘が添えられた、マイタイのカクテル。

スタニエル・ケイは、これとは程遠い場所だ。だいたい、ドリンクに選ぶべきは傘のないバハマ・ママ［訳注：ラム、ココナツリキュール、オレンジジュース、パイナップルジュースを使ったカクテル］だ。それに、もっと重要な違いとして、ビーチは見渡すかぎりほとんど何もなく、植生の大部分はやせた乾燥林で、ヤシの木はわずかに点在するだけだ。豪華なリゾートやラグジュアリーな隠れ家的ヴィラもなく、かわりにあるのはスタニエル・ケイ・ヨットクラブという、優雅なのは名前だけの宿泊施設。ここの名物はチーズマカロニのディナーと、飛び回る巨大なゴキブリくらいで、常連客は銀行家、ヨット愛好家、下っ端の麻薬の運び屋といった雑多な連中だ。

わたしの任務は、10年以上前にシェーナーが集団を創始した14の島で、トカゲをできるだけたくさん捕獲することだった。目的は、最初はすべて同一の個体群から連れてこられた、それぞれの集団が、島じまの植生の特徴に適応し、肢の長さに関して分岐進化しているかどうかを明らかにすることだ。

ブラウンアノールを捕まえるのはフィールドワークの楽しい部分で、これにはいろいろな方法がある。いちばん簡単なやり方は、夜に出かけていって、眠っているトカゲを手づかみするというものだ。アノールは葉の上や枝先に止まって無防備に眠る。こんな場所で穏やかに寝ていられるのは、夜行性の捕食者が近づいてきたときは、振動で目覚め、一目散に逃げられるからだ。この方法は、ヘビ、ネズミ、ムカデなど、枝の上を移動してトカゲに近づく天敵に対抗するべく進化したもので、懐中電灯を持った二足歩行の捕食者には、とてつもなく不適切だ。光を当てると、トカゲは背景の緑から際立って見える。高い木の上に止まっている場合もあるが、たいていは手の届く範囲だ。唯一難しいのは、光で目を覚ます前にトカゲを捕まえることだ。わたしは、両方の手のひらでそっとはさむという方法を編みだした。

もうひとつのトカゲ捕獲法はもっとスポーティーで、活動中のトカゲを投げ縄で捕える。準備として、まずは紐(ひも)状の素材で小さな輪をつくる。わたしがよく使ったのはワックスつきのデンタルフロスで、色は白にかぎる。ミントグリーンだと草に紛れて見えなくなってしまうのだ。この投げ縄を長さ3メートルの釣竿(さお)に取りつけたら、トカゲ釣りに出発だ。トカゲを見つけたら(木の幹に下向きに止まり、見張りのポーズで頭を木の表面から少し離している個体がベスト)、ゆっくりと、3・5メートルほどの距離まで近づく。ここまで近づけないトカゲも多いが、ブラウンアノールならたいていは大丈夫だ。そうしたら、さらに慎重に、釣竿の先の投げ縄を動かして、トカゲの頭を輪に通す。こうなるまで逃げないのは、トカゲにとって、白くて細い紐は見慣れないが、危険そうには見えないためだ。なかには紐を捕まえて食べようとする個体もいる。

万事うまくいったら、輪を首にかけて、すばやく釣竿を引く。トカゲは釣竿からぶら下がり、その重みで輪が締まる。トカゲの首は頑丈で、体重は軽いため、不意を突かれて傷つくのはトカゲのプライドだけで、けがを負いはしない。とはいえ、明らかに不機嫌になったトカゲは、大口をあけて威嚇し、輪を外そうとするわたしに隙あらば咬みついてくる。トカゲにはちゃんと歯があり、種によってはかなり鋭い。だが、ブラウンアノールの大きさなら、皮膚が裂けることはめったにない。

トカゲ捕りがこれくらい単純なら、どんなに楽だったか！　歯がゆいことに、この説明では、捕獲の手順が実際よりもずっと簡単に思えてしまう。島での作業は一筋縄ではいかない。地盤が多孔質の石灰岩であるため、島の地面は浸食が激しく、いたるところに穴やぎざぎざの縁、崩れやすい足場がある。植物は伸び放題で、厚く繁茂する場所もあれば、刺激性の強いウルシ科のポイズンウッドが優占する場所もある。

そのうえ、トカゲ自体も時に手強い。なかには身動きひとつせずに首に縄をかけさせてくれる個体もいるが、たいていは多少なりとも警戒を示し、縄が近づくと頭を少し傾けて避けたり、幹の裏側に回り込んだりする。それに、植物が邪魔をして縄をかけられなかったり、タイミング悪く突風が吹いて台無しになったりもする。こういった理由から、トカゲ捕りはフライフィッシングに似ていると、わたしは思う。どちらも、簡素な道具をもった人間と、極小の脳しかもたない動物のあいだの、原始の戦いだ。こんなふうにフライフィッシング愛好家に説明すると、たいてい訝(いぶか)しげに不信の眼差しを向けられる。どうやら、フライフィッシングという至福の体験に匹敵するものなど、この世に何ひとつ存在しないようだ。けれども、わたしに言わせれば、トカゲ捕りという挑戦はどこをとっても、人間と自然の戦いそのものだ。豆粒ほどのトカゲの脳は、何度となくわたしをだし抜いてきた。

アノールを捕まえる方法にはもうひとつ、歩いて近づき、手づかみするというのもある。わたしはこれができた試しがない。十分に近づくまでに、トカゲはわ

たしの意図を察知して、さっさと逃げてしまうのだ。ところが、同僚のひとりで、プエルトリコでアノールに囲まれて生まれ育ったマヌエル・レアルは、すぐそばまでにじり寄り、電光石火の早業で、木に止まったトカゲを手中に収める。彼がトカゲにどんな魔法をかけているのか、いまだにさっぱりわからない。

この研究に関して、トカゲの捕獲作業は困難のごく一部でしかない。そもそも、実験場であるちっぽけな島じまにたどり着くことが、それ以上に大変だった。スタニエル・ケイから島まではそう遠くなく、すべて数キロの範囲に収まる。だが、セントルイス育ちのわたしは船に疎く、いかついボートのエンジン修理など見当もつかなかった。毎日、ヨットクラブで借りたボストンホエラーで海に出るたび、帰ってこられるだろうか、それともスタッフがわたしの遭難に気づいて捜索に人を寄越してくれるまで、ただ待つはめになるのだろうかと気がかりだった。だがそのうち、救援を待つあいだに読む本を選ぶのが楽しみになった。

いちばん恐ろしかったのは、ある島のすぐそばでボートのエンジンが停止したときだった。その島は実験場の「岩」よりもずっと大きく、1軒の家と、倉庫のような建物、それに飛行機の滑走路があった。島の所有者は裏稼業にかかわっているとの噂(うわさ)で、当時バハマでは南米とアメリカの中継地として、麻薬取引が横行していた。その島には近づくな、よからぬ噂のある住民とは絶対にかかわるなと警告されていた。それなのに、まさにその島の沖合を、エンストした船で漂流してしまったのだ。内心では震え上がりながら(これほど恐ろしかったことは後にも先にもない)、わたしは泳いで海岸にたどり着き、その家のドアをノックした。現れたフレンドリーな男性に、窮地にあることを話した。彼がヨットクラブに無線で連絡してくれたおかげで、わたしは15分後には何事もなく作業に戻れた。麻薬の運び屋がこんなに親切だとは知らなかった!

それとも、彼は実験の価値を理解してくれたのだろうか？

トカゲを捕まえたら、小さな袋に入れたあと、オーバーヒートしないようにクーラーボックスにしまった。1日の仕事を終えて戻る部屋は虫だらけだった（朝食にシリアルのレーズンブランをボウルに注いだら、ゴキブリが何匹も飛び出してきたのは最悪の思い出だ）。わたしは部屋で、動物用麻酔薬を使ってトカゲを眠らせ、目覚める前に手早く肢の長さを測定した。翌日、無傷で前日の捕獲場所に戻されたトカゲたちは、友だちにとっておきの土産話をしたかもしれない。

作業には思っていた以上に時間がかかった。季節は春で、乾燥して風が強く、トカゲ捕りには最悪のコンディションだった。少雨で昆虫の活動が低下したため、トカゲは餌不足に陥り、日照と強風の組合せにより脱水症状にあえいだ。彼らは賢明にも、隠れてじっとうずくまり、天候が好転するのを待った。真昼が最悪の時間帯で、トカゲの活動は完全に停止した。わたしはもってきた本を読み尽くした。それでも、4週間の旅が終わるまでに、161匹のトカゲを捕獲し計測できた。

まだノートパソコンがなかった時代だ。測定結果は、ひとつひとつ紙に書き留めた。データから何がわかるか知りたくなって、わたしは昔ながらのグラフ用紙に手書きでデータ点を書き込んでみた。だが、グラフから明確なパターンは読み取れなかった。それまでトカゲに直に接してきた感覚からも、同じ印象をもっていた。島じまのあいだで明確な違いはないように思えたのだ。驚くほどでもない、なにしろ新しい集団なのだ。これほどの短期間に進化すると考えたのは、期待しすぎだったのだろう。

デイヴィスの研究室に戻ったわたしは、ほかの研究プロジェクトに忙殺された。データのことを忘れたわけではなかったが、最優先ではなくなっていた。もう何もないとわかっているのだから、急いでデータをコンピュータに入力して、それを裏づける必要もない。やることリストのほかの項目をすべて消し終わってから、ようやくわたしは、コンピュータの統計プログラムにデータを入力した。ついに正式に分析する気になったのだ。

最初、わたしは画面上の結果を読み間違い、やはり島じまでは特筆すべきことは何も起こらなかった、と解釈した。だが、もう一度見直して、そこで気づいた。島の集団は確かに進化していて、しかもその方向は仮説からの予測どおりだったのだ。トカゲが細い枝の上に暮らす島では、トカゲの肢が短い傾向にあった。一方、トカゲが太い枝を利用できる島では、肢が概して長かった。わたしたちは、急速な適応進化を、自然のなかで実験的に示したのだ（言うまでもないが、以後わたしはグラフ用紙に予備データを書き込んで傾向を見るのは一切やめた。言い訳させてもらうと、集団間の肢の長さの違いは、統計的に有意ではあったものの、値としては小さく、手書きのグラフでははっきりしなかったのだ）。

すべての分析を終え、論文を書き上げるにはしばらく時間がかかった。論文が『ネイチャー』誌に掲載される前に、トム・シェーナーとわたしは、再びフィールドワークのためバハマに戻った（同僚のデヴィッド・スピラーも一緒だった）。今回は、バハマ北部のアバコ島で新たな実験をおこなう予定だった。宿泊施設は明らかにグレードアップし、部屋も食事も前回以上で、ゴキブリも少なかった。それでも、やはり部屋には電話もインターネットもなかった。

そのあと何が起こるかなどつゆ知らず、出発前にわたしは研究室の留守電メッセージを変更し、連絡をとりたい場合は宿泊予定のバハマの小さなモーテルのフロントに伝言を残してほしいと吹き込んでいた。さて、わたしの知らないうちに、『ネイチャー』の広報担当者がだしたプレスリリースには、「これは、ダーウィンがビーグル号の航海でガラパゴス諸島のフィンチの多様性を発見して以来、もっとも重要な進化生物学研究のひとつといえよう」との一文があった。今にして思えば、確かにいい論文ではあったが、これは明らかに褒めすぎだ。

バハマ遠征の途中のある日、島での長いフィールドワークを終えて部屋に戻ると、ホテルのオーナー兼支配人からわたしに伝言が残されていた。そこで彼のオフィスを訪ねると、『ニューヨーク・タイムズ』の記者から電話があったと言う。翌日は『ボストン・グローブ』と『USAトゥデイ』から。その次の日には、ABCニュースが、バハマに取材チームを送って現地レポートをしたいと言ってきた。

オーナーは仰天した。彼は長年ホテルを経営してきて、ひと通りのことは経験したつもりだった。トカゲを追いかけ回すためだけに、はるばるバハマまでやって来た人間だけでも十分妙だ。彼はわたしを、害はなさそうだが頭のねじの飛んだやつと思っていたに違いない。そこへ突然、世界のメディアが大挙して押し寄せ、この男と話がしたいと彼に迫り、ここで唯一の電話を占領したのだ。単なる偶然かもしれないが、それからしばらくして、オーナーはモーテルを売却した。

記事がちょうど公開されたタイミングで、わたしたちはバハマから帰国した（『ネイチャー』は論文掲載の1週間前にプレスリリースを公開するが、論文が正式に刊行されるまで結果を公表しないよう厳しく規制している）。わたしは束の間の名声を手にした。正直に言って、『ニューヨーク・タイムズ』や『ボストン・

グローブ』の一面に自分の名前が載り、『USAトゥデイ』やその他多くの新聞・雑誌にも取り上げられたのには興奮した。ABCニュースはレポートを放送したが、現地取材は実現しなかった。友人や同僚からはたくさんのお祝いメッセージをもらった。報道の趣旨は、わたしたちが驚くべき急速な進化の実例を、野生下の実験によって示したというものだった。エンドラーやレズニックの研究という前例があったとはいえ、これはやはりビッグニュースだった。

グッピーの研究と同様、わたしたちの研究も、野生下の多様性の観測結果をもとに進化の予測可能性を検証したものだ。数百万年の時を経た適応の結果、異なる種のアノールは、利用する足場の直径によって肢の長さが異なる。これと同じ結果が、植生の異なる島じまに同一個体群に由来するトカゲを導入したら、わずか数年で進化するだろうか？　答えはイエスだ。10年の進化の結果、14の実験個体群の肢の長さには、利用する枝の幅に応じた差異がみられるようになった。グッピー研究と同じように、わたしたちはアノールがどう進化するかを予測できた。野生個体群が経験する環境を再現すると、実験集団も同じ傾向の適応を繰り返したのだ。

だが、グッピーと同じで、別の可能性も考慮しなくてはならない。個体群間の肢の長さの差異は、遺伝子変異をともなう進化の結果ではないという代替仮説だ。この研究について学会で話すたび、決まって聴衆（たいていは小うるさい植物学者）から、表現型可塑性についての質問があがった。個体群間の違いは、本当に遺伝子変異によるものなのか？　細い植生しかない島で生まれたトカゲは、単に短い肢に「育った」だけではないのか？

トカゲの肢の長さが、個体が利用する枝の直径の影響下にあるという説は、ありそうもないとわたしは思った。幼体の頃に細い枝を利用した経験が、肢の成長をどうやって抑制するというのか？　とはいえ、同じ質問を繰り返し受けていたので、検証しないわけにはいかなかった。

わたしは文献を漁り、トカゲの肢の成長に枝の直径が与える影響について、何がわかっているかを整理した。調べものはすぐに終わった。というのも、誰もこのテーマを調べていなかったのだ。だが、脊椎動物の肢の成長に運動が与える影響にまで範囲を広げると、それなりに参考文献が見つかった。これらの研究は総じて、さまざまな運動が動物の肢の成長にどう影響するかを検証していた。そのなかには、わたしがこれまで読んだなかでも指折りの奇抜な実験もあった。

たとえば、ある研究では、若いマウスの実験群に回し車を1日10時間回させ、対照群はひたすらケージの中で怠けさせた。別の研究では、若いラットが1日4時間バスタブに放り込まれて強制的に泳がされ、こちらも何もしない対照群が設けられた。さらに3つめの研究では、若いニワトリをランニングマシンに乗せ、長時間にわたって走らせた。

これらの実験の結果はおおむね一貫していた。長時間運動させた動物は、肢の骨が太くなった。これと同じことがヒトでもよく知られていて、ウェイトリフティング選手の腕の骨は、ふつうの人よりも太い。これは、骨がじつはきわめて変動の大きな物質で、常にカルシウムの獲得と喪失を繰り返しているからだ。運動などにより骨にストレスがかかると、骨はカルシウムを吸収してみずからを強化する。つまり、骨の太さは可塑的形質であり、動物の行動に影響されるのだ。

けれども、わたしたちが研究で注目したのは骨の太さではなく、長さだ。そして、ほとんどの先行研究で、運動により肢の長さに変化は生じなかった。ただし、ひとつ有名な例外があった。男性プロテニス選手を対象とした、1950年代の古い研究だ。プロテニス選手は、子どもの頃からボールを打ちつづけ、成長期を通じて一貫して強いストレスを、サーブする利き腕に与える。そしてこの研究の長所は、利き腕と反対の腕を比較するため、参加者ひとりひとりが実験群と対照群を兼ねていることだ。

そして実際、利き腕は反対の腕よりも長かった。テニスボールを長年打ちつづけると、腕が長くなるのだ。[*36] 測定はX線写真を使っておこなわれたので、長さの違いは間違いなく骨が理由であり、靭帯や筋肉によるものではない。

どうやら、成長期の四肢の使い方によって、その長さに違いが生じることは実際にあるようだ。表現型可塑性仮説は、まったくの的外れではなかったのだ。しかし、フォアハンドでスマッシュを打つプロテニス選手と、枝にぶら下がるトカゲはだいぶ違う。やはり可塑性について検証が必要だ。

いちばん単純な検証方法は、実験場所の島じまでトカゲの幼体（あるいは卵をもった母親）を捕まえて、共通の実験室環境で飼育し、島ごとの差異が残るかどうかを確かめるというものだ。だが、研究はまだ進行中で、実験集団は小さかった。島からトカゲを大量に持ち去ってしまえば、将来の結果に影響すると懸念された。そのため、コモンガーデン実験は候補から外れた。

わたしたちは、プランBの「逆コモンガーデン実験」をおこなった。別べつの個体群からトカゲを連れてきてひとつの場所で育てるかわりに、ひとつの集団のトカゲを2つの異なる条件下で育てたのだ。一方のグループは、幅広で平たい木材（2×4材）を1本入れた水槽で飼育した。もう一方には、幅2・5センチメートルの細い棒だけを与えた。この実験では、成長段階で異なる足場を利用させて、トカゲの肢の長さが変化するかどうかを検証した。つまり、表現型可塑性によって、わたしたちがフィールドで観測したような個体群間の違いが生まれるかどうかが問題だった。

この実験は、単にうっとうしい植物学者を黙らせるためのものだった。植物が環境によって違うかたちに育つからといって、トカゲの肢もそうなるわけではないと示すつもりだった。だからこそ、データを見て自分が間違っていたとわかり、本当に驚いた。まったく植物学者め！　太い木材の上で育ったトカゲは、細い棒の上で育ったトカゲよりも、体全体の大きさで補正してもなお、肢が長かったのだ。

とはいえ、この実験により、島の実験集団のあいだにみられた差異は、可塑性で説明しきれないくらい大きいとわかった。細い棒と太い木材という、ラボでの成長比較実験でトカゲがおかれた環境の違いは、島じまの植物の直径の差よりもずっと大きかった。にもかかわらず、島の個体群間の肢の長さの差は、実験室でみられた差の3倍に及んだ。つまり、極端に異なる環境におかれても、島の個体群間の差異のうち表現型可塑性で説明できるのは、ごく一部にすぎないということだ。結果として、島の実験集団のあいだで観測された肢の長さの違いの大部分は、遺伝的変異をともなう進化によるものである可能性が高いと、わたしたちは結論づけた。

当然ながら、この研究は、肢の長さの違いの遺伝的基盤を探る方法としては間接的なものにすぎない。実験当時、ゲノムを直接解読し、肢の長さを定める遺伝子を特定するのは不可能だった。20年が経った今も、まだそこまでは到達できていない。だが、これから数年以内には関連遺伝子の特定が進む可能性が高い。そうなれば、どの遺伝子変異が個体群間の肢の長さの違いを生みだすのかが明らかになるだろう。

想像してほしい。あなたはバハマの小さな孤島に棲む、1匹のアノールだ。日中のほとんどを地上で、昆虫を捕まえたり、仲間とつるんだりして過ごしている。そんなある日、何の前触れもなく、でかくて柄の悪いトカゲが島に現れる。不器用でまともに木登りもできないやつらだが、大きな口であなたを丸呑みにしようと狙っている。さて、あなたならどうする?

まともな頭があれば、答えは明らかだ。灌木に登って、地面からも、乱暴者からも離れるのが得策だ。しかし別の問題がある。あなたの肢は長すぎて、細い枝の上では思うように動き回れない。これは進化するしかなさそうだ。

わたしたちの次の実験をごく単純に説明すれば、こういうことだ。最初の研究の成功のあと、シェーナーとスピラーとわたしは、別の実験に乗りだした。今度は意図的に進化的変化を促すのだ。今回も、検証する仮説は、野生下での観測結果にもとづく。20年にわたってバハマ全土を旅してきたシェーナーは、ブラウンアノールが、大型で地上性傾向の強い別種のトカゲが棲む島では、植物のより高い位置に止まることを以前に示していた。わたしたちは2段階の予測を立てた。第一に、捕食者がいる環境では、ブラウンアノールは地面から離れて灌木に登るだろう。第二に、アノールはその後、新たな生活場所の利用に適応し、細い足場の上の移動に適した、短い肢を進化させるだろう。

研究全体の枠組みは前回同様で、石灰岩でできた小島に棲むブラウンアノールの集団を対象とした。ただし今回は、元からアノールが生息している大きめの島を実験場所に選び、そこに地上性の捕食者を導入した。

実験の悪役であるゼンマイトカゲは、ずんぐりした体型で、全長はブラウンアノールの2倍、体重は10倍にまで成長する。ゼンマイ〔訳注：英名ではcurly-tail（巻き尾）〕の名は、脅威を感じると尾を上向きに巻き上げて走って逃げる行動からきている。その理由はわかっていないが、おそらく捕食者にメッセージ（「バレてるから、追いかけても無駄だよ」）を送るためか、あるいは再生可能な尾に攻撃の標的をそらすためだろう。ともあれ、このトカゲが文字通り尻尾を巻いて、不恰好に逃げていく姿はじつにコミカルだ。

わたしと違って、アノールたちはおどけたゼンマイトカゲを面白がったりはしない。ゼンマイトカゲは大きな口で何でも食べ、他種のトカゲも例外ではないからだ。

理論上は申し分ない実験だったが、結果を確信していたわけではなかった。ゼンマイトカゲがアノールを捕食するという報告はあったものの、捕食がどれだけ生態学的に重要な要因かは知る由

●ゼンマイトカゲ

もなかった。ごくまれにしか起こらず、全体には影響しないのか、それともアノールに多大な影響を及ぼすのか？　この疑問を解決してくれるデータは存在せず、実験で確かめるしかなかった。

ゼンマイトカゲはアバコ島周辺の大きめの「岩」に生息し、時折周囲の小さな岩に侵入する。そのため、わたしたちがおこなった移入は、自然界で起こっているプロセスの模倣といえる。まずは12の島を選びだし、それらをサイズと植生被覆に応じて6つのペアに分けた。そして、コイントスで決めたペアの一方に5匹のゼンマイトカゲを導入し、もう一方は対象群とした。

ゼンマイトカゲ捕獲作戦は1997年4月に実施された。ゼンマイトカゲの捕獲は、アノールの捕獲以上に楽しい。アノールより警戒心が強く、容易に近づけないため、6メートルの長い釣竿を使うからだ。そして釣竿が長いと、トカゲの頭に輪をかけるのに、より精緻な運動のコントロールが必要になる。風のある日はとくに大変だ。最終的には、アノールのときと同じで、ゼンマイトカゲも首にかかったデンタルフロスの投げ縄で釣竿からぶら下がる。ただし、ゼンマイトカゲを縄から外すときは、さらに細心の注意が必要だ。大きな口で咬まれると、アノールと違って本当に痛い。

3か月後、どれだけ期待していいかわからないまま、わたしたちは最初の経過観察に訪れた。ゼンマイトカゲは新天地で生き延びてくれただろうか？　その存在は、アノールに何らかの違いをもたらしただろうか？　もちろん予測はあったが、決して自信満々ではなかった。

驚いたことに、結果はこの時点ですでに明白だった。ゼンマイトカゲを放った島のアノールの個体群サイズは対照群の半分で、この差は実験期間中ずっと変わらなかった。比較対象の島では、依然として地上や地面付近でアノールが観察されたが、ゼンマイトカゲを導入した島では地面から離れた天敵のいない樹上へと生活場所がシフトしていた。実験開始から2年後、ゼンマイトカゲのいる島のアノールは、いない島の対照群よりも、平均で7倍高い位置で休むと確認された。

予想以上の劇的な結果だった。アノールは灌木に登り、細い枝を利用していた。細い足場の上を不器用に動き回る姿を見るだけでも、アノールが十分に適応していないのは明らかだった。わたしたちは、自然淘汰の魔法により、数年後には肢が短く進化し、樹上という新たな生活場所により適応するだろうと予測した。

残念ながら、それは検証できなかった。１９９９年9月、カテゴリー4の巨大ハリケーン「フロイド」がアバコ島を直撃した。海抜数メートルしかない実験場所の島じまは、数時間にわたって高潮の下に沈んだ。トカゲはすべて流され、実験はこれにて終了となった。

じつは、ハリケーンによって実験終了を余儀なくされるのは、この3年で2度目だった。そもそも、アバコ島に実験場所を移したのは、１９９６年10月にハリケーン「リリ」がバハマのジョージタウンにあったわたしたちの実験拠点の真上を通過し、当時実験場所だった島じまのトカゲを一掃したからなのだ。これらのできごとから、ハリケーンの影響について多くを学ぶことができ、小さな島にトカゲがいない理由に関するシェーナーの洞察も実証された。図らずもハリケーンの専門家になったわけだが、かわりにわたしたちは、長期研究をいくつも未完のまま終えるという高い代償を支払った。割りに合わない取引だ。

だが光明もあった。ゼンマイトカゲがアノールに大きな影響を与えるとわかり、この知見を生かして次の実験計画を練り直せたのだ。それに、もうひとつ幸運が重なった。「フロイド」が襲来した時期は以前のハリケーンよりも早く、トカゲの繁殖期が終わる前だった。そのため、トカゲはすべて高潮で流されてしまったが、地中の卵は無事だったのだ。1か月後、驚いたことに、島はトカゲの赤ちゃんでいっぱいになっていた。卵は高潮で6時間も海水に浸かっていたにもかかわらず、生き延びて孵化したのだ。

植生とトカゲの個体群が回復するまでにはその後数年を要したが、2003年には実験を再開できた。ゼンマイトカゲ導入の続編だ。計画に大きな変更はなく、一部の島にだけゼンマイトカゲを放すというものだったが、今回は一部に改良を加えた。わたしたちは、個体群を継続的に調査して進化するかどうかを調べるのに加え、自然淘汰そのものを測定することも目標に掲げた。

具体的には、ゼンマイトカゲの存在が自然淘汰のパターンを変化させるだろうと、わたしたちは予測した。この予測は2段階からなる。最初のうちは、肢の長いアノールのほうが、走るのが速く地上でゼンマイトカゲから逃れられるため、生存率が高いだろう。だが、時が経つにつれ、アノールは前回の実験でそうだったように、地上から樹上へと生活場所を移すだろう。そして地面からも地上性のゼンマイトカゲ（大きすぎてきわめて太い木にしか登れない）からも離れてしまえば、肢が長いことはもはや有利にならない。むしろ、スタニエル・ケイでの実験のとおり、自然淘汰によって選択されるのは、肢が短く、細い足場を器用に動き回れるトカゲだろうと予測した。

自然淘汰は、次世代まで生き延びられる子をもっともたくさん残した個体を優遇する。繁殖成功を最大化する方法はたくさんある。たとえば、老齢まで生き延びる、交尾回数を増やす（これについてはとくに「性淘汰」とよばれる）、一度の繁殖機会に生む子の数を増やすなどだ。今回の実験では、トカゲがどれだけ環境によく適応しているかが焦点なので、生存率を適応度の指標とした。

生存率と肢の長さに関連があるかどうかを検証するため、実験開始の際にアノールを捕獲して測定し、後でどれだけ生き延びたかがわかるように個体識別用の印をつけた。肢の短いトカゲは長生きするだろうか？　それを調べるため、ゼンマイトカゲの導入前に、わたしたちはすべての島を訪れ、できるだけ多くのアノールを捕獲した。

鳥類学者が鳥の個体識別をする際には、小さな色つきのプラスチックの足環を装着する。個体ごとに両脚の色の組合せを変え、双眼鏡で遠くから見ても区別できるようにするのだ（右足は上からオレンジ・黒・黒、左足は黄色・オレンジ・黄色……あれはフレッドだ！）。しかし、アノールは足環をつけたり、ペットのイヌやネコのようにマイクロチップを挿入するには小さすぎる。皮膚に模様をつけても、脱皮をすれば消えてしまうし、夏場はとくに頻繁に脱皮する。そのため両生爬虫類学者は、サケの個体識別のために考案された、無害な色つきのゴム繊維を皮下注射するという方法を利用する。アノールの肢の下面の皮膚は半透明なので、蛍光グリーン、黄色、ピンク、オレンジなどのネオンカラーのゴム繊維は、再捕獲した際にはっきり確認できる。こうして、使う色と肢のどの部分に注入するかを変え、アノールに個別のカラーコードを割り振っていった。

前回の実験から、島で捕まえたトカゲはその場ですぐに測定とマークを済ませたほうが、宿に連れ帰って翌日放すよりも効率的だとわかった。そのためには、移動式ワークステーションが必要だ。島の大部分はごつごつした石灰岩でできているため、地面に座って作業をするのは難しい。そこで、借りている部屋から屋外用のプラスチック椅子を持ちだし、モーターボートに積んで島に向かった。

ある意味で、そこは理想の実験室だった。島はごく狭いので、海から数メートルと離れることはない。エイやウミガメがしょっちゅう現れ、時にはイルカの群れが近くを泳いでいく。

その反面、日陰になる木もない島では、バハマの灼熱の日差しがまともに降り注ぐ。風のない日の真昼間は息苦しいほどの暑さで、おまけに頭のてっぺんからつま先まで、衣服で完全防備していたのでなおさらだった。小型のUFOかというくらいの巨大な日よけ帽が、多少の日陰をつくってくれたのがせめてもの救いだが、おかげでボートに乗った大勢の観光客に笑いものにされた。風の強い日は一長一短だ。涼しいのはいいのだが、機材や帽子が飛ばされかねない。

わたしの日課は、トカゲを捕まえ、椅子まで歩いて戻り、座って、測定し、ノートに記録するかたわら暴れるトカゲを落とさないようしっかり持っておくことだった。そのあと、4本の注射器を入れたクーラーボックスに手を伸ばす。それぞれ別の色の液体が入っていて、固まらないよう氷の上に置いて冷やしてある。注射針をトカゲの皮膚のすぐ下に刺し、液体を注入すると、すぐにゴム状に固まる。それが済んだら、捕獲した場所にトカゲを帰す。一連の作業は10分で完了する。

1か月近くかかって、わたしたちはようやく12の島じまのほぼすべてのトカゲの捕獲を終えた。全頭に個別標識が施され、戻ってきて再捕獲した際に識別できるようになった。そして、もっとも重要なのは、全長、肢の長さ、指のパッドのうろこ(指下板)の枚数といった、各個体に関するすべての情報が手に入ったことだ。こうして、表現型と生存率の関連を調べる準備が整った。肢の短い個体は、肢の長い個体よりも生存率が高いのか？　実験の最大の焦点は、ゼンマイトカゲの導入が自然淘汰の方向性を変えるかどうかにあった。

アノールの測定を終えたわたしたちは、アバコ島で第2次ゼンマイトカゲ捕獲作戦を敢行し、捕まった幸運なゼンマイトカゲたちは新天地の離島のリゾートへと放たれた。今回も、6島に捕食者を導入し、6島は対照群とした。そして、あとはトカゲに任せ、わたしたちは飛行機で帰国した。

半年後、感謝祭休暇を利用してバハマに戻り、途中経過を観察した。すべての島のトカゲを1匹残らず捕獲し、生き延びた個体とそうでない個体を記録するのが目的だった。しかし、言うは易く行うは難し。最初の8、9割を捕まえるのはそう難しくなかったのだが、最後の数匹が問題だった。毎回2、3匹が捕獲の手をすり抜けつづけ、ひょっこり顔をだしたかと思えば、茂みに駆け込んで、またじっと身を潜めた。

トカゲを捕まえるたび、わたしたちは裏返して肢の下面を確認した。繊維の色はたいていすぐにわかるのだが、念のため紫外線を発する懐中電灯で照らした。この繊維は紫外線下で光る素材でできているのだ。確認がすんだら（この作業は1分ほどで終わる）、トカゲの背中に捕獲済みを示す小さなドットをつけ、捕獲した場所に再び放した。

わたしたちは、自然淘汰が肢の長さに対して作用するという仮説を立て、検証のために選択勾配（こうばい）とよばれる値を計算した。今回の場合、これは要するに、生存個体の肢の長さと、死亡個体の肢の長さの差のことだ。選択勾配が大きな正の値であれば、肢の長いトカゲのほうが、生存確率が高かったことを意味し、大きな負の値であればその逆となる。

ゼンマイトカゲのいない対照群の島では、選択勾配はほぼゼロだった。肢の長さが生存確率に影響を与えていなかったのだ。一方、ゼンマイトカゲを導入した島では話が違った。選択勾配はもれなく大きな正の値を示したのだ。肢の長いアノールは、ゼンマイトカゲのいる島では生存率が高かった。わたしたちが予測したとおり、捕食者の存在が、自然淘汰に影響を与えていたのだ。

11月にアノールを再捕獲したとき、わたしたちは同時に発見場所も記録しておいた。前回の実験でもそうだったように、アノールはゼンマイトカゲを避けて、灌木の茂みを好むようになっていた。対照群の島では3匹に1匹が地上で見つかったが、ゼンマイトカゲのいる島では10匹に1匹だけだった。加えて、後者の島のアノールは、木のより高い位置、より細い枝に止まる傾向がみられた。

こうした生活場所の変化の結果、やがて自然淘汰の向きが逆になるというのが、もうひとつの予測だ。ゼンマイトカゲに狙われない場所では、長い肢はもはや有利にならない。それに、アノールが細い足場の利用にどう適応するかはもうわかっていて、小回りの利く短い肢を進化させる。したがって、捕食者のいる島では、やがて自然淘汰により短い肢のトカゲが選択されるはずだ。

翌年5月、わたしたちは再び調査のため島を訪れた。今回も生存個体をすべて捕獲した。生活場所の違いはさらに顕著になり、ゼンマイトカゲのいる島のアノールは、地上で過ごす時間をさらに減らし、さらに細い枝を利用するようになっていた。わたしたちは選択勾配を、今度は前回11月に生きていた個体だけを対象に、5月まで生き延びた個体と、この半年の間に死亡した個体とを比較するかたちで、あらためて計算した。

今回も、対照群の島の選択勾配はほぼゼロだった。自然淘汰は肢の長さに無頓着だったのだ。これに対し、ゼンマイトカゲのいる島では、前回と異なる結果が出た。自然淘汰の作用が、今度は逆向きに表れた。

今回生存率が高かったのは、肢の短いアノールのほうだった。自然淘汰の作用が完全に逆転していた。こうなると予測していたが、これほど速く起こるとは思ってもみなかった。

これらの結果は、1世代で起こった自然淘汰の記録であり、複数世代を経た進化的変化ではない。実のところ、ゼンマイトカゲのいる島での2度の淘汰のエピソードはたがいを相殺したため、選択勾配を合計するとほぼゼロになる。しかし、わたしたちは、自然淘汰が将来も正と負のあいだで振動しつづけるとは考えていなかった。いったん木の上に逃れたアノールは、もう地面には戻らないだろう。わざわざゼンマイトカゲの目につくことをするはずがない。したがって、その後も自然淘汰は短い肢を選びつづけると予測した。わたしたちは、ブラウンアノールが進化しつづけ、大アンティル諸島の枝先のスペシャリストのような姿になるかどうか、確かめるのを心待ちにしていた。

以前の顛末から、今度の実験もハリケーンの一撃で白紙に戻されたというのだろうとお考えかもしれないが、そうではない。実験を終わらせたのは、ハリケーンの一撃ではなく、二撃だった。2004年9月、ハリケーン「フランシス」と「ジーン」の3週間間隔のワンツーパンチを食らい、その後の進化の行く末を見ないまま、この実験は幕を閉じた。

前回同様、ゼンマイトカゲの集団は一掃されたが、アノールの集団は、数を大幅に減らしつつも、ほとんどが存続した。島の植生は破壊された。わたしたちは4年待たされた末、2008年に実験を再開した。さらにいくつものハリケーンに見舞われ、苦難続きではあったが、これを書いている今現在、実験は継続中だ。幸運が続けば、もうすぐ結果が出るはずだ［訳注：論文は2018年6月に『サイエンス』誌に掲載された］。

また、こちらも前回と同じで、2004年のハリケーンでもひとつ収穫があった。実験場所のうち、大きい島が回復途上のあいだ、わたしたちは小さい島で新たな実験を始めることにした。ハリケーンでアノールが消えたこれらの島じまは、大きめのリビングルームほどの広さだった。[*37] 今回は少しやり方を変えた。わたしたちは、密林に覆われた近くの広い島でアノールを捕獲し、それを貧相な植生しかない7つの島に放した。つまり、この集団の生活場所は、木の幹や太い枝の上から、細い茎や小枝の上へと様変わりしたことになる。わたしたちは、これらの集団では肢が短く進化するだろうと予測した。

そして、まさにその通りになった。4年にわたり、7島すべてで肢の長さの平均値は減少しつづけた。トカゲは予測通りに進化し、その変化の幅は、ラボでおこなった表現型可塑性の実験でみられたものよりもずっと大きかった。この研究はとても順調に進み、詳細に記録された急速な進化的変化の一例の仲間入りを果たした。7島の集団は、2011年のハリケーン「アイリーン」さえ生き延びた。残念ながら、翌年のハリケーン「サンディ」はそうもいかず、5つの集団が消滅した。残った2つの集団の調査は継続中だが、7島が足並みをそろえて進化していた時のほうが、結果は頑健だったのは否めない。

正直言って、いい加減ハリケーンにはうんざりだ。

グッピーとトカゲの研究はおおいに注目を集めたものの、わたしたちの後に続く研究者はわずかだった。当然ながら、このような研究で成果をだすには多大な時間と労力が必要で、それがひとつの障壁になっている。異常気象やそのほかの予想外のできごとに振り回され、長年続いた研究プロジェクトが頓挫(とんざ)する場合もある。それだけではない。わたしたちの研究のように、わずか数年でそれとわかる結果が出ることもあるが、ほかの生物もこんなに速く進化するとはかぎらない。進化の結果が明白になるまでに、数年ではなく、数十年かかるとしたら？

だが、実験によって進化を研究する方法はほかにもある。矛盾するようだが、何年もの研究期間を費やさなくても、数十年にわたる進化の結果を検証できる方法があるのだ。長期進化実験というアイディアは、1970年代、1980年代には目新しいものだったが、長期生態学研究はおなじみだった。[*38]実際、わたしたちがスタニエル・ケイでおこなった最初の研究は、生態学的現象の検証（「トカゲの集団の存続確率と、島の大きさには関連があるか？」）を目的に組まれた実験を乗っ取ったものだ。シェーナーの実験は期せずして、後にわたしが再訪し、島という実験室で進化が起こったかどうかを検証する、絶好の舞台を用意していたのだ。その結果、わたしは10年間の進化の結果を、いちから実験を立ち上げて10年待たずに知ることができた。

後づけで進化実験に転用できる研究はほかにもあった。なかでも、100年以上にわたって続く、ある生態学研究は、進化実験のゴッドファーザーとして君臨するにふさわしいものだ。

＊36　もちろん、逆の因果関係も理屈のうえではありうる。もしかしたら、腕の長さが非対称な人だけがプロテニス選手になるのかもしれない。
＊37　このプロジェクトには、シェーナー、スピラーとわたしに加え、ジェイソン・コルビーとマヌエル・レアルも参加した。
＊38　学術的な意味で「生態学（エコロジー）」とは、生物と環境の相互作用を扱う学問のことだ。この言葉は１９７０年代の環境保護運動のなかで乗っ取られ、「自然環境」とほぼ同義の、より広い意味をもつようになった。

第7章 堆肥から先端科学へ

170年以上前［1］、科学史上もっとも長く続く実験が、ロンドンの北西50キロメートルに位置する農地で始まった。ジョン・ベネット・ローズは、幼少の頃から植物の成長のしくみに魅了されていた。オックスフォード大学在学中、ローズは薬草に興味をもち、家族で経営するロザムステッド農場で栽培しはじめたが、やがて彼の関心は農作物の生産性向上へと移った。これがのちに「人工堆肥（たいひ）」の実験へと発展し［2］、ローズは30歳にして、化学肥料産業の先駆けとなる企業の創業者となった。

1843年、ローズは農場を農学実験施設（長らくロザムステッド試験場とよばれていたが、最近になってロザムステッド研究所と改名した）に改造しようと決意した。彼は化学者ジョセフ・ヘンリー・ギルバートを雇い、さまざまな肥料が農作物の成長にもたらす効果を検証する試験場として、ロザムステッド農場を利用する計画をともに練り上げた。その後の15年のあいだに、彼らは数かずの実験に着手し、そのうち7つが今日まで連綿と続いている。これらの実験の目的は、さまざまな肥料、輪作や収穫のスケジュールが、小麦や大麦、カブ、ジャガイモなどの作物に与える影響を調査することだ。

一連の実験は、現代農業の発展におおいに貢献した。１９００年にローズが死去した際、英紙『タイムズ』は次のように報じた。

「ロザムステッドで成功を収めた研究の射程を簡潔に紹介するならば、事実上、過去半世紀の農業化学の発展の歴史を要約することになる。（中略）サー・ジョン・ローズは世界の農業に、類まれな、おそらくはもっとも偉大な貢献を果たした功労者だ。彼は独創的な実験研究、揺るぎない目的意識、そして卓越した知性により、崇高な真実を発見し、農業の発展に多大な影響を与えた。」

ローズとギルバートは１８５６年、最後の実験に着手した。約２・８ヘクタールの牧草地を利用したこの実験は、いまでは「パークグラス実験」とよばれている。ほかの実験とは異なり、パークグラス実験は特定の作物の生産量を最大化する要因を調べるものではなかった。この実験で注目したのは、干し草の収量だ。言うまでもないが、当時の農家は家畜に主として干し草を与えていた。そのため、干し草の収量は市場作物の生産量と同じくらい重要だった。

わたしと同じ都市住民の読者のみなさんにとって、「干し草」と聞いて思い浮かぶのは、週末に両親が連れて行ってくれたトラクターに乗せてもらえる農場体験で上に座った、圧縮された塊かもしれない。けれども、ご存知ないかもしれない（わたしも知らなかった）が、干し草とは単に、牧草地に生育するあらゆる植物のなかで、刈り取り、乾燥させ、家畜飼料として利用できるもの全般をさす。干し草には、アルファルファやクローバー以外にも、さまざまな草が含まれている。

ほかのロザムステッド実験と違って、パークグラス実験では、毎年あるいは数年おきに作物の植えつけはおこなわれなかった。この実験は、少なくとも100年は干し草生産に使われてきた、細長い農地で始まった。さまざまな種類の植物が生育するこの農地を、ローズとギルバートは13区画に分けた。1区画は幅約21メートルで、区画ごとに成分組成を変えて施肥をおこない、2区画は肥料を与えず対照群とした。施肥は1年から数年に1回、一定周期で繰り返しおこなわれた。

実験のおもな目的は、人工肥料と従来の堆肥の効果比較だった。そのため、区画によって施肥の手続きは異なっていた。ほとんどの区画には、さまざまな種類の無機化合物（アンモニウム、マグネシウム、カリウム、ナトリウムなど）からなる混合肥料が与えられた。一部の区画には、堆肥、鶏糞、魚粉を混ぜたものが与えられた。

最初のうちは、どの区画も植物の種多様性が高く、区画ごとに差はほとんどみられなかった。ここで重要なポイントは、ロザムステッドのほかの実験とは違い、区画への播種（はしゅ）は2度とおこなわれず、自然のままに任せたことだ。

パークグラス実験は、開始から150年以上経った今も維持されている。この間、実験のいくつかの要素に多少の変更が加えられた。1856年に設立された区画がほとんどだが、その後の16年でさらに7つの区画が農地の南側と西側に追加され、合計20区画になった。ほかにもいくつか変更はあり、なかでも最大の変化は、1903年にすべての区画が2つに分割されたことだ。分割後、どちらの区画にも1856年当時と同じ肥料の投与が続けられたが、加えて一方の区画にだけ石灰を散布し、散布したほうの土壌の酸性度を下げた。

パークグラス実験により、人工肥料は堆肥と同じくらい干し草の収量増加に有効だというローズとギルバートの主張はすぐに裏づけられた。一方、この実験では、早いうちから予期せぬ結果も生じた。最初は似たり寄ったりだった各区画の植物種の構成が、1種また1種と区画から姿を消し、急速に分化しはじめたのだ。種構成の変化は短期間に劇的に進み、2年と経たないうちに「実験区画［3］は肥料だけでなく、播く種子も別べつだったかのようなありさまとなった」と、ローズとギルバートは記している。

この違いは150年経った今も明確で、衛星画像からでもはっきりとわかる［二次元コードを参照］。各区画は、隣り合った色違いの小さなパッチとして写しだされる。濃緑色や淡緑色、白に近いものから、茶色っぽいものもある。[*39]

地上で見ると、この違いはさらに明白だ。長い年月を経て、ほとんどの実験処置は区画内の種多様性の減少を引き起こした。肥料を豊富に与えると、もっとも成長の早い植物が他種を打ち負かし、区画から多くの種を追いだすのだ。加えて、一部の肥料は土壌の酸性化を引き起こすため、こうした環境で生育できない種は死に絶えた。

パークグラス実験場のなかを歩いてみよう［4］。第3区画は対照群で、1世紀半にわたって放置されている。土壌は栄養を付加されず、無垢（むく）なままだ。6月に訪れれば、さまざまな色とテクスチャーの洪水があなたを迎える。赤、黄色、緑。形も大きさも多種多様な花や茎。主役を務めるのは、イネ科のオオウシノケグサだ。第3区画の優占種であり、細く丈夫な茎から伸びる、長い穂の先についた赤紫の花房が揺れている。

だがそれだけではない。数十種のイネ科の草やハーブが脇を固め、大きく美しい花が咲き乱れている。

これが典型的な干し草農地の植生であり、実験開始当初は農場全体にこんな景色が広がっていた。だが、ほかの区画のほとんどは、もはやこのように多様ではない。なかには鬱蒼として背の高い植生をもつ区画もあるが、種構成はずっと均質だ。試しに、すぐ近くの第1区画に目を移してみよう。ここでは実験開始以来、窒素などの無機肥料が毎年与えられてきた。現在この場所に生育する種は多くない。優占するいくつかのイネ科の草は、第3区画のオオウシノケグサよりも背が高く力強い。花は少なく、まばらに顔をだす程度だ。

次は第9区画だ。ここには150年間、硫酸アンモニウムが与えられてきた。その結果、土壌酸性化が進み、ほとんどの植物種が姿を消しただけでなく、ミミズなどの土壌生物までいなくなった。残った植物は3種だけで、第9区画を見渡せば、目に入るのはハルガヤの房状のぼさぼさ頭がほとんどだ。ハルガヤは、パークグラス実験のほぼすべての区画でみられる。

施肥条件の違いが、パークグラス実験の区画にさまざまな違いをも

●パークグラス実験の区画のひとつ

たらした。土壌を変え、育つ植物の形態を変え、共存する種の構成を変えた。ローズとギルバートの時代からずっと、区画間の違いは生態学的現象と結びつけられ、どの種が区画の環境条件に耐えられるか、どの種とどの種が共存できるかといった観点で研究が進められてきた。

区画間の違いは進化によって説明できるかもしれない。異なる区画に生育する複数の同種集団は、その場所の環境に適応しているのではないか？　1世紀以上にわたり、誰ひとりとしてそんなふうには考えなかった。無理もない。進化は途方もなく緩慢なペースで起こるという、ダーウィンの考え方が当時はまだ主流だったことに加え、これらの区画はすぐ隣どうしで、ところによっては数センチメートルしか離れていないのだ。当時の標準的な進化生物学の常識によれば、個体群間の遺伝子の交換（「遺伝子流動」）は分岐を妨げる。ある区画の株が別の区画の株の花粉を受粉したり、種子が風に飛ばされたりして、遺伝子が区画間を行き来すれば、どの集団も遺伝的に均質になるはずだ。

だが、若き植物学者、ロイ・スネイドンは納得がいかなかった。スネイドンがウェールズで大学院研究を始めた1950年代後半、ちょうど植物学の世界で、隔離されていない状態でも植物は急速に進化しうるという事実が認識されはじめた。彼の指導教官だったトニー・ブラッドショーが当時執筆中だった研究論文は、古い廃鉱山で育つ植物にみられる重金属耐性の進化に関するもので、いまでは古典とされている。ブラッドショーは、銅、鉛、亜鉛の鉱山がかつて存在した場所（古いものでは古代ローマ帝国、あるいは青銅器時代にまでさかのぼる）の土壌が、ほとんどの植物にとって有害な、高濃度の重金属で汚染されていると気づいた。にもかかわらず、そこには植物が生育していた。ブラッドショーは、鉱山跡地の植物が、採掘が始まったあとで、有毒の環境でも生きられるよう進化してきたと実証したのだ。自然のなかで起こった急速な進化を明確に示した、先駆的研究のひとつだ。

急速に進化しただけでなく、廃鉱山の植物は、遺伝子流動の影響下にありながら適応をとげた。廃棄物の山からほんの数メートル離れただけで、重金属濃度は劇的に低下する。ブラッドショーと彼が指導する学生たちは、周囲の汚染されていない土壌で生育する同種の植物は、汚染土壌では育たないことを示した。廃鉱山の植物の重金属耐性は、耐性のない同種株に囲まれ、その花粉や種子、さらにはそこに含まれる重金属不耐性遺伝子が、常に侵入するなかで進化したのだ。遺伝子流動は、広く信じられていたほど均質化を進めるわけではないようだ。

スネイドンは博士研究で、ブラッドショーの先行研究にならい、シロツメクサとありふれたイネ科の草であるウシノケグサがさまざまな土壌の化学組成にどう適応しているかを調べた。博士号を取得したあと、スネイドンはレディング大学に教職を得て、そこで北東80キロメートルの位置にあるロザムステッド試験場とかかわりはじめた。彼は毎年、植物学専攻の学部生を連れて演習を実施した。そうこうするうちに、歯車が回りはじめた。土壌の化学的性質の違いが、地理的にも時間的にもほとんど離れていなくても、植物の分岐進化を引き起こすという仮説を、パークグラス実験によって検証できると、スネイドンは気づいたのだ。もしこの仮説が正しければ、パークグラス実験の区画間の多様性の一部は、同種の植物が各区画の異なる環境に適応し分岐した結果かもしれないと、彼は考えた。

ただし、ひとつだけ問題があった。ロザムステッドの職員たちにとって、当時すでに100年続いてきた実験区画は聖地も同然だった。区画を歩き、手入れを許されるのはごく一部の選ばれたメンバーだけで、区画でのサンプル採集や実験は厳禁だった。区画を監督する主任研究者のジョーン・サーストンと管理委員会は、スネイドンの研究計画に懐疑的だったが、タイミングに助けられた。委員会は、もはや試験場は調べつくされたと考え、研究の打ち切りを検討していたところだったのだ。この学者がちょっとした実験のために区画をいくつか使ったところで、とくに問題ないのでは？　スネイドンは委員会によびだされ、質問責めにされたが、最終的にしぶしぶながら実験は承認され、少数の種子の採集も認められた。サーストンは、スネイドンが割当量を超えて採集しないよう、監視の目を光らせた。

植物が区画間で分岐しているという仮説の検証にあたり、スネイドンはどの区画にもみられるハルガヤに注目した。彼はまず、1856年の実験開始以来、異なる組合せの化学肥料を与えられてきた3つの区画を選んだ。どの区画も南半分には半世紀にわたって石灰が撒（ま）かれているので、この実験では土壌の無機物と酸性度がはっきりと異なる6区画が使われたことになる。スネイドンの仮説は、過去100年のあいだにハルガヤの個体群が分岐進化をとげ、それぞれの生育場所に固有の条件に適応しているというものだった。

分岐は確かに起こっていた。スネイドンと一番弟子の大学院生スチュアート・デイヴィスは、隣りあう区画の

●ハルガヤ

ハルガヤがもつ膨大な多様性を発見した。ある区画の草の総重量（「収量」）は、別の区画の1・5倍にのぼり、草丈にも同程度の差がみられた。遺伝的差異を調べるため、彼らは別べつの区画のハルガヤの種子を並べて播いた（真のコモンガーデン実験を、文字通り共有の庭でおこなったのだ！）。異なる区画から採取したハルガヤを、大学の実験場で同一条件で栽培した結果、花の重量や葉の大きさ、うどん粉病への耐性など、さまざまな形質に多様性がみられた。こうして、区画間の差異には、遺伝的基盤が存在するとわかった。

だが、区画間で遺伝的差異が進化していても、それだけでは変異が適応的である証拠とはいえない。小集団でみられる、偶然によるランダムな遺伝的浮動の結果という場合もあるからだ。変異が適応的であるという仮説を直接検証するため、スネイドンとデイヴィスは土壌条件をさまざまに変えてハルガヤを栽培した。予測どおり、どの株も生まれ育った区画と同じ化学組成をもつ土壌でもっともよく育った。彼らはこの手法をさらに一歩進め、今度はコモンガーデンで育てた株を実験区画に植え戻した（この頃には、研究の科学的価値が認められ、委員会も実験利用に寛容になっていた）。すると、やはりもとの区画に植えたほうが、土壌の化学組成や植生の特徴が異なるほかの区画に植えるよりも、はるかによく育った。結論は明白だった。1世紀にわたり、ハルガヤは各区画で経験する条件に適応してきたのだ。

最初の研究に続いておこなわれた補足実験のなかで、特筆すべきものが2つある。スネイドンとデイヴィスは、まず2組4区画の境界に注目した。一方の組の2区画は112年にわたって異なる施肥を受けていて、もうひとつの組の2区画の実験期間は60年だった。この両方の境界に注目し、わずか数センチメートルを隔てて、異なる化学組成の土壌で育つ植物の形質を比較した。その後、スネイドンは別の学生、トム・デイヴィス（スチュアート・デイヴィスと縁戚関係はない）とともに、分割され一方にだけ石灰を撒くようになってから6年しか経っていない5区画についても調査した。どの組合せについても、結果は最初の発見と合致するものだった。集団間の差異はきわめて急速に、非常に近い距離で進化していた。

スネイドンとデイヴィスのおもな関心は、集団が適応するかどうか、また適応がどれだけ速く起こるかにあった。そのため、彼らが収集したデータの大部分は、進化の予測可能性とは直接関係がない。研究から30年、40年が経ったいまになって、彼らの論文からそれに関する情報を引きだすことはできない。

それでも、ハルガヤの適応進化が急速なだけでなく、きわめて反復的でもあったと、彼らは少なくとも一度は示している。土壌の化学組成の差のおかげで、植生全体の高さは区画ごとに大きく異なっていた。そしてハルガヤは、この条件に適応した。ほかの植物の草丈が非常に高い区画では、草丈が全体に低い区画と比べ、ハルガヤ自体も日光をたくさん浴びられるよう、より草丈が高く、まっすぐに成長し、より耐陰性が強くなったのだ。

あるひとつの研究論文が新しいアイディアを提唱したとか、新しいアプローチを実践したと断言するのは危険だ。絶賛したその研究より以前にだされたこれこれの無名の文献を忘れていると、誰かにすぐさま指摘されるのがおちだからだ。それでも、わたしはあえて言いたい。野外での長期的な進化を実験によって研究することが可能だと、史上はじめて実証したのは、スネイドンとデイヴィスだ。

パークグラス実験に関するスネイドンとデイヴィスの一連の論文は１９７０年から１９８２年にかけて刊行された。時を同じくして、生態学において実験的手法の必要性が、また進化生物学において急速な進化が認識されはじめた。その結果、彼らの研究は、2分野の展望を統合し、野外進化実験の重要性を広く知らしめるものとなった。読者のみなさんは、そう思ったのではないだろうか?

ところが実際は違った。彼らの論文は忘れ去られこそしなかったが、つい最近まで、植物進化の研究者以外にはあまり知られていなかった。かくいうわたしも、この本を書くためのリサーチを始めるまで聞いたこともなかった。一連の論文が引用されるのはたいてい、植物はわずかな距離しか離れていなくても異なる淘汰圧に反応して分岐するという文脈だったが、この現象をはじめて示したのは、スネイドンの指導教官であるトニー・ブラッドショーだ。時には急速な進化という側面にもスポットが当てられたが、最近まで、自然に近い条件で実験的に進化研究をおこなった例としては、ほとんど取りあげられなかった。

状況が一変したのはここ10年のことだ。2007年、生態学実験を利用した進化研究を扱った重要なレビュー論文で、パークグラス実験が取り上げられた。以降は一般向けの記事でも、レズニックのグッピー研究と並んで扱われるようになった。そして現在、分子生物学者がパークグラス実験のハルガヤ集団に注目し、新たな土壌条件に適応する際に同じ遺伝的変異が繰り返し生じているかどうかを分析している。こうして、40年の時を経て、ロザムステッドで今も続く研究は、ようやく野外進化実験という建設途中の殿堂に名を残したのだ。

科学界がスネイドンの研究の深遠な意義を理解するには長い時間がかかった。しかし、これはエンドラーとレズニックの研究にはあてはまらない。彼らの研究は、野生下でも進化を実験的に研究できると、明確に示した。科学研究では、新たな手法が生まれたとたん、まるでゴールドラッシュのように研究者たちが競ってそれを取り入れ、分野の中心的な問いに答えるべく、手法の応用が進むことが珍しくない。グッピー研究は革新的で、おおいに注目を浴びた。そしてほどなく、多くの研究者がこれに続……かなかった。スネイドンの研究と同じように、既存の生態学実験を利用して始まり、後に新たな実験を立ち上げて発展した、わたしたちのアノール研究は、20世紀のうちにおこなわれた数少ない野外進化実験のひとつだ。エンドラーの最初の研究から20年以上、スネイドンの研究からは30年以上が経過して、ようやくたくさんの進化実験が大波となって押し寄せた。

これらの研究の一部は、スネイドンにならい、進行中の長期野外生態学実験を進化の視点でとらえ直すものだった。そのなかで特筆すべきは、ロザムステッドから南西にわずか65キロメートルの距離にある別の古い農場、シルウッドパークでおこなわれた[5]。生態学者のミック・クローリーは、ここで20年以上にわたり、牧草地に小さな区画を多数設置し、ウサギを閉めだしてきた。ウサギの排除は、植生に甚大な影響を及ぼした。それは、フェンスに囲まれたウサギ排除区画と、ウサギが草をはむ周囲の対照区画を見れば一目瞭然だ。外側の草

はとても短く、手入れの行き届いた芝生のようだ。花は少なく、したがって生みだされる種子も少ない。繁殖様式は栄養繁殖で、植物体はほふく茎を伸ばし、その先から新たな植物体が生じる。一方、フェンスの中は別世界で、放置され伸び放題の様相だ。植物は奔放に鬱蒼と茂る。花が咲き乱れ、種子が次世代をもたらす。年月が経過しても、ウサギのいる区画は家の前の芝生のように短いままだったが、排除区画はますます手に負えなくなっていった。5年後にはイネ科植物のこんもりした草むらが優占しはじめ、一部の区画は灌木に乗っ取られた。さらに時間をおくと、多くの区画はミニサイズの森へと変わった。

しかし、スネイドン以前のロザムステッドがそうだったように、進化が起こっているか、フェンスの中の植物がまったく異なる環境条件に適応しているかという疑問を口にする者は誰もいなかった。そこに現れたのが、カナダの進化生態学者で、現在はトロント大学で教鞭(べん)をとる、マーク・ジョンソンだ。シルウッドパークの研究者たちは、数年ごとに新たな実験区画を設置し、古い区画もそのまま維持してきた。このため、ウサギを排除してきた期間の長さの異なるたくさんの区画が存在した。ジョンソンはこれらの区画を利用し、二段構えの予測をたてた。区画内の植物は、草食獣不在の環境に適応しているだろう。さらに、植物の適応は、ウサギが区画から排除されている年数が長いほど進行しているだろう。

ジョンソンは、指導する大学院生のひとり、ナッシュ・ターリーにプロジェクトの第一段階を任せた。ターリーは、対象種にスイバを選んだ。細長い葉をもち、鮮やかな赤い花をつけ、サラダに合う酸味をもつためハーブとして栽培もされるタデ科の植物だ。採取したスイバを温室で育て、成長の速さを記録したターリーは、顕著な傾向を見いだした。区画にウサギのいない期間が長いほど、成長が遅かったのだ。25年のあいだに、ウサギのいない区画の成長速度は30パーセント低下していた。

　この研究の成功をうけ、ジョンソンとターリー、それに聡明（そうめい）な学部生のテレサ・ディディアーノは、別の植物も調べることにした。対象に選んだ4種のうち、3種（すべてイネ科）に適応の証拠が認められた。たとえば、オオウシノケグサの葉の数はウサギ排除期間の長さにともなって減少していた。ただし、3種はいずれも草食獣不在の環境に適応していたものの、そのやり方は異なり、変化が生じた形質は別べつだった。加えて、1種の植物（カラフトホソバハコベ）については、ウサギ排除の年数に応じた一貫した形質変化の傾向がみられなかった。

　この研究結果をどうとらえるかは、あなたが悲観的か楽観的かによるだろう。シルウッドパークの研究では、同種の植物の集団は、採食圧から解放されたことへの反応として、ほぼ予測可能なかたちで進化した。ここでいう予測可能とは、自由を謳歌（おうか）してきた期間が長いほど、ウサギのいない環境への適応の度合いが増すというものだ。しかし、異種間で比較すると、適応のしかたは予測不能だった。異なる種は、同じ環境条件に対して、別の方向に進化したのだ。

ジョンソンらが生態学実験に手を加えていたのと同じ頃、進化生物学者たちは、ついに続々と進化研究に特化した野外実験を立ち上げはじめた。これらの実験は多種多様で、どれも魅力にあふれている。たとえば、マーク・ジョンソン［6］とコーネル大学の共同研究チームは、殺虫剤で植物食昆虫を駆除した区画でメマツヨイグサを栽培した。昆虫のいない8区画のメマツヨイグサは、3年のうちに同じ方向に進化した。昆虫のいる対照区画の同種と比べ、花をつける時期が早まり、種子に含まれる防御物質は減少した。

ほかにも、地球温暖化を模した地中温度の高い人工区画にミミズがどう適応するかを調べた研究や、植生がさまざまに異なる小区画に放たれた昆虫がカモフラージュ模様を急速に進化させるかを調べた研究など[7]、多くが現在進行形でおこなわれている。

だが、本当に面白いのは、パワーアップされた次世代の野外進化実験だ。小さな孤島にトカゲを放したり、農地を使ったりしていたのは過去の話。現代の進化実験科学者たちは、もっと大きなことを考えているのだ。

＊39　Google Earthで"Rothamsted Estate"と検索して、自分の目で確かめてみてほしい。インターネットの奇跡のおかげで、あっという間にハートフォードシャーの田園地帯に到着だ。画像を拡大すると、農園の左下に小さなデジタル付箋が見つかるはずだ。そこにカーソルを合わせると、「パークグラス実験（Park Grass Experiement）」の文字が現れる。さらにもう少しズームすると、実験区画を見ることができる。

第8章

プールと砂場で進化を追う

バンクーバーにあるブリティッシュコロンビア大学のキャンパスの南端を上空から見下ろすと、20個の青く輝く長方形が並んでいる。4列に並んだ区画は水を湛(たた)え、一方が深く、もう一方が浅くなっているのが、青の濃淡から見てとれる。この20区画の複合プールは、誰が管理しているのだろう？ Googleで調べても答えは出てこない。しかし幸い、ドルフ・シュルーターが答えを知っている。やせて背が高く、いつも笑顔だが少しシャイなカナダ人の彼は、才気あふれる科学者というよりも、お人好しの有機栽培農家のように見える。だが、シュルーターは第一線の稀代(きたい)の進化生物学者であり、このプール〔1〕とそこに棲む生きものたちは、彼が管理しているのだ。

シュルーターの生い立ちには、のちに不動産王のように、世界に類を見ない規模の進化実験施設をデザインする人物となることを予感させるものはない。幼少の頃から自然に親しみ、大学時代はカミツキガメの野外研究のアシスタントをして学費を稼いだ。卒業後はアルバータ州で哺乳類調査の職に就く予定だった。だがその直前、ハチドリの生態についての研究発表を聞いた彼は、自分は科学者になりたいのだと気づいた。

こうして、シュルーターは大学院に進学した。

それも、ただのありふれた博士課程ではなかった。シュルーターはミシガン大学で、かのフィンチ研究の大御所、ピーター・グラントの指導のもと、研究者としての歩みをスタートしたのだ。まもなくシュルーターはガラパゴス諸島を訪れ、複数種のダーウィンフィンチが異なる資源利用にどう適応しているかをテーマに、研究上のアイディアを次つぎに実行に移していった。彼の詳細な研究［2］は、いまや古典として教科書に取り上げられ、生物学者が適応放散を研究する際の指針となっている。

けれども、ポスドクとしてバンクーバーに戻った頃、シュルーターは新しい研究対象を探していた。ダーウィンフィンチは素晴らしいが、ガラパゴスはカナダから遠すぎる。それ以上に、シュルーターは実験がしたかった。自然界のパターンから仮説を形成するだけでなく、それを実験によって検証し、フィードバックループを完成させたかったのだ。このような実験を鳥を対象におこなうのは現実的ではないし、国立公園であるガラパゴスの厳しい規制のもとでは絶対に不可能だった。

幸い、答えはすぐ近くで見つかった。イトヨは完璧な解決策だった。興味深い進化パターンを示し、野外でも実験室でも調査や操作が容易で、ブリティッシュコロンビアの湖に豊富に生息する。当時イトヨは進化生物学界隈（かいわい）ではあまり知られていなかったが、今ではシュルーターの研究のおかげで、進化研究のモデル生物となった。

イトヨ（英名を略してスティックルとよんでいるのはわたしだけのようだ）は北半球に広く分布するが、ブリティッシュコロンビアのいくつかの湖では、ほかでは見られないことが起こっている。ほとんどの場所には1種のイトヨだけが生息する。けれどもブリティッシュコロンビアの5つの湖には、2種のイトヨがいる。一方は流線型で高速で泳ぎ、沖合のひらけた水域で生活する。もう一方は太って動きが遅く、沿岸の湖底に暮らす。沖合型は側面に骨板をもち、細長いあごをすばやく突出させてひらけた水中で獲物を捕らえる。対する底生型には装甲がなく、頑丈なあごで堆積（たいせき）物の中や水草の上にいる獲物を吸い込んで食べる。

ブリティッシュコロンビア大学のシュルーターの同僚は、DNAの比較により、2つのタイプ（沖合型と底生型）は5つの湖で独立に進化したと示した。カリブ海のアノールにみられるのと同じ、反復適応放散のパターンだ。ほかのすべての湖では、1種のイトヨが両方の生活場所を利用していて、体型は2タイプの中間だ。また、沖合型と底生型はどちらも単独でみられる場所はなく、両者が共存する先述の5つの湖にのみ生息する。

シュルーターは、イトヨの成長と採食に関する実験を、実

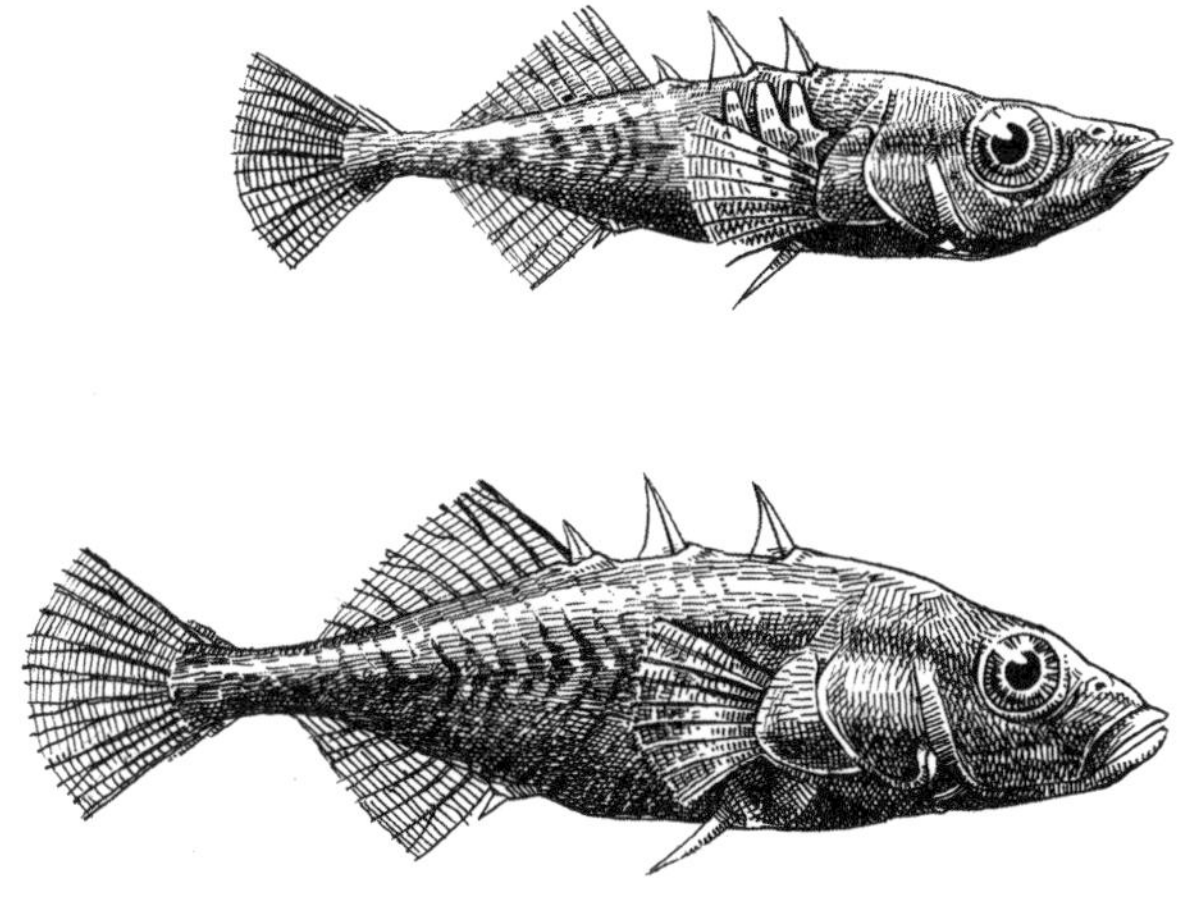

●イトヨの沖合型（上）と底生型（下）

験室と野外の両方でおこなった。1種しかいない湖のイトヨはジェネラリストで、どんな環境にも棲めるが、どの環境でもとりたてて器用ではなかった。対照的に、2種が共存する湖では、沖合型と底生型がそれぞれ、特定の生活場所に特化していた。

シュルーターは、食物をめぐる競争がこうしたパターンを生みだしたという仮説をたてた。2種が共存する場合、自然淘汰が両者の分岐を進め、異なる環境への特殊化によって競合が低減される。一方、1種しかいない場合は、中間的な表現型をもち、どの環境も利用できる魚が有利になる。

どのデータもこの仮説に合致していたが、シュルーターは仮説を直接検証する実験をしたかった。計画はこうだ。まず、スペシャリストのイトヨ1種を空っぽのプールに導入する。仮説が正しければ、もう1種のスペシャリストのいない状況で、この集団は進化の来た道を引き返し、中間的なジェネラリストの状態へと変わっていくはずだ。

だが、実験用の池はどこにある？　これはすぐに解決した。バンクーバーには、イトヨのいない人工池がたくさんある。そのいくつかに、イトヨの小集団を導入するだけでいい。こうして、プロジェクトの予備実験が始まった。シュルーターはゴルフコースのなかの2つの池と、市営公園のひとつの池にイトヨを放す許可を得て、沖合型のイトヨを導入した。実験ははじめのうちはうまくいっていたが、1年後、ゴルフコースの池のひとつが排水されてしまった。残り2つの集団は今も健在だが、シュルーターはこれらの池からはほぼ手を引いている。

その理由は、実験を始めてまもなく、ブリティッシュコロンビア大学が彼に教授職を提示したからだ。

シュルーターは、ゴルフコースでの実験を考え直した。もし大学のキャンパス内に、ほぼ同一の環境の池をいくつも造れたら、それこそ最高じゃないか？　アクセスが容易で、周囲からの干渉もない。ミスショットのボールが頭に直撃する心配もしなくてすむ。

大学の承認を取りつけ、建設業者と契約し、池の造成が始まった。13の池はすべて一辺23メートルの正方形で、深さ3メートルの中心に向かってゆるやかに傾斜していた。はじめに、キャンパスの近くのイトヨ2種が棲む湖から植物と昆虫を導入し、あとは自然のままに任せた。数年後、池のほとりには森とよべるほど木々が生い茂り、鳥たちが訪れ、池はまったくもって自然な姿になった。ブリティッシュコロンビア大学のキャンパスから道ひとつ渡った場所にいるのを忘れるほどだ。

17年にわたり、シュルーターの研究室［二次元コードを参照］は、この池でイトヨにはたらく自然淘汰の作用を定量化し、どの形質が生存率を高め、なぜ2種間の雑種は不利になるのかを調査してきた。研究は大成功を収め、資源をめぐる競争が分岐進化をもたらした教科書的な事例として、イトヨは一躍有名になった。とはいえ、研究の大部分は1世代のなかでの生存と繁殖に注目したもので、複数世代を経た進化の結果については何も語っていなかった。いよいよ進化実験に着手するときがやってきた。[*40]

手始めに、シュルーターの研究室の優秀な大学院生、ローワン・バレット（後でふたたび登場する）が近くの潟湖で降海型のイトヨを採集した。湖のイトヨは降海型のイトヨの子孫で、最終氷期のあと氷河が融けブリティッシュコロンビアの陸地が隆起したために陸封された個体群だ。降海型は骨板の装甲が多く、温度変化が極端でない環境に適応しているため、湖の個体群の祖先状態に近いと考えられる。

バレットは、降海型イトヨを3つの実験池に導入し、淡水環境に適応するかどうかを調べた。かつて降海型の子孫が本物の湖に閉じ込められたことの再現だ。実験結果は、骨板については複雑で、どちらともいえないものだった。けれども、この実験で焦点となった形質はもうひとつあり、それは現代の環境問題にも通じる。イトヨは、気候条件の変化にどれだけ速く適応できるのだろう？ 淡水湖の水温は、海よりも変動が大きい。夏はより暑く、冬はより寒くなる。降海型イトヨは、極端な水温変化に適応できるだろうか？

この疑問に答えるため、バレットは温度生物学の標準的手法でデータを取った。魚が協調運動能力を保てる水温の上限と下限を記録したのだ。降海型と陸封型で比較したところ、耐久水温の上限に差はなかった。理由は不明だが、イトヨは自然生息地で記録されるよりもはるかに高い水温でも生きられるのだ。だが、耐久水温の下限では差がみられた。陸封型は降海型よりも2・8℃低い水温まで問題なく泳ぎ、この差は2つの環境でイトヨが経験する最低水温の差にぴったり一致していた。そのため、バレットは低温耐性に照準を絞った。実験池の魚も、より寒さに強く進化するだろうか？

答えはイエスで[3]、しかもきわめて急速に進化した。酷寒の冬が猛威を振るい、耐えられなかった多くの魚が死んだ。わずか2年のあいだに、3つの池の魚はいずれも降海型の祖先より2・5℃低い水温まで耐えられるように進化した。ブリティッシュコロンビアの湖のイトヨと、ほとんど同等の低温耐性を獲得したのだ。

適応進化がこれほど急速に並行して起こるのは予想外だった。バレットとシュルーターらの研究チームは、次は何が起こるのかと期待に胸をふくらませた。残念ながら、その後の展開も、またしても想定外だった。２００８年から２００９年にかけての冬、過去40年で最強の寒波が到来し、どの魚もこれには耐えられなかったのだ。イトヨは全滅し、長期実験は予定よりも短期間での終了を余儀なくされた。それでも、この研究で人工池での進化実験の有効性がはっきりと示されたことに変わりはない。

どんなにいいことにも終わりはやって来るもので、シュルーターの実験池も例外ではなかった。土壌の水はけがよかったので、水が抜けるのを防ぐため、池の内側にはプラスチックシートが張られていた。シュルーターは当初から、プラスチックの耐久年数は20年だと忠告されていて、その期限が刻々と近づいていた。研究はここまで順風満帆だったが、先行きは不透明だった。

善良な人には幸運が舞い込むこともある。ある日突然、シュルーターに大学事務局から1本の電話がかかってきた。大学側の希望は実験池の土地の返却で、そこを新たに住宅地として造成し、高騰するバンクーバーの不動産市場に莫大な値段で売りにだす算段をしていた。そこでシュルーターに、実験拠点を別の場所に移してくれたら、新たな実験池の建設を援助すると申し出たのだ。

願ってもない話で、こうしてシュルーターは最新鋭の実験池を、前の池があった場所のすぐ近くに手に入れた（旧実験池の跡地には、いまでは高級マンション、クラフトビールをだすパブ、音楽学校、レストランが立ち並ぶ）。池のサイズは以前とほぼ同じだが、形は正方形から長方形に変わり、最大水深６メートルまで緩やかに傾斜する、より自然の湖に近いつくりになった。

建設には数年かかったが、この「種分化加速器」（このあだ名はシュルーターのお気に入りで、通りの向こうの素粒子物理学研究所にある、荷電粒子を超高速に加速させるサイクロトロンをもじっている）は現在稼働中だ。すでに完了した、複数世代を観測した最初の研究では、防御形質の進化における捕食者の役割を検証した。5つの池にイトヨと捕食性のカットスロートトラウトを、別の5つにはイトヨだけを導入し、5世代を経過させた。

新たな実験池を造成するかたわら、シュルーターは新たな研究分野にも足を踏み入れた。フィールド生物学者が遺伝学者になったのだ。スタンフォード大学などの第一線のゲノム研究者たちとともに、シュルーターはイトヨの全ゲノム解読に取り組み［4］、これにより骨板や棘の有無などの重要形質に関連する遺伝子が特定された。

遺伝子について新たな知見が得られたため、池の実験では、進化を表現型と遺伝子の両面から探る2本柱のアプローチが採用された。予測では、捕食者が存在する場合、飲み込まれにくくなるよう長い棘の進化が促され、棘の長さに関連する遺伝子も進化すると考えられた。

はたして結果は？　大学院生のダイアナ・レニソンは、まだ最初の3世代分のデータを分析しただけだが、じつに有望な結果が得られている。1世代内の生存率をみると、捕食者のいる池では、背の棘が長い個体の生存率が高い。この淘汰により進化的反応が生じ、いまでは捕食者のいる池の集団のほうが背の棘が長くなっている。遺伝子レベルの結果もこれと呼応していて、背の棘を長くする遺伝子変異の頻度は捕食者のいる池で高くなった。ただし、不思議なことに、腹側の棘の長さについては淘汰にばらつきがあり［5］、長い棘が進化したのは一部の池だけだった。何がこの進化の不確実性を生みだしているのかは不明だ。

イトヨの進化実験はまだ始まったばかりだが、結果はすでに、これまで見てきたグッピー研究とよく似ている。複数の集団は新たな環境条件におおむね同じように適応するが、一部の形質にはある程度の不確実性が残る。この結果の一致は、一方はトリニダードの山中の自然の渓流、もう一方はバンクーバーのほぼ同一の人工池という、実験条件の大きな違いを考慮すれば、ますます説得力を増す。

シュルーターが人工池に水を張っている頃、もうひとつの大規模な進化実験研究がアメリカ内陸部で形をとりはじめた。ブルガリアの芸術家クリストのインスタレーションのように、ネブラスカの風景のなかに忽然（こつぜん）と現れる、長さ800メートルの鋼鉄の板は、夏の日差しを受けて輝き、夕日を反射してオレンジ色の光を放つ。アメリカ西部ではさまざまな種類のフェンスをあちこちで見かけるが、このフェンスはユニークで、金属製の壁が正方形の土地を囲い、内部はさらに4つの正方形に分割されている。それだけでなく、これとまったく同じ構造物が、約50キロメートル離れた色の違う土壌の上にも存在する。

ネブラスカのなだらかな丘陵とプレーリーは肥沃（ひよく）な土壌で知られる。褐色で土臭く、植物にとっては栄養たっぷりだ。州立大学のフットボールチームの名

前が「コーンハスカーズ（とうもろこしの皮をむくやつら）」なのには理由があるのだ。とはいえ、この州の土地がどこもかしこも肥沃というわけではない。州のおよそ4分の1が該当するサンドヒル地域の土壌は、砂質で色が薄い。その正体は、ロッキー山脈から約８０００年前に東風に乗って飛来した、石英の細粒だ。ここでは作物はほとんど育たず、大部分が農地化を免れてきた。

だからといって、サンドヒルが不毛の地というわけではない。それどころか、この地域は豊かな生物多様性を誇り、その独自性から世界自然保護基金（ＷＷＦ）が指定するエコリージョンのひとつとなっている。土壌はサンドヒルの生物相に、栄養の乏しさだけでなく、明るい色を通しても影響を与えている。世界のどこを見ても、小動物は背景に溶け込み、捕食者に見つかりにくいように進化している。溶岩地域では、トカゲやネズミ、バッタなど、多くの動物が他地域よりも暗い体色に進化してきた。一方、明るい色の土壌の上では、動物は砂の地面に溶け込める淡い色合いへと進化する。ネブラスカのサンドヒルも例外ではなく、多種多様な動物の個体群が、近くの暗色土の土地に住む同じ種よりも明るい色をしている。

学部生の頃に種分化についてのジョン・エンドラーの本を読んで以来、わたしはずっとこの現象に興味を抱いてきた。エンドラーは背景色マッチングについて、個体群間の遺伝子流動による均質化の効果を自然淘汰が上回ることを示す、初期の強力な証拠だと述べていた。黒い火山岩とまばゆい白砂の境界線は明確で、場所によっては両足でまたげるほどだ。ネズミもトカゲもバッタも、両方の地面を容易に行き来できる。

しかし、これほど近くにいながら、異なる土壌の個体群はふつう体色がまったく違っていて、明らかに生息環境にマッチしている。２つの個体群が境界線付近で遭遇することもあるが、このような接触によって子が生まれたとしても、自然淘汰の厳しいふるいにかけられ、ミスマッチな体色の遺伝子はすぐさま排除される。こうした環境のなかには、ネブラスカのサンドヒルや各地の溶岩地域をはじめ、ごく最近になって形成されたものもあるため、体色の適応進化は急速に起こったと考えられる。これは、遺伝子流動の作用に反して自然淘汰がはたらいた、さらなる証拠となる。これらの例は要するに、鉱山跡地やロザムステッドの異なる区画で育つ植物を、動物に置き換えたものなのだ。

シカネズミ（足が速くジャンプ力もすぐれているため、こうよばれる）を対象とした研究は、とりわけ影響力が大きかった。20世紀半ばのナチュラリストたちは、異なる土壌に暮らすシカネズミの隣接個体群が、これに見合った異なる体色をもつ例を多数記録した。その理由はカモフラージュだと考えられる。齧歯類はたくさんの視覚優位の捕食者に狙われるので、自然淘汰はそれぞれの個体群を生活場所の背景に似た体色へと変える方向に作用するだろう。

ミシガン大学の生物学者リー・ダイスは、この仮説を実験室で検証した。ダイスはごくふつうの広さの部屋を用意し、床に土を敷き詰め、毛色の異なるシカネズミを放した。そしてそこに、1羽のフクロウを加えた。目的は、フクロウが土の色にマッチしていないネズミをより多く捕えるかどうかを確かめることだった。試行の半分では明るい色の土を、残りの半分では暗い色の土を使った。結果は明白だった。フクロウは、背景に溶け込んだネズミよりも、ミスマッチのネズミを2倍多く捕えたのだ。鳥による捕食［6］は、自然淘汰の強力な作用主体であり、カモフラージュの進化を推進していた。

とはいえ、これはきわめて不自然な状況でおこなわれた実験室研究でしかない。エンドラーの著書の出版から30年が経過してなお、シカネズミの毛色に対する自然淘汰のはたらきを直接示した研究は存在しなかった。じつは、もっとも有力な証拠は野外研究ではなく、毛色の違いを生む遺伝子を発見した遺伝学研究によるものだった。色の違う土壌に棲む隣接個体群のＤＮＡを比較した研究で、遺伝子の違いはごく最近、おそらくは異なる淘汰圧が分岐を促進したために生じたという結果が得られたのだ。しかし、これも遺伝子の違いに基づく推測［7］であり、自然淘汰が進化を引き起こした直接の証拠とはいえなかった。

この課題に取り組むべく、ひげ面でスキーマニアのカナダ人が、ネブラスカのサンドヒルにやってきた［8］。自転車選手のような長身痩躯のローワン・バレットは、バックカントリースキー、サイクリング、ロッククライミングの愛好家でもあるが、本職は進化生物学者だ。トロント大学の高名な進化生物学者を父にもつ彼は、早くから華々しいキャリアを築きあげ、30代半ばにして進化実験の権威のひとりとなった。マギル大学の修士課程では、細菌を対象に、複数の新たな資源に遭遇したときにどう適応するかを調べる実験研究に従事した。その後は先述のとおり、ブリティッシュコロンビア大学のシュルーターのもとで博士研究をおこなった。これらの研究は規格外の成功を収め、権威ある学術誌に多数の論文が掲載された。バレットは、傑出した若手の進化生物学者に与えられる、ありとあらゆる賞を総なめにした（簡単にいうと、彼は進化生物学のオールスターチームに選出され、ヨーロッパと北アメリカで新人賞をダブル受賞したようなものだ）。

だが、これらはすべて、彼の最大の功績の序章にすぎなかった。ブリティッシュコロンビア大学での博士課程が終わりに近づく頃、バレットはハーバード大学のわたしの同僚、ホピ・ホークストラの研究チームがおこなった遺伝学研究を知った。サンドヒルのシカネズミが、明るい毛色を生みだす新たな変異を進化させたという内容だ。サンドヒルのネズミと、近隣の暗色のネズミのＤＮＡを比較した結果、この変異が最近になって生じ、集団内に急速に拡散したとわかり、自然淘汰によって背景に合致する毛色が選択されたのがその理由だろうと考察されていた。

けれどもバレットには、この筋書きは不完全に思えた。もし自然淘汰が明るい毛色の進化の原因なら、直接それを実証できるはずだ。実験屋としての経験から、彼にはどうすれば確かめられるかもわかっていた。70年前にダイスがとった方法を踏襲すればいい。暗色と明色のネズミを、暗色と明色の土壌の上に放して、どちらがどれだけ生き残るかを調べるのだ。ただし、狭い室内でやってもだめだ。外の自然の中でやろう。それから、イトヨの実験と同じように、表現型とそれを生みだす遺伝子の両方に注目しよう。

理屈の上では簡単そうだが、こんな計画をどうすれば実行に移せるだろう？　池や渓流や島は、明確な境界線で区切られた自己完結したユニットであり、そのまま実験に利用できるという利点がある。これらに相当するものは、サンドヒルにはない。ここでシカネズミの実験をおこなうつもりなら、実験対象をその場にとどめるためのケージを

●サンドヒルのシカネズミ

つくらなくてはならない。それも、シカネズミの個体群をまるごと囲い込めるくらいの、とてつもなく大きなケージを。

同様の実験を、もっと小規模に実施しようとした研究者は過去にもいたが、こうした試みはみな失敗に終わった。シカネズミは巣穴を掘り地上で生活するが、とても器用でもあり、壁を建ててもやすやすとよじ登る。忍者ネズミとよぶ人もいるくらいだ。過去の研究が頓挫したのは、シカネズミの脱獄が原因だ。バレットの最初の仕事は、ネズミに逃げられないケージの構造を考えることだった。

あれこれ調べた結果、この問題はすでに解決済みであるとわかった。生態学者や哺乳類学者が見つけだせずにいた、シカネズミを閉じ込める方法を知っていたのは、感染症学者だった。シカネズミはハンタウイルスの宿主であるため、研究者たちはニューメキシコ州に脱出不可能な屋外ケージを設置し、そこで一定期間隔離して、ウイルスを保有していないと確認してから、実験動物として各地の研究室に発送していた。秘訣(けつ)は、26ゲージ［訳注：約0・5ミリメートル厚］の亜鉛メッキ鋼板を使うことだった。赤ちゃんのお尻のように滑らかで、シカネズミが爪をひっかけられる凹凸がまったくないため、よじ登って脱走できないのだ。バレットが実験室で試したところ、確かにネズミたちはこの薄い鋼板にはお手上げだった。これで計画は一歩前進だ。

しかし、まだ大問題が2つ残っていた。適切な土地にケージを建てる許可を得ることと、実際の建設作業だ。これがどれだけ大変かは、バレットが計画しているケージの大きさを知って、はじめて理解できる。彼の計算では、シカネズミの個体群ひとつには最低でも100匹が必要で、野生下の生息密度を考慮すると、これは0・2ヘクタール強に相当する。実験デザインの妥当性を担保するためには、明色の土壌に4つ、暗色の土壌にも4つはケージが欲しいところだ。つまり、実験場1か所につき、1ヘクタールの土地と6・8トンの鋼板が必要になる。

ポスドクとしてホークストラの研究室に加わったバレットは、実験場所探しのため、とにもかくにもネブラスカに向かった。同研究室で遺伝学研究をおこなった、ポスドクのキャサリン・リネンも一緒だった。明色の土壌の区画にできそうな場所は苦もなく見つかり、メリット貯水池野生生物保護区内にケージを建てる段取りはとんとん拍子に進んだ。

暗色土の土地を見つけるのは一苦労だった。そもそも、暗色土は肥沃な土壌だ。「ネズミを囲うケージを建てたいので、1ヘクタールの良質の農地の耕作を諦めてください」などと頼んで、そう簡単に聞き入れてもらえるわけがない。

バレットは地主のもとを一軒一軒訪ねてまわった。思いだしてほしいのだが、ここはハートランドとよばれるアメリカ中部のど真ん中だ。政治的にも宗教的にも保守の牙城であり、人びとは土地を耕し、国じゅうが頼りにする食糧をつくって生計を立てている。そこへ突然現れてドアをノックする、リベラルな北東部出身の2人の若者、しかもアイビーリーグの軟弱なエリート。1人はアメリカ人ですらなく、カウボーイハットのかわりにつばの短いバイカーキャップをかぶっている。

「進化」は禁句だとすぐに悟ったバレットは、かわりに「種が環境に適した姿になっていく」と話すことにした。農家や牧場主である地元住民たちは、遺伝を深く理解し、捕食者も熟知していた。また、カモフラージュの概念も、子どもの頃から狩猟に興じてきた人びとにはおなじみだった。外交的で人当たりがよく、話好きなバレットの性格も幸いした。人びとはフレンドリーで、それどころか研究に興味をもち、[*41]バレットとリネンら研究チームが私有地内でネズミを捕獲するのを快諾してくれた。それでも、土地を貸してくれというのは無理な相談だった。

フィールドワークを予定していた時期に入っても状況は変わらず、タイムリミットが迫ってきた。プロジェクトを保留にするしかないのかと、バレットは諦めかけた。そんなある夜、ネブラスカの小さな町バレンタイン（人口2737人）で、ビールを飲もうとホテルのバーに入ったバレットは、オーナーから地元の有名人ワイルド・ビルを紹介された。長い金髪をなびかせる彼のいでたちは、ネブラスカの農家というよりサーファーのようだ。売り込みというよりも会話のきっかけのつもりで、バレットはビルにプロジェクトのこと、実験場所を探していることを話した。するとビルは、驚いたことに、町はずれでアルファルファを栽培しているから、そこにケージを建てたらどうかと言うではないか。翌日さっそく現地を見にいくと、そこはまさに完璧な場所だった。ワイルド・ビルは建設作業も気にかけず、賃料なら、研究チームが来るたびに「ミラー・ライト」ビール1ケースとバーベキューをおごってくれれば十分だと請け合った。

もちろん、場所の選定は最初のステップにすぎない。次は実験区画の建設だ。研究者一家に育ったバレットに、建設作業の経験はまるでなかった。だが、ネブラスカのイエローページを開いても、「ネズミ飼育場建設」の文字は見当たらない。自力でどうにかするしかなかった。

ほかの研究者が建てた実験区画を参考に、デザインは固まった。壁はネズミが跳び越えないよう高さ90センチメートルは必要で、その上にコヨーテ侵入防止のため、さらに鶏舎用の金網90センチメートルを継ぎ足した。ネズミが巣穴を掘って脱出しないよう、壁は地下60センチメートルの深さまで延長した。

フラットトレーラーで実験機材を配達してもらった経験のある進化生物学者はそうそういない。400キロメートル離れたネブラスカ州キンボールから届いたのは、1枚が1・5メートル×3メートル、厚さ0・5ミリメートルの大量の鋼板だ。レンタルしたディッチウィッチ社の溝掘機で鋼板をはめ込む溝をつくり、地元の油圧ショベル操縦者が道路から実験場所まで鋼板を運んだ。192本のポールが地中にコンクリートで固定され、鋼板の継ぎ目で壁を支えた。建設作業は2週間を要し、重機を操作する地元の建設作業員3人、溝掘りの補助を担当する近くのゴルフコース管理業者4人、それ以外のすべての作業をおこなう研究室メンバー7人が参加した（古いジョークを借りるなら、「ネズミの囲いをつくるには科学者が何人必要？」）。

バレットの綿密なマネジメントのおかげか、専門外の仕事に臆せず取り組んだハーバードの研究室メンバーのおかげか、それともこんな素人集団との共同作業にもかかわらず、きっちりと仕事をこなした地元の重機オペレーターのおかげなのか。誰の功績かはともかく（おそらく三者の絶妙な組合せによって）、作業はきわめてスムーズかつ迅速に進んだ。鋼板を積みすぎて油圧ショベルが前転しそうになったり、重さ23キログラムの切れ味抜群の鋼板が強風で農地に飛ばされたりもしたが、幸い負傷者は1人も出なかった。こうして2週間後に囲いが完成し、ネズミを導入する準備は整った。

ところが、肝心のネズミの準備がまだだった。彼らはまだ巣穴の中にいて、この先に待ち受ける運命など知る由もなかった。バレットの計画では、それぞれの区画に同数の明色個体と暗色個体を入れる予定だった。そのために、チームはまずネズミを捕獲しなくてはならない。

齧歯類を生け捕りにする昔ながらの方法は、夕方にフィールドを歩いて、片方の端が開いた長さ30センチメートルの金属箱を大量に置いて回るというものだ。箱の中には餌（種子やピーナツバターなどのおいしいおやつ）と、水平の台がある。ネズミ（あるいはサソリからヘビまで、その他ありとあらゆる動物）が台を踏む（あるいは台の上を這う）と、落とし戸が閉まり、動物は中に閉じ込められる。そうしたら、翌日の早朝にわなを回収して、慎重に中をのぞいて獲物の正体を確かめる。

バレットたちは、ネブラスカでのネズミ捕獲にこの時すでにかなりの時間を費やし、遺伝子解析のために各地でサンプルを採取していた。これまでの捕獲成績からいって、必要数を確保するのにそう時間はかからないだろうと、バレットは予想していた。

ところが、ネズミのほうには別の考えがあったようで、これまでにないほどわなが回避されるようになった。ある夜など、700個のわなを設置したにもかかわらず、翌日回収できたのはわずか2匹のネズミだけだった（通常なら35匹は捕獲できるところだ）。1、2週間で終わる予定だった作業に3か月を費すはめになった。それでもなんとか区画を満たし、実験がスタートした。

バレットは、あとひとつだけ決断を下す必要があった。この実験は、視覚優位の捕食者の存在がネズミの毛色に与える影響を調べるものだ。しかし、すべての捕食者が視覚を頼りに獲物を見つけるわけではない。嗅覚や熱を利用する捕食者もいて、これらは毛色に関係なくネズミをランダムに捕えると考えられる。このような捕食は、実験結果における予測不可能なノイズとなり、単なる偶然によって、視覚優位捕食者の影響を打ち消す可能性がある。こうした捕食者を排除して、実験失敗のリスクを回避したほうがいいだろうか？一方で、計画しているのは自然のなかでの実験であり、視覚優位ではない捕食者も当然ながら生態系の一部だ。バレットは、どうしたものかと頭を悩ませた。

とりわけ気がかりだったのがヘビだ。サンドヒルにはセイブガラガラヘビが多く生息している。最大全長約1・2メートルのこのヘビは、プレーリードッグより小さなさまざまな哺乳類を捕食する。若い個体にとってシカネズミは絶好の獲物だ。セイブガラガラヘビの2倍の大きさになるブルスネークも、齧歯類が大好物だ。バレットは、これらを区画から慎重に取り除くことにした。発見したヘビはすべて、先端にはさむ器具のついた捕獲棒を使ってそっと持ち上げ、区画の外に放した。

しかし、ヘビは次から次へと現れつづけた。1ヘクタールの農地にいったいどれだけヘビがいるんだ？いつになったら全部捕獲できるんだ？　ここでようやく、壁がヘビの侵入を阻止できていないと、彼らは気づいた。ヘビは四肢こそないが、驚くほど優秀なクライマーで、90センチメートルの金属の壁を登るなど、大型個体にとっては朝飯前だ。バレットが苦労して捕獲し外に放しても、すぐに別の（あるいは同じ）個体が戻ってきていた。こうしてヘビの排除は中止された。自然のままの環境で実験するのが目的なのだから、これでいいのだ。

シカネズミを実験区画に導入したら、あとは進化が起こるのを座して待つだけだった。バレットは、3か月ごとにチームを率いてネブラスカに戻り、区画内の調査をおこなった。生け捕り用のわなを仕掛け、誰がまだ生きているかを確かめるのだ。彼らはネズミを区画に導入する際、ペットのイヌやネコに使うのと同じ個体識別タグを個別に埋め込んでおいた。そのため、ネズミにスキャナーをかざすだけで、第一世代の個体であれば、IDがスクリーンに表示された。全区画のすべてのネズミの捕獲、スキャン、リリースは10日間で完了した。

定期調査は、バレットら研究チームと、バレンタインの町でできた多くの友人たちとの再会の機会でもあり、住民たちは町名のとおり温かく歓迎した。ある一家は、研究チームを毎晩のようにディナーに招待した。ある老夫婦は、何人かのチームメンバーにほとんど無償で部屋を貸し、機材置場としてガレージも提供した。バレットは再訪のたびに盛大なパーティーを催した。

ネズミのほうも順調だった。実験開始当初、死亡率は非常に高かった。新たな環境に動物を導入する場合、こういったことは珍しくない。あちこち見て回って土地に馴染(なじ)もうとするあいだに、天敵の格好の餌食になってしまうのだ。それに、誰でも知っているとおり、新居への引っ越しは多大なストレスになり(移動が強制ならなおさらだ)、これも間違いなく死亡率を高めただろう。

けれども、興味深いのは死亡率そのものではなく、誰が生存し、誰が死亡したかだ。サンドヒルの実験区画では、平均で明色個体が暗色個体の2倍多く生存していた。逆に、暗色土の区画では、暗色個体が明色個体よりも33パーセント多く生き延びた。ネズミの遺伝子型の比較でも、同様の結果が得られた。明色土壌の区画では、明るい毛色をつくる変異をもつ個体の生存率がより高く、暗色土壌ではその逆の現象が起こっていた。予測のとおり、自然淘汰は、区画によって異なる方向にはたらいていたのだ。

プロジェクト開始から15か月後、第一世代のネズミがすべて死に絶えた。だが、その子孫からなる個体群は問題なく存続していた。淘汰実験は、いまや長期進化実験へと発展したのだ。

これを書いている時点で、実験開始から5年が経過し、これはシカネズミのおよそ10世代に相当する。バレットは今まさにすべての結果をまとめ、遺伝子解析を終えようというところだ。結果がどうなるかはまだわからないが、開始当初にみられた強い淘汰から考えて、個体群は異なる方向へ分岐進化をとげている可能性が高い。とはいえ、自然界は驚きに満ちているので、バレットは先入観をもたないよう心がける。論文はおそらく、この本と同時期に発表されるだろう［訳注：論文は２０１９年2月に『サイエンス』誌に掲載された。二次元コードを参照］。ぜひ結果を『ニューヨーク・タイムズ』でご確認いただきたい。

フィールドでの進化実験研究は、ますます大規模に、大胆に、エキサイティングになってきている。ある研究では、広い農地に二酸化炭素を流し込み、予測される50年後の地球の大気をシミュレートしている。植物は進化するだろうか？　するとしたら、どんなふうに？

今後20年以内に、進化実験のデータが洪水のように押し寄せるだろう。データが増えるにつれ、新たな発見もあるはずだ。だが、現在わかっていることから考えて、全体的な傾向は明らかだ。複数の個体群が同じ環境条件を経験するような実験系では、どの個体群も、概して同じ方向に進化する。この結果は、貪欲なウサギから守られた植物にも、細い枝先での生活を余儀なくされたトカゲにも、等しくあてはまる。サイモン・コンウェイ＝モリスは喜ぶだろう。進化は繰り返すのだ。

この結果はそれほど意外ではない。第一部の収斂進化をめぐる考察で述べたとおり、近縁の種や個体群は、その遺伝的な近さゆえ、同じ方向に進化しやすい。淘汰が同じ遺伝的素材に対してはたらくので、同じ解にたどり着く可能性が高いのだ。これに対し、類縁関係が遠い場合は、異なる遺伝子構成や表現型から出発するので、同じ環境条件への反応として、異なる適応を進化させる可能性が高くなる。野外進化実験では、初期集団どうしはいつも非常に近い関係にあり、たいていは同じソース個体群から抽出されたものだ。そのため、こうした実験は最初から、平行進化が生じやすい性質を備えている。

だからといって、どの実験集団をとっても進化的変化は同一だと主張するつもりはない。むしろ正反対で、ある程度の多様性は常に存在する。たとえば、ナッシュ・ターリーのウサギ排除実験では、同時期につくられた複数の囲いの中でも、植物の成長率は集団によってさまざまだった。設置6年目の区画4つのなかで、もっとも成長の速い区画の成長率は、もっとも遅い区画の1・5倍だった。このような多様性は、9年目、13年目、25年目の区画でもみられた。ウサギの採食を受けない期間の長さは同じだったにもかかわらず、集団の進化的反応には量的なばらつきがあったのだ。同様に、メマツヨイグサを草食昆虫から保護したコーネル大学の研究では、開花時期が大幅に早まったが、進化的変化の量は区画によって大きく異なり、ある区画のメマツヨイグサは開花時期の早期にほかの区画の5倍も花をつけた。

このような多様性は、同じ淘汰圧を経験する近縁集団であっても、その進化的反応はある程度不安定になることを示しているのかもしれない。ほとんどの科学研究がそうであるように、進化実験研究も一般的な傾向に注目し、統計的な枠組みのなかで分析をおこなう。このような研究では、例外的事象は見過ごされやすい。異なる方向に適応する異端の集団も、なかにはあるかもしれないが、検出されないのだ。論文では、分析前の生データが示されないことも多く、この場合、外れ値、つまり異なる進化の道筋へと踏みだした少数派は、読者には見えなくなってしまう。こういった理由で、別の道を選んだ集団がどれだけあるのかは、はっきりしないケースが多い。

加えて、研究ではたいてい多くの異なる形質を測定するが、同じように進化したものだけに脚光を当てる。集団によってばらばらの方向に進化した形質は、統計的に有意な傾向を示さず、無視されるが、もしかしたらそこにも分岐的な適応進化の証拠が隠れているかもしれない。

もちろん、同じ環境条件に対する集団の反応にばらつきがあるからといって、それが進化の偶然性を示す証拠だとはかぎらない。もうひとつ可能性があり、多くの研究者はこちらを節約的な説明とみなす。それは、それぞれの集団が経験した環境条件が、じつは完全に同一ではなかったという可能性だ。植物の形質の多様性は、実験区画の土壌組成、あるいはカタツムリの数、あるいは木陰の面積の、わずかな違いに起因するものではないか？　トカゲの肢の長さのばらつきは、実験場所となった島じまの茂みを構成する、植物種の違いを反映しているのでは？

実際のところは知りようがない。野外実験の大きなメリットは、自然のなかでおこなわれるため、対象が現実世界ではたらく、さまざまな淘汰の要因にさらされていることだ。自然を抽象化したり、単純化したりせずに、野生個体群が経験する事象をそっくりそのまま扱える。

一方で、野外実験にはひとつ、大きなデメリットがある。なにもかもを統制できるわけではないのだ。自然は、ごく近い範囲のなかでも変化に富む。そして、こうした違いが結果の解釈を難しくする。だからラボ研究者は、野外実験と聞くと肩をすくめる。進化がどれだけ繰り返すのか、同じ淘汰環境がどれだけ安定して同じ進化的結果を生みだすのか、本当に知りたいのなら、環境を正確にコントロールできる実験室で実験すべきだ。このような研究は、実世界との関連性を捨てて実験の厳密さを確保している。それでも、グールドの仮説を徹底的に検証できるなら、この取引にはする価値がありそうだ。

＊40　じつは、これは2度目の挑戦だった。池の造成が終わってすぐ、シュルーターは進化実験を始めたが、このときは失敗に終わり、その後は1世代内の自然淘汰に焦点を絞っていた。

＊41　この顛末は、かつてエンドラーが話してくれた、飛行機のなかで種分化についての本を読んでいたときの話に通じるものがある。隣の席の男性が何を読んでいるのかと尋ねたところから、話は弾み、エンドラーは自然淘汰、進化、種分化といった現象を、これらの用語を一切使うことなくすべて説明した。男性はおおいに興味をもち、熱心に話を聞いて、いくつか鋭い質問も投げかけた。最後に男性は、もっと知りたいのでおすすめの本はないかと尋ねた。エンドラーは、やはり最初はダーウィンから、と切り出した。ところが、その名前が出たとたん、男性は真っ赤になって顔を背け、そのあと到着までひとことも発することはなかった。

第三部 ● 顕微鏡下の進化

第9章

生命テープをリプレイする

世界には、進化を象徴する場所がいくつかある。ガラパゴス諸島。オルドバイ峡谷。オーストラリア。マダガスカル。

それから、ミシガン州イーストランシング？

意外かもしれないが、過去数十年のあいだにおこなわれた、進化に関する最重要研究のいくつかを生みだしたのは、この五大湖州のど真ん中で続けられている、進化的変化に関する研究プロジェクトなのだ。

ミシガン州立大学の生物医学・物理科学棟の6140号室は、一見ありふれた生物学実験室だ。背が高く、黒天板の棚がついた実験机が2台中央に並び、スペースを3列の通路に分けている。机の両側には作業スペースがあり、席に座る研究者たちのまわりは、琥珀（こはく）色や透明の薬品が入った瓶の棚、山積みされたペトリ皿、古びた卓上実験器具など、実験科学の必需品でいっぱいだ。壁を飾るのは、よくあるポストカード、オタクっぽい科学漫画、動物やスター研究者の写真。場違いな木切れがひとつ、曲げたクリップ2つを使って棚に平行に留めてある。コンピュータのモニターの後ろや隅からは、幼児向けのおもちゃや雑多ながらくたが顔をだしている。一方の壁際には、薬品でいっぱいのデリカテッセン風のガラス扉の冷蔵庫や、そのほかの大型機器が並ぶ。もう一方は壁ではなく、天井まで達する大きな窓になっていて、キャンパス全体を見渡せる。

研究室にはたいてい固有の特徴があるもので、ここも例外ではない。窓を横切るように青い紙が何枚もテープで留めてあり、1枚にひとつ、大きく数字が書かれている。研究室の中からは、「0004∂」と読める。6階下の外の歩道から見れば、数字の並びが逆になり、正しく読めるようになっているのだ。これについては、もう少し後で説明しよう。

研究室は賑（にぎ）やかだ。ほとんどのメンバーは若く、Tシャツにジーンズのラフな格好をしている。そのなかで、ひときわ目立つ若い男性がいる。青系でまとめた彼のカラフルな装いは、まるで絞り染めの白衣と魔法使いのローブの合いの子だ。彼のことも、詳しくは後ほど。

この研究室の中心であり、存在意義でもあるのが、ドアの隣にある四角い機材だ。大きさも見た目も、ガソリンスタンドの売店でよく見かける、アイスクリームの入った横長の冷凍庫に似ている。それより新しくハイテクではあるが、中からアイスクリームバーが出てきても、あまり違和感はなさそうだ。

とうとう待ちに待った瞬間がやってきた。冷凍庫もどきのふたが開き、中身が明ら

かになる。身を乗りだしたわたしの顔に、生暖かい空気が当たった。やはりこの金属容器にアイスクリームは入っていない。そこには小さなガラスフラスコが、7つずつ2列に並んで、金属板の上のホルダーにきっちり収まっていた。金属板はゆっくりと前後左右に動き、フラスコの中の少量の液体を優しく攪拌(かくはん)している。

正直に言って、わたしは驚き、ほんの少しがっかりした。この四半世紀でもっとも重要な進化生物学研究のひとつのグラウンド・ゼロにいるとは思えないほど……つつましい。ありきたりだ。ぱっとしない。ただ透明な液体の入った小さな容器が、ゆっくりと波打っているだけなのだ。暖かい冷凍庫のなかで。

この小さな容器が大きな波紋をよぶ物語は、ミシガンの実験室ではなく、40年ほど前、ノースカロライナ州のアパラチア山脈に端を発する。若き大学院生、リッチ・レンスキーは、昔ながらのピットフォールトラップで甲虫の個体群調査をしていた。このトラップは「落とし穴」という名前のとおり、穴を掘って動物がそこに落ちるのを待つものだ。動物はそんなにバカじゃない、そう思うかもしれないが、実際そうなのだ。あたりを徘徊しているうちに、ぽとん、と急に落っこちて、そのまま出られなくなる。穴の大きさは狙う獲物によって変わる。甲虫が目当てなら紙コップサイズで十分だが、トカゲやヘビなら大型バケツくらいの穴が必要だ。

レンスキーは昔から自然に魅了されてきた。ノースカロライナで生まれ育ち、オバーリン大学で生物学を専攻した。オハイオ州にある、音楽教育で知られる小さな大学だが、科学教育にも力を入れている。そこで彼は、実験的手法で科学の疑問に取り組むことに夢中になった。だが、ラボ研究ではすっかり一般化しているのに比べ、自然相手の研究では実験があまり活用されていなかった。

当時、生態学の分野は混乱の渦中にあった。ほとんどの研究は、観察や比較に基づき、複数の地点で詳細なデータを収集し、変数間の関連を見つけ、共通点と相違点を説明する手法をとっていた。たとえば、チョウの多い場所ではトンボも多かったとする。この場合、チョウの個体数が、その場所にどれだけたくさんのトンボが棲めるかを決める要因なのかもしれない。トンボがチョウを食べるとしたら、納得のいく説明だ。けれども、逆の因果関係もありうる。トンボの個体数がチョウの個体数を決めているのでは？　ひとつの可能性として、トンボはチョウの捕食者を食べるため、トンボが多い場所ではチョウの捕食者が少なく、したがってチョウも多いのかもしれない。あるいは、チョウとトンボの個体数に直接の関係はなく、どちらも第3の要因によって決まっている可能性もある。たとえば、多湿環境はチョウとトンボの両方にプラスに作用する、というように。この場合、チョウとトンボがたがいに影響を与えていなくても、どちらの個体数も湿度に応じて変わるため、両者には相関がみられるだろう。

これは古典的な相関関係と因果関係の問題であり、直接解決するのにもっともいい方法は、実験だ。もしチョウの個体数がトンボの個体数の決定要因であるなら、前者を変化させれば後者も変わるはずだ。実験デザインは単純だ。どこかの採集地点に行って、チョウの数を増やし、あるいは減らし、トンボの数の変化をみればいい。もちろん、生じる変化は、天候などの外的要因による偶然の産物かもしれない。その可能性を排除するため、対照群を設ける。こちらは、すべての条件を実験群と同一に保つが、チョウの個体数にだけは手を加えない。もし実験群で変化がみられ、対照群では変化がないなら、チョウの個体数がトンボの個体数に影響する証拠となる。ただし、実際には1組の実験区画・対照区画だけでは不十分で、その差はランダムな変動の結果かもしれない。チョウの個体数を操作する区画と、対照区画をそれぞれいくつも用意して、一貫した傾向を示すというのが、よりよい方法だ。もちろん、どの場所をどちらの条件に割り当てるかはランダムにしなくてはならない。こうしたバイアスも結果に影響するおそれがあるからだ。

1970年代後半、シルウッドパーク研究のミック・クローリーら生態学者の一部が、実験的手法を推奨するようになった。数十年続いた従来の観察ベースの生態学研究は見当違いであり、より効果的な手法が必要だと、彼らは主張した。自然のなかで実験をおこなうのは困難だが、必要不可欠だというのだ。この運動を牽引した人物のひとりが、ノースカロライナ大学のネルソン・ヘアストン・シニアだった。若きレンスキーは、20歳で大学を卒業したあと、導かれるようにヘアストンの研究室に加わった。

ヘアストンの関心は全方位に向けられていて、研究テーマも対象種も多種多様だったが、実験的手法を至上とすることは一貫していた。レンスキーの生態系の機能への関心はもちろん認められ、彼はアパラチア山脈の甲虫という、おあつらえ向きの研究対象を見つけた。

レンスキーは博士研究で、ノースカロライナの森林に棲むありふれた2種の甲虫に注目した。彼は2つの問いを立てた。ひとつめは、2種が資源をめぐる競合関係にあるかどうか。そして2つめは、ヒトが自然環境に与える影響に強い関心をもっていたため、甲虫群集が森林の皆伐からどんな影響を受けているかとした。

レンスキーは2つの問いに、2段階のアプローチで挑んだ。まずは古典的な比較研究だ。複数の地点を訪れ、甲虫を採集し、このデータから、2種それぞれの個体数と相関する要因を抽出した。次に、データが示唆する仮説を検証するため、大きな実験区画を建設し、要因（それぞれの種の個体数、森林条件と皆伐条件）を操作する実験をおこなった。

方法そのものはシンプルだが、そのための作業は膨大だった。ひとつのピットフォールトラップは、深さ11センチメートルの穴を掘り、そこにプラスチックカップを入れてつくる。たいしたことないと思うかもしれないが、ひとつの研究につき、こうした穴を192か所も掘ったのだ。加えて、同時進行するもうひとつの研究のため、さらに64か所の穴を掘った。2か月のあいだ、毎日レンスキーは山に登って実験場所を訪れ、カップをひとつひとつ点検して、中身を確かめ、取りだし、記録をつけ、捕まった動物をすべて放した。

実験の準備と管理もまた大仕事だった。正方形の実験区画（ひとつの実験では1・5メートル四方、もうひとつは6メートル四方）は、アルミ製の雨押さえを地面に打ち込んでつくった。区画の中の甲虫はピットフォールトラップを使って定期的に調査し、捕まった運のいい個体には餌を与えつつ、餌資源によって成長と繁殖が制限されているかを調べた。2週間で終わる実験もあれば、3か月続くものもあった。

プロジェクトの2つのパートはうまく補完しあい、実験は全体として、観察研究に基づく仮説を裏づける結果となった。森林区画の甲虫は皆伐区画よりも状態がよく、また食料をめぐる2種の甲虫の競合は、両者の個体数の制限要因として重要であると示された。

レンスキーの博士研究は大成功だった。6本の査読論文が刊行され、うち3本は分野のトップジャーナルに掲載された。研究の質の高さと、レンスキーの非凡な才能が証明され、未来はバラ色だった。

ところが、すべてが順風満帆というわけではなかった。レンスキー自身が、この研究に不満をもっていたのだ。彼の関心は、大学院生として過ごすうちに移り変わっていた。進化についての刺激的な連続講義を受講し、志を同じくするほかの大学院生たちと、パックマンのゲームをしながら、あるいは金曜の夜にビールを飲みながら、無数の議論を重ねるうちに、彼は生物が環境に適応するしくみに強くひかれるようになった。そこで彼は、進化的変化の研究により適した対象を探しはじめた。実験的手法を重視する彼にとって、それに馴染む種であることがとりわけ重要だった。

大学院生の頃、レンスキーは微生物の遺伝に関する古典的な実験[*42]について読んでいた。「何か新しくて馴染みのない（ほとんどすべてがそうなのだが）研究をするつもりなら、他分野ですでに有効性が実証されている、微生物をモデルにするのが得策だと思った」と、彼は言う。こうして、甲虫学者は微生物学者に転身した。

レンスキーが加わる前から、実験室個体群を利用した進化研究には長い伝統があった。20世紀初頭から、こうした実験は数千、数万回と繰り返されてきた。しかも、それらの結果は驚くほど一貫していた。ラボに持ち込んで交配できる、ありとあらゆる生物において、どんな形質に対する淘汰も、ほとんど例外なく、予測可能なかたちで急速な進化的反応を引き起こしたのだ。こうした研究の対象となったのは、ショウジョウバエの体サイズ、体色、尻の毛の本数といった、すぐに思いつくような形質だけではない。ラットの虫歯になりやすさ、ショウジョウバエの走光性、ショウジョウバエのアルコール蒸気への耐性（詳しくは第11章で）など、多種多様な形質が調べられてきた。そしてたいてい、集団中に多様性のあるどんな形質であれ、人為淘汰をかければ、進化的反応が観測された。

本質的にこれと同じアプローチが、家畜や農作物の品種改良においても採用され、おなじみの、だが野生の原種とは似ても似つかない品種が生まれた。たとえば、メキシコ高原に自生するトウモロコシの原種テオシント（ブタモロコシ）は、10センチメートルの穂と10数粒の穀粒、それに硬い外殻をもつ。わたしたちが夏場にかじりつく、数百粒のむきだしの穀粒のついた穂軸とは大違いだ。採卵鶏は毎年３００個以上の卵を産み、原種のヤケイの産卵数とは比較にならないほど多い。それに、人為淘汰はグレートデーンとチワワの両方を、祖先種のオオカミからつくりだした。

人為淘汰は、科学や農業、そして人類の幸福におおいに貢献してきた。しかし、これを自然の進化プロセスの相似形と考えるには、足りない部分がある。博士研究を終えたレンスキーは、実験研究をより自然界で進行するプロセスに近づけるには、2つの改善点があると気づいた。

第一に、わたしたちは進化と聞いて、数千世代、数百万年かけて進行する現象を連想しがちだ。これに対し、実験室での淘汰研究は、たいてい数十世代しか継続されない。強い進化的反応を見るには十分であり、そこから学ぶことは多いが、やはり自然のタイムスケールには遠く及ばない。もちろん、その理由はわかりきっている。研究者のキャリアはそこまで長くないし、それよりはるかに短い研究助成金の交付期間中に、結果をだして論文を書き上げ、次の助成金に応募しなくてはならない。それに、このような研究の対象となる、ショウジョウバエやマウスなどの生物は、1世代が数週間から数か月であるため、ひとつの研究のあいだに見届けられる世代数はかぎられている。必要なのは、生活環が非常に短く、好き放題に世代を重ね、急速に変異を蓄積し、したがって長期的な進化の結果を研究できるような生物だ。

もうひとつ、実験室や農場でおこなわれてきた研究の不自然な（人為的な）点は、たいてい研究者やブリーダーが直接、淘汰の主体になることだ。肉の多い牛をつくりたい？　それなら、いちばん肉の多い個体を選んで、その牛たちだけを何世代も交配させればいい。この方法は、進化的変化を生みだす淘汰の力がどれほど強いかを調べるにはいいが、実際に自然界で起こっていることとは違う。

野生下では、淘汰がこれほど強く、もっとも極端な表現型を備えたひと握りの個体しか生き残って繁殖できないことは、めったにない。むしろ、どんな形質に対しても、淘汰はふつうもっと穏やかで、加えて異なる形質に対するたくさんの淘汰圧が、同時に、ときには打ち消しあうかたちで作用する。足の速いネズミが有利だとしても、わずかなリードにすぎない。もっとも俊足のネズミが、のろまなネズミより10パーセント生存率が高いとしても、偶然のいたずらで、足が速いのに命を落とすものも、足が遅いのに運良く生き残るものもたくさんいる。しかも、うまくカモフラージュしたネズミも同様に有利で、ただし俊足のネズミが必ずしも背景に上手にとけ込めるとはかぎらないとしたら、淘汰圧は対立するかもしれない。結果を総合すると、淘汰はきわめて弱く確率的であることが多い。これは、実験室での人為淘汰研究でみられる、非常に強く絶対的な作用とは大きく異なる。

実験室での淘汰の不自然な点はもうひとつある。自然界では、淘汰はふつう時間を通じて一貫していない。ある年は筋肉質なシカが有利になっても、過酷な次の年は、痩せたシカだけが生き残るかもしれない。それどころか、進化の過程で、個体群そのものが淘汰のはたらく環境を変化させることもある。集団内で珍しいうちは有利になった形質でも、集団内に広まると、もはや利点が失われるかもしれない。あるいは、個体群が進化するにつれて環境を変化させ（その極端な例がビーバーのつくるダムだ）、その変化が淘汰のプロセスにフィードバックを与えて、以前は有利にならなかった新たな形質が選択されるようになるかもしれない。これも、実験室研究ではたらく、多数の世代を通じて一貫した淘汰圧とはまったく違っている。

レンスキーは、これらの問題を回避する、ひとつの方法に気づいた。それはすでに発明されていたが、まだポテンシャルを十分に活かしきれていない方法だった。実験室で、微生物を使って、進化を実験的に研究するのだ。微生物の1世代は非常に短く（種によっては20分以下）、そのためヒトのタイムスケールのなかでも膨大な進化の可能性がある。そして実験者は、従来のほとんどのラボ研究のように淘汰の主体になるのではなく、微生物を新たな環境、最初のうちは十分に適応していないと考えられる環境にさらす。このような状況で、淘汰が進化を促すのは間違いない。けれども、ここで誰が生存し繁殖するかを決めるのは、実験者ではなく、実験環境だ。まさに自然のなかでそうであるように。

一部の微生物学者は、１９４０年代からこのような研究を続けていた。けれども、彼らが研究していたのは、進化のしくみではなく、微生物の体内のしくみだった。微生物を過酷な環境にさらし、生存のためにどんな生化学的・生理学的戦術を生みだすかを調べるという発想だ。あるいは、意地悪だが効果的な方法として、分子生物学的手法によって微生物の能力の一部を封じて、どんな代替策を進化させるかを見るというのもある。このようにして、ＤＮＡのはたらきや細胞の機能に関し、多くの発見がなされてきた。しかし、こうした手法をとる研究者のほとんどは、進化という現象そのものには無関心で、進化を利用して細胞のしくみの解明に取り組んでいた。変化の兆しが見えはじめたのは、1980年代前半、ちょうどレンスキーが博士研究を終えた頃のことだ。

時は流れて、6年後の1988年。若きレンスキーは、いまやマサチューセッツ大学のブルース・レヴィンの研究室でポスドクを終えた。レヴィンは微生物学の巨人であり、当時としては珍しく、微生物を使った実験を通じて進化を研究していた。[*43] カリフォルニア大学アーヴァイン校で教授職を得たレンスキーは、自身の研究プログラムの立ち上げに着手した。新たな研究手法の展望を、長期進化実験として具現化するため、彼はありふれた大腸菌（通称 *E. coli*）を対象に選んだ。

1匹の大腸菌はたったひとつの細胞からなり、大きさは約1マイクロメートルで、食料が豊富であれば20分に1回のペースで分裂する。顕微鏡でしか見えないサイズなので、小さなフラスコの中に数億個体が収まる。集団の個体数が多いほど、変異の数も多くなる。そして変異が多ければ、偶然によって有用な変異が生じる確率も高くなる。こうした変異は、自然淘汰によって選択され、その集団をより環境に適応させるだろう。つまり大腸菌は、もっと寿命が長く個体数の少ない実験生物よりも、進化しやすいと考えられる。

実験科学者たちが長年研究してきたおかげで、大腸菌がどんな環境で生存可能かはわかっていた。この知見をもとに、レンスキーは、大腸菌が耐えられる程度に厳しい環境を設定した。進化による改善の余地が十分にあることが重要だった。

ここで、本筋からは逸れるが、大腸菌を使った研究に危険はないと指摘しておこう。確かに、大腸菌による集団食中毒は定期的にニュースになるし、深刻な疾患を引き起こし、時には死者が出る場合もある。だが、レンスキーが使っているものも含め、ほとんどの株は無害だ。それどころか、ほとんどのヒトは消化管の中に善玉大腸菌の大集団を宿していて、それらはビタミンK_2の生産や有害細菌への抵抗など、重要な仕事を担っている。それに、実験株はガラスフラスコの中での暮らしに適応していて、ヒトの体内には棲めなくなっているので、危害を及ぼすおそれはまったくない。レンスキーと研究室メンバーは、作業の際に一般的な実験用白衣を羽織るだけで、手袋すらしないし、もちろん宇宙服のような仰々しいバイオハザード防護服も着ない。

1988年2月24日［1］、南カリフォルニアは晴れて季節はずれに暖かかった。この日、レンスキーはどこにでもある実験用ペトリ皿をひとつ手に取った。大腸菌は、ほかの細菌と同じく無性生殖で、ひとつの細胞が単純に2つの娘細胞に分かれて増殖する。大腸菌1個体をペトリ皿の表面におくと、やがて分裂し、さらに分裂し、またもや分裂し、やがて数百万個の細胞からなる小さな塚ができる。すべて最初の1個体と同一の子孫たちだ。この塚をコロニーとよぶ。レンスキーが手に取ったペトリ皿の底は、透明でべとべとした、栄養たっぷりのゼラチンで覆われていて、その表面には何十個もコロニーができている。これらはすべて、大腸菌の実験株REL606のひとつの細胞から生まれた。*44 レンスキーは、滅菌された小さな金属針をもち、コロニーのひとつにそっと当てて、数十万個の同一の細胞を針の先端で採取した。次に、それを滅菌ガラスフラスコの底にたまった、10ミリリットルの液体に浸した。これで、長期個体群ひとつのできあがりだ。彼は同じ作業を11回繰り返すと、ティーカップよりも小さな12個のフラスコを保温庫に入れた。*45 庫内の温度は、常時ヒトの体温と同じ37℃に保たれている。

この実験には、もうひとつ重要な材料がある。大腸菌を扱う研究者は、その小さなおなかを満たすため、さまざまなメニューを用意する。酵母粉末や乳タンパク質といった、生化学実験室では定番の栄養物のこともあれば、ヒツジの血やブタの脳と心臓の煮汁のような変わり種のこともある。レンスキーが大腸菌に与えた食料は、2つの点で特殊だった。ひとつは、多くの生物のエネルギー源であるグルコース[*46]（ブドウ糖）以外に、利用できる餌を何も与えなかった点。もうひとつは、たいていの実験研究とは違って、餌をごく少量に制限した点だ。このため個体群は、毎日6時間は急激に増加するが、そこでグルコースを使い果たしてしまう。そうなると、大腸菌は細胞分裂をやめ、ただ静かに待つ。翌日、研究室の誰かが、各フラスコから0・1ミリリットルずつ液体を吸いだす。これはフラスコの中身の1パーセントに相当するので、大腸菌の個体群の1パーセント（約500万個体）が含まれる。それをグルコース溶液9・9ミリリットルの入った新たなフラスコ（実験科学者の用語では「培地」であり、これは対象の生物がそのなかで生きる、栄養を添加した環境をさす）に落とす。こうして新しいサイクルが始まる。

実験開始時に使われた大腸菌株は、1918年以来ずっと研究に利用されていた。けれども、この実験条件、なかでも少量のグルコースが周期的に枯渇するという条件は、大腸菌にとって新奇なものだった。この環境は強い淘汰圧となり、かぎられた資源をすばやく効率的に利用する能力が有利になると予想される。ただし、ほとんどの実験室での淘汰実験とは異なり、レンスキーは勝者と敗者を区別せず、生き延び次世代を残す大腸菌を選ぶことはしなかった。大腸菌がみずから決着をつけ、どの形質の組合せがもっとも有用かを選びだすのにまかせたのだ。そのため、レンスキーはこのプロジェクトを淘汰実験とは考えず、長期進化実験（long-term evolution experiment）、略してLTEEとよぶ。

実験開始時、どの集団もなかのすべての個体が遺伝的に同一であり、母細胞から分裂した同一の子孫たちだった。また、最初のペトリ皿の上の別べつのコロニーに変異を蓄積するほどの時間はなかったので、別べつのコロニーからとった各集団の創始者どうしも、遺伝的に同一とみなせた。これはつまり、この実験の12個のフラスコは、遺伝的に完全に均質であり、集団内にも集団間にもまったく遺伝的多様性が存在しないことを意味する。[*47] 時間が経過し、変異が起こってはじめて、集団内に多様性が生じ、集団どうしが遺伝的に分化できるようになるのだ。

こうしてレンスキーは、自身の研究で、野外進化実験が直面する問題を回避した。それぞれのフラスコの中の環境は、少なくともヒトが最大限に統制したという意味で、完全に同一だ。さらに、各個体群も最初はクローンであり、遺伝的にまったく同じところからスタートする。これはグールドの思考実験を現実世界に具現化したものだ。テープは同時に12回、アイスクリーム冷凍庫の中で、隣り合って再生される。同じスタート地点、同じ環境。進化のテープの同時再生は、パラレルな進化的結果にたどりつくだろうか？　それとも、ランダムな変異が、あるフラスコと別のフラスコではまったく違うかたちで起こり、進化は予測不可能なばらばらの向きに進むのだろうか？　決定論と偶発性、どちらに軍配があがるのか？

長期研究プログラムをひもとけば、誰でも歴史学者になれる。時をさかのぼって研究の足跡をたどり、研究が進むにつれてどんな成果があらわれたかだけでなく、結果の解釈や、研究から得られる教訓が、時とともにどう変化してきたのかも、目の当たりにすることになるのだ。こうして過去を精査するうえで助けになるのが、科学界の「パブリッシュ・オア・ペリッシュ（論文をださぬ者は去るのみ）」の風潮だ。成功を手にするため、研究者は定期的に結果を公表しなければならず、そのため長期研究ではたくさんの論文が連綿と残される。

レンスキーのＬＴＥＥも例外ではない。わたしがこれを書いている現時点で、実験期間は28年を超えている。研究室の窓に裏返しに貼られた数字が示すとおり、６万４０００世代のマイルストーンを数か月前に突破した［訳注：２０１９年４月現在、実験期間は31年、世代数は7万を超えている］。ミシガン州立大学のレンスキーのウェブページには、このプロジェクトから生まれた75本の論文のリストが掲載されている。

リストの2番目にある、１９９４年の論文を見てみよう。実験開始から6年後に出版された、最初の1万世代の結果の総括だ。アメリカ国立科学アカデミー紀要（*PNAS*）に掲載されたこの論文［2］で、レンスキーと、当時博士課程を終えたばかりだったマイケル・トラヴィサーノは、毎日新たな培地に移したあとの個体数増加率から判断して、大腸菌の12の個体群はすべて新たな環境に適応した、と報告した。ただし、環境にどれだけ適応したかは個体群によって異なっていた。両極端に注目すると、ある個体群の増加率は祖先を60パーセント上回ったが、別の個体群の伸び率は30パーセントにとどまった。また、大腸菌の細胞のサイズも祖先集団より大きくなったが、こちらもその増加の幅にはばらつきがあった。体積で50パーセント増加した集団もあれば、150パーセント増加した集団もあったのだ。レンスキーとトラヴィサーノは、それぞれのフラスコの中で生じた別べつの変異の結果として、各集団は異なる適応をとげた、と結論づけた。彼らの言葉を借りれば、「われわれの実験は、適応進化において偶発的事象（歴史の偶然）が果たす、決定的な役割を明らかにした」。

レンスキーは、2万世代の区切りで、再び実験の進捗（しんちょく）を振り返った。大腸菌の集団は、飽食か飢餓かの環境での暮らしにさらに適応していた。個体群の増加率は、祖先集団を平均で70パーセント上回った。依然として集団間の増加率に差はみられたが[3]、それについては「わずかなばらつき」と言及するにとどめ、重視しなかった。論文の主軸に据えられたのは、すべての個体群が同じ傾向、すなわち祖先をはるかに上回る増加率を示した点だった。同様に、細胞のサイズについて新たなデータは示さないまま、平行して起こったサイズの増加を強調し、個体群間のばらつきについては、言及はしたものの、とりたてて考察はしなかった。

これに加えて、レンスキーのチームは個体群間で比較する形質を増やし、たくさんの胸躍る新発見をなしとげた。12の個体群はいずれも、別種の糖であるD‐リボースを与えたフラスコの中では増殖できなくなっていた。これは、大腸菌の生化学的メカニズムが同じように変化したことを示す。その遺伝的基盤のいくつかに焦点を当てて詳しく比較したところ、多くの、あるいはすべての個体群で、同一の変異が生じていると確認された。レンスキーらは、この結果をまとめた論文で、各集団は、増殖率と細胞の構造だけでなく、その生理的・遺伝的基盤についても、同じ方向に進化していると結論づけた［二次元コードも参照］。

2011年、今度は5万世代にわたる進化を振り返って、レンスキーは再びこの結論を擁護し、次のように述べている。「驚いたことに、進化はきわめて反復的だった[4]（中略）確かに各系統はいくつもの細かい点で分岐していたが、わたしはそれらの進化が平行軌道をたどったことに驚嘆した。似たような変化がたくさんの表現型形質に生じていて、遺伝子解析でもそれが裏づけられた」

リッチ・レンスキーが研究者としてのスタート地点に立ったのと同じ頃、地球の裏側で、もうひとりの若者が、大学の科学の授業にはじめて出席した。レンスキーと同じで、ポール・レイニー〔5〕も生物学に魅了され、ニュージーランドのカンタベリー大学で林学と植物学を学んだ。だが、レンスキーと違って、レイニーは学部を卒業したあと大学院には進学しなかった。すでに数年間パートタイムのジャズミュージシャンとして稼いでいた彼は、卒業と同時にロンドンに発ち、それから1年間ヨーロッパを放浪し、あちこちで演奏をしたり、探検したり、パブではたらいたりしながら、世界の広さを肌で感じた。ニュージーランドに戻ったあとも、しばらくはサックス奏者として生計を立てていたが、恋人の家族からのプレッシャーに負け、とうとう乳製品会社の営業職についた。けれども、仕事は3か月しか続かなかった。牛乳を売ったり、食料品店の店長と話したりするのは、レイニーの望む人生ではなかったのだ。当時も今も多くの若者たちがそうするように、彼は大学に戻ることにした。どの修士課程がいいかと探すうち、彼はキノコの商業的栽培に関する研究プロジェクトの募集枠に空きを見つけた。

プロジェクトに加わったレイニーは、コロニーを形成する細菌の一種、シュードモナス・フルオレッセンス *Pseudomonas fluorescens* に出会った。この細菌は生物農薬としてキノコ栽培に役立つだけでなく、美しい構造色の輝きを示す。レイニーはこの細菌の研究に着手し、ペトリ皿で培養した。研究を進めるうち、彼は予想外の現象が起こっていると気づいた。時が経つにつれ、細菌が小さなペトリ皿の中で変化しているようなのだ。一部は色を失って透明になり、それと同時に毒性も消失した。しかも、同じ皿の中でさえ複数のタイプに分化しているものもあった。

興味をひかれたレイニーは、キノコ関連のメインの研究の片手間にこの研究を続け、培地や培養環境を変え、細菌がさまざまな環境にどう適応するかを調べた。修士課程から博士課程に進み、そのあと彼はイギリスに渡って、最初はケンブリッジ大学、次にオックスフォード大学で、ポスドクとしてキノコの研究をさらに続けた。

オックスフォードでようやく歯車が回りはじめた。シュードモナス・フルオレッセンスは土壌中にも水中にも棲む細菌であり、レイニーの仕事のひとつは、この細菌のサンプルをさまざまな宿主植物から採取し、どの株かを同定することだった。そのなかに、地元の森で育つテンサイの葉から採取された株があった。レイニーは、サンプルをラボにもち帰り、必須栄養素がたっぷり入ったガラスのビーカーに入れた。週末をはさんで数日後、彼がラボに戻ると、細菌が溶液の表面に、分厚いべたべたしたマットを形成していた。詳しく調べたところ、この細菌は溶液に入れて放置すると、3タイプに分化し、それぞれビーカーの異なる位置に陣取るとわかった。これだけでも十分おもしろい。ひとつの祖先型から3タイプが出現し、それぞれ環境のなかの異なる部分の利用に適応しているらしい。つまりミニチュアの適応放散だ。

レイニーが報告した実験室での適応放散は新発見だった。だが、それ以上に注目すべきは、レイニーが実験を幾度となく繰り返し、テンサイ好きな細菌を溶液に入れて放ったらかしにするたび、同じ生活場所に特化した3タイプが毎回出現した点だ。一度の例外もなく。

レイニーが細菌を最初にビーカーに入れたとき、その形は丸く滑らかで、溶液全体に分布していた。彼はこのタイプを「つるつる型」とよんだ。ところが、つるつる型はやがて溶液の中心部でしか見られなくなり、一方で別の2タイプが進化した。ひとつは全体には丸っこいが、縁が縮れていて深いしわがたくさんあり、この縁をくっつけあって溶液の表面にマットを形成した。レイニーがつけた名前は「しわしわ拡散型」だ。もうひとつは、つるつる型に似た円形だが、表面に毛が密生している「ふさふさ拡散型」で、こちらもしわしわ型と同じく連結して表面にマットをつくるのだが、あまり上手ではなく、すぐにビーカーの底に沈む。ふさふさ型は、時折しわしわ型がウイルスにやられると、短期間だけ溶液表面にコロニーを形成する。

この適応的な多様化が起こった理由ははっきりしている。酸素というかぎられた資源を獲得するためだ。祖先であるつるつる型が溶液中を泳ぎ回るうちに、酸素が枯渇し、すると酸素濃度の高い溶液の表面を利用できる、しわしわ拡散型とふさふさ拡散型が進化する。昆虫食のトカゲは、異なる生息環境に適応し、競合を最小化する。酸素を求める目に見えない細菌も、同じことをしているのだ。

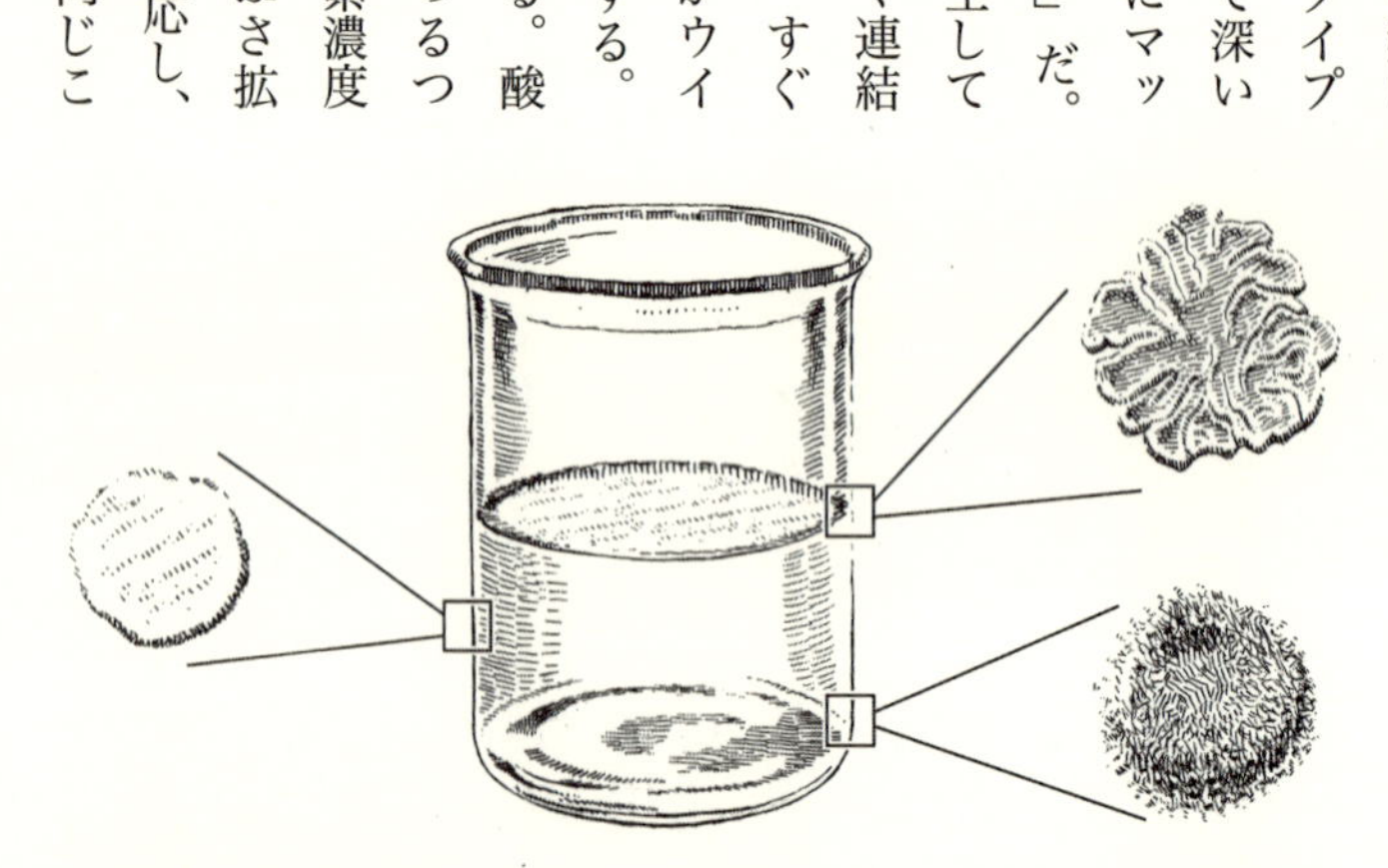

●レイニーの実験で、シュードモナス・フルオレッセンスは形態の異なる3タイプに分化した。
つるつる型（左）、しわしわ拡散型（上）、ふさふさ拡散型（下）。

レンスキーのLTEEは、ひとつの種のなかで起こる収斂進化を示した。だが、こちらはさらに一歩先を行く。同じ適応放散が繰り返し起こっているのだ。シュードモナス・フルオレッセンスを、ある栄養組成の溶液の入ったフラスコに入れ、数日おくと……あら不思議！　つるつる、しわしわ、ふさふさのミックスの完成だ。しかも、ただ同じ3タイプが出現するだけでなく、出現の順番まで予測できる。最初に現れ優位に立つのはしわしわ型で、ふさふさ型は後になって登場する。このパターンは徹底的に再現された。

オックスフォードのポスドクになって半年が経ち、レイニーの（このときはまだ副業だった）研究の大枠が見えてきた。自分ひとりでなしとげたことにわくわくし、誇らしく思いながら、彼は半年に一度の研究報告会で、はじめてこの研究について発表した。この会は研究所長室で開かれ、高名なウイルス学者である所長その人は、同世代の分子生物学者の多くがそうであるように、分子の作用だけに焦点を絞った研究以外、どんな生物学研究も見下していた。

所長はレイニーの発表を中断させ、この研究は無価値だと切り捨てた。現象をただ記録しただけで、異なる型がどんな分子レベルの変化によって環境に特化したのかを解明できていない、というのがその理由だった。レイニーは、この研究の継続を禁じられた。

当然ながら、レイニーはひどく落ち込んだ。だが、自他ともに認める頑固者の彼は、この屈辱をばねに、なんとしても真相を突き止めるという固い決意を新たにした。こうして、彼は人目を忍んで研究を続けた。

偶発性vs決定論の議論における焦点のひとつは、偶然のできごとがどの程度重要で、どれほど未来を形づくる力をもっているかだ。言うまでもないが、こうしたできごとは、進化だけでなく人類の歴史にもきわめて重要な意味をもつことがある。そして、ポール・レイニーの物語にも、ここで偶然の転機が訪れる。あの研究報告会からまもないある日、レイニーは、ある研究者が1年間のサバティカルを、オックスフォードで滞在研究者として過ごすと知った。誰あろう、リッチ・レンスキーだ。

レイニーは約束をとりつけて自己紹介し、その後ミーティングが一度ならず何度となくおこなわれた。頭の固いレイニーの上司とは違い、レンスキーはこの研究の重要性を見抜いた。そして、激励とアドバイスを与えただけでなく、権威あるポスドクフェローシップを獲得して研究を続けられるよう、レイニーを絶賛する推薦状を書いた。こうして1994年、めでたく助成金を得たレイニーは、ついにシュードモナスの研究にフルタイムで取り組みはじめた。

1年後、レンスキーは由緒正しきゴードン会議の微生物個体群生物学部会の会長に就任し、レイニーを講演者として招待した。研究を公の場で発表するはじめての機会に、レイニーは自身の発見のすべてを詰め込んだ。講演はまるでジェットコースターだったが、当時まったく類を見ないものだった彼の研究プログラムは、聴衆にとってつかみどころのないものだった。それに、局所環境スペシャリストにつけたお気に入りのあだ名にこだわったのも、印象を悪くしたかもしれない。「しわしわ」や「ふさふさ」は、画期的な研究プログラムよりも、絵本に出てきそうだ。もっと退屈で小難しい名前、たとえば「ふさふさ」の代わりに「コロニー成長形態Ⅱa、有毛型」とでもしておけばよかった。そんなわけで、研究の新奇性、おかしな名前、それに彼のプレゼンのスタイルも相まって、発表中の会場は笑いに包まれた。レイニーは、聴衆が彼と一緒に楽しんでいたのか、それとも彼を笑い者にしていたのか、いまだにわからないという。

それでも、反応はおおむね好意的で、レイニーは勇気づけられた。翌年、5年任期のポスドクフェローシップの2年目にして、彼はオックスフォード大学に講師として採用された。潤沢な研究資金を得た彼は、みずからポスドクを雇った。ゴードン会議で出会った若手研究者で、レンスキーの研究室出身のマイケル・トラヴィサーノだ。トラヴィサーノとレイニーは研究をまとめあげ、2年後、のちに古典となる論文が『ネイチャー』[6]に掲載された。

レンスキーのLTEEとレイニーの細菌の反復適応放散は、進化生物学に新たなサブジャンルを切り拓いた。はじめのうち、このような研究をおこなうラボは数えるほどだった。けれども、この段階は長くは続かなかった。なにしろ、学術研究の世界は世代交代が速い。研究室のメンバーは、すぐに成長し、巣立ちを迎え、自身の研究室を立ち上げる。1990年代終盤には、レンスキーが指導した学生の何人かがすでに教授職につき、別の研究機関で長期進化実験のアプローチを継続していた。加えて、独自にこのアプローチを採用する研究者も続々と現れ、分野の裾野が広がっただけでなく、研究対象種の多様性も増加した。レンスキーが12個のフラスコに大腸菌を投入してから四半世紀が経ったいま、進化実験をおこなうラボの数は数百にまで増え、このテーマだけに特化した学会が開催されるほどになった。

ほとんどの研究の実験期間は比較的短く、シュードモナスの研究など、たった10日でおこなわれた。けれども、レンスキーの手法をまねて長期にわたり実験を継続する研究者は、ますます増えてきている。

言うまでもなく、LTEEはこのような研究のパイオニアかつ長老であり、これだけ長く実験を続けるのに要した多大な努力を無視するわけにはいかない。もう28年以上も、レンスキー研究室では、毎日誰かが移植をおこなっている。大腸菌の個体群を、古い環境から、グルコース溶液の入った新しいフラスコに移す作業だ。作業自体はほんの数分しかかからないが、それを整然と組織化し、地道に実行しつづけてきたのは、見事というほかない。作業は来る日も来る日も、休日も暴風雪の日も、担当者の病気や冠婚葬祭の日も、休みなく続いてきた。レンスキー研究室のメンバーの誰もが、管理責任者を長年務めるネージャ・ハジェラこそ、プロジェクトをこれほど長期にわたってうまく回してきた立役者だと考えている。

28年間で、移植が日課どおりに実施されなかったことが3回だけある。最初は1991年、レンスキーの研究室がカリフォルニア大学アーヴァイン校からミシガン州立大学に移ったときだ。ラボの引っ越しは大仕事で、このときはプロジェクトの中断を余儀なくされた。このような長い中断は大した問題ではない。大腸菌は、多くの細菌と同様、ある超能力をもっている。SF映画の宇宙飛行士のように、冷凍すると休眠状態になり、後で解凍すれば何のダメージもなく復活するのだ。こうして、LTEEは急速冷凍で一時停止されたまま、大陸を横断した。9か月後、実験集団は解凍され、停止直前のところから再開された。

2回目と3回目の停止期間はもっと短かった。2007年と2010年の冬、ラボの全員が休暇で不在になったため、プロジェクトが一時停止されたのだ。以降こうした事態は2度と起こらず、この7年間は1日も休みなく続いている。

進化実験をおこなう研究者たちのアプローチには、研究デザインにも、取り組む問いにも、膨大な多様性がみられる。それでも、多くの研究はレンスキーとレイニーの先例にならい、複製した個体群を同一の環境にさらし、すべての個体群で平行して進化が起こるかという疑問を検証している。

LTEEとレイニーの研究が、いずれもコピーの個体群は同じ方向に進化すると示したのに、ほかの実験なら結果は別になると予測する理由などあるだろうか？　言い方を変えると、同じスタート地点から出発した複数の個体群が、同一の環境に対して適応するとき、適応のしかたが異なるとしたら、どんな理由が考えられるだろう？

考慮すべき点が2つある。第一に、進化するには遺伝的多様性が必要だ。多様性がなければ、変化は生じない。そもそも自然淘汰とは、ある変異をほかの変異よりも優遇する作用だ。多様性がなければ、淘汰がはたらく対象も存在しない。実験個体群には最初は遺伝的多様性がないので、その後の進化はすべて、実験開始後に起こった変異に基づくものだ。つまり、個体群の進化の道筋は、それぞれの複製集団のなかでどんな変異が生じるかによって決まるとも考えられる。集団間の分岐進化は、単にそれぞれの個体群に別べつの変異が生じた結果なのかもしれない。

しかも、ある変異が集団内に定着するかどうかは、変異が生じた順番に依存する可能性がある。ある変異が、別の変異がすでに集団内に定着している場合には有利にならなかったり、逆に、別の変異がすでに定着している場合にかぎって有利になったりするのだ。そのため、2つの個体群に同じ変異が生じても、変異が生じる順番の違いによって、異なる進化的結果に行きつくことがある。

複数の集団がパラレルに進化するかどうかに影響を与える、もうひとつの要因は、環境が生物に与える課題の解決法が複数あるかどうかだ。第3章で述べたとおり、似たような環境に直面する生物種どうしでも、かならずしも収斂した適応に至るわけではない。異なる表現型が同じ機能的反応を生みだす場合（すぐれた遊泳能力は、尾、前肢、後肢のどれを強化しても得られる）や、淘汰環境に適応する有効な方法が複数ある場合（新たな捕食者の登場に対し、長い肢を進化させて逃走能力を高める、あるいはカモフラージュを進化させて発見を回避する）がそうだ。一方、近縁の個体群はその遺伝的類似性により、遠い親戚どうしよりも同じ方向に進化しやすいことも、すでに見てきた。

では、これらの要因を考慮したうえで、微生物の進化実験研究の結果をどう予測できるだろう？　レンスキーとレイニーの研究では、いずれも複数のコピー個体群がほとんど同じ方向に進化した。これは一般則なのだろうか？

この命題の真偽を判断するのは難しい。それぞれの実験研究は、違った方法で進化について調べているからだ。いちばんわかりやすいのは、複数個体群の形質を精査し、繰り返し同じ方向に進化しているかどうかを検証するというもので、大腸菌の細胞のサイズや、シュードモナスの３つのタイプがこれにあたる。

もう一種、実験によく使われる生物が、おなじみの出芽酵母 *Saccharomyces cerevisiae* だ。酵母は古代から、パンやワイン造り、醸造に利用されてきた。そこへ最近になって、もうひとつ仕事が加わった。分子生物学のモデル生物となったのだ。これまでに登場したほかの微生物とは違って、酵母は真核生物だ。わたしたちヒトと同様、細胞内に独立したひとつの核をもち、そのなかにＤＮＡを保持している。そのため、酵母がもつ生物学的特徴は、ヒトやその他の大型生物とより関連が深い。

核があるとはいえ、１匹の酵母はたったひとつの細胞からなる。少なくとも、通常は。と、ここでまたしても（いまやミネソタ大学に自身の研究室を構える）マイケル・トラヴィサーノの登場だ。彼のチームは、単細胞から多細胞への進化的転換をテーマに据えた。多細胞化は生命進化の歴史上、重大な転機のひとつであり、この変化がどうやって起こったのかは、進化生物学者にとって非常に興味深い疑問だ。なにしろ、生物個体が自律性を失い、公益のために協力しあうように進化したのだ。なぜ、最初は独立した存在だった細胞が、集まって多細胞生物となり、一部の細胞だけが繁殖を担うようになったのか？　人体を例に考えてみよう。あなたの脳も、眼も、脚も、体のどのパーツも細胞でできている。けれども、繁殖し次世代にDNAを受け渡すチャンスがあるのは、全細胞のなかのごく一部でしかない、卵もしくは精子だけだ。それ以外の細胞には、いったい何の得があるのだろう？　この長年の疑問に、進化実験が新たな洞察をもたらすと、トラヴィサーノは考えた。

だが、どうすれば単細胞生物がチームを組んでくれるだろう？　トラヴィサーノのチームは、サイズの大きな細胞を選択していけば、集まってより大きな塊をつくる細胞の進化が促されると突き止めた。それまでの研究は無残な失敗の山だったが、彼らが勝利の方程式を見いだしたのだ。液体の入った試験管に入れたとき、大きな塊はより速く沈殿するため、彼らは実験器具を自作し、酵母を遠心分離機で10秒間回転させた。試験管の底にもっとも速く沈んだ、下層1パーセントを取りだし、新しい試験管に入れて24時間培養する。その後、再びスピンにかける。このプロセスを毎日、2か月にわたって繰り返した。沈むのが速い個体への選択は、予測どおり、10個体群すべてで細胞サイズの増大につながっていた。

チームの思惑どおり、酵母細胞はくっつきあい、雪の結晶のような多細胞の複合体を形成した。しかも、結合のプロセスも10個体群すべてで同一だった。ビール醸造の際に起こるように、個別の酵母細胞が集まるのではなく、多細胞複合体は繁殖プロセスの変化を通じて進化した。酵母はふつう、大腸菌と同じように、ひとつの細胞が2つに分裂し、分離することで繁殖する。ところが、「雪の結晶」[7]では、分裂プロセスが始まりはするが、完遂しない。つまり、ひとつの細胞は2つに分裂するが、娘細胞はたがいにつながり合ったままなのだ。その結果、細胞分裂が続くにつれ、結晶のような構造ができていく。

この実験と、レンスキーやレイニーの研究との相違点は、実験者が直接的に淘汰圧をかけたことだ。後者では、生物を新たな環境に放り込んで、自然のままに任せた。レンスキーに言わせれば、これは淘汰実験であり、長期進化実験ではない。それでも、トラヴィサーノの研究からは、レンスキーやレイニーの研究と同じ教訓が得られた。同じ淘汰環境に直面した複数の個体群は、独立に同じ方向に進化する。

トラヴィサーノ、レンスキー、レイニーの研究とは対照的に、実験室でおこなわれた長期進化実験のほとんどは、表現型形質を直接測定していない。その理由は単純で、とにかく難しいの

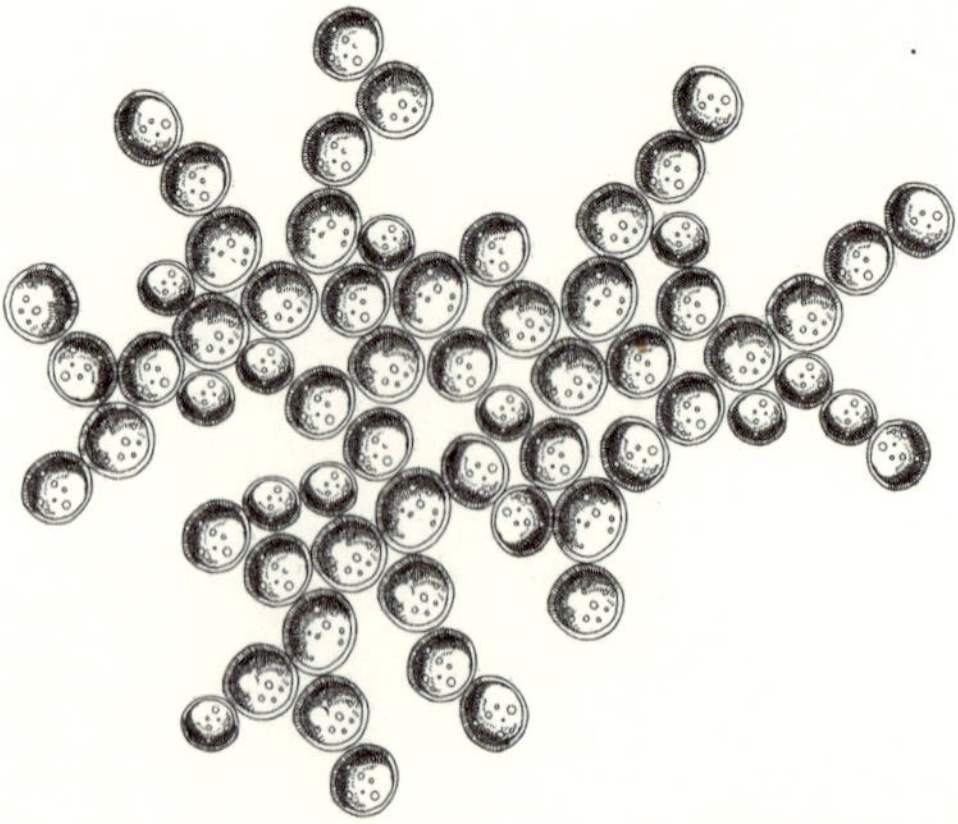

●トラヴィサーノの実験で観察された、雪の結晶型の酵母の集合体

だ。微生物は小さく、その構造的・生理的特徴を正確に計測するのはとても手間暇がかかる。そのため、こういった研究で、表現型がどのくらい収斂進化したかを定量的に示すことはまれだ。

かわりに、ほとんどの研究では、次の相補的な2つの方法の少なくともひとつを利用して、進化の反復性を検証する。ひとつは、各個体群の増殖率を祖先集団と比較する方法だ。時とともに、個体群はふつう新たな環境に適応するため、個体群サイズ（細胞の数）は迅速に増加するようになる。多くの研究で、適応の度合いは実験個体群間できわめて近いと示されている。レンスキーの実験での増加率の伸びは平均約70パーセントで、集団間のばらつきは最小限だったことを思いだそう。

別の研究チームによる大腸菌の研究［8］でも、同様の結果が得られている。こちらは、114の実験個体群を創設し、2000世代にわたって超高温環境にさらした。これにより、過酷な熱水環境に耐えられる生理的適応を促進する淘汰がはたらくと考えられるが、生理的特性そのものの測定はおこなわれなかった。そのかわり、祖先株と比べて約40パーセントの増加率の伸びが、個体群間できわめて一貫してみられたと、研究チームは報告している。

この研究のような、複数の実験個体群が適応度を同程度に上昇させたという知見は、適応の度合いが同じくらいであると示す一方、どう適応したかについては何も語らない。適応度の上昇が同程度であるのは、同じ形質を進化させたためかもしれないし、あるいは進化させた形質は別だが、それらがたまたま同じくらい環境にマッチしていたのかもしれない。

反復進化を見つけだすもうひとつの方法は、実験個体群にみられる遺伝的変異の比較だ。近年、多数の生物個体の全ゲノムを短時間で安価に解読できるようになった。進化実験では、複数の実験個体群のあいだで同じ遺伝子に遺伝的変異が集中している、という結果が出ることが多い。たとえば、先述の熱水実験では、全114集団のうちの65集団で、あるひとつの遺伝子に変異が生じていた。さらに、変異が異なる遺伝子に生じている場合でも、それらは同等の機能をもつ関連遺伝子どうしのことが多い。このような結果は、レンスキーの研究でもみられている。

実験個体群を遺伝子解析によって比較する場合、いくつかの欠点を頭に入れておく必要がある。第一に、ほぼすべてのケースにおいて、実験個体群のある同じ遺伝子のなかには偶然以上の頻度で変異が生じるが、だからといって各個体群が同一の遺伝子進化をとげると主張するのは飛躍しすぎだ。再び熱水実験に戻ると、どの大腸菌の個体群2つを比較しても、一方の個体群で変異が生じた遺伝子のうち、他方でも変異が生じたものはわずか20パーセントに過ぎない。つまり、統計的にいえば、どの実験個体群も似たような遺伝子進化をとげる傾向にあるが、一方で個体群間には膨大な遺伝的多様性も同時に進化するのだ。

それに、2つの個体群で同じ遺伝子に変異が生じていたとしても、ふつう変異そのものは同一ではなく、DNA配列のなかの別の位置に起こっている。これらの変異が似たような表現型の変化を引き起こすと仮定するのは妥当だ。けれども、同じ遺伝子に生じた異なる変異が、遺伝子のはたらきにまったく違った影響を与え、結果として表現型にも差が生じるという可能性も、常に存在する。表現型のデータがなければ、確かなことはいえない。

このような欠点はあるものの、微生物進化実験では、概してきわめて高い反復性がみられると言っていいだろう。もっとも有名なのはレンスキーとレイニーの実験だが、ほかの研究もおしなべて同じ結論に至っている。複数の集団はほぼ同程度に適応し、しかもそれは主として（ヒトが見るかぎり）似たような適応形質の進化によって達成された。微生物は、同じ遺伝子のセットを利用して、平行進化という結果を生みだす傾向にあった。これらの結果から、少なくとも顕微鏡レベルでは、進化は同じ道を繰り返し選ぶと示された。同じ淘汰圧にさらされた複数の同一集団は、ふつう極めてよく似た方向に進化する。

だが、ひとつ重要な例外がある。

＊42　１９４３年の論文、「ウイルス感受性からウイルス抵抗性への細菌の変異」は、細菌がもつ遺伝子ベースであること、変異がランダムに起こることを示した。サルバドール・ルリアとマックス・デルブリュックは、この研究でノーベル賞を受賞した。

＊43　レヴィン以外に、レンスキーは分野のパイオニアとして、リン・チャオ、ダン・ダイキューゼン、バリー・ホールをあげる。

＊44　ＲＥＬはレンスキーのイニシャル。

＊45　13番目のフラスコには、大腸菌を含まない液体だけを入れ、汚染検出のための対照として用いた。理由については深入りしないが、数年後に14個目のフラスコが追加され、これらを合わせるとわたしがラボを訪問したときに見た7個ずつ2列のフラスコになる。

＊46　ヒトを含む。血糖値が低いという場合、血中に溶けているブドウ糖の量をさす。

＊47　厳密にいえば、この表現は不正確だ。レンスキーは、集団の半分にある変異を導入した。これは交差汚染が万一発生したとき、集団どうしを区別できるようにするための処置だ。この変異は表現型に影響を及ぼさないため、自然淘汰（とうた）の作用の対象にはならない。

第10章

フラスコの中のブレイクスルー

LTEEの実験手続は、週末も休暇中も、年中無休で毎日フラスコの交換をおこなうことが前提だ。研究室メンバーのほとんどが、この責務を分担している。管理責任者のネージャ・ハジェラは、丁寧に新人研修をおこない、大腸菌をグルコースの枯渇したフラスコから栄養充塡済みの新居へと移す適切なやり方を指導して、さらに最初の何回かに立ち会い厳しくチェックする。ハジェラが毎月シフトを貼りだし、週末や休日の担当を割り振る。

2003年1月下旬のある寒い土曜日、この日のLTEE作業担当はレンスキー研究室に所属するティム・クーパーだった。彼は作業には慣れっこだったが、寒くて風が強く、雪まで降っているこんな日には、できれば家にいたかった。それでも、仕事は仕事なので、彼はラボに向かった。

クーパーはラボでの作業が大好きだった。実験開始からすでに14年が経ち、たくさんの重要な科学的発見が生みだされてきた。大腸菌を古い家から、最初だけは資源豊富な新しい容器に移しているとき、彼は科学史の1ピースを扱っているように感じた。進化生物学においては、すでに歴史的な重要遺物だ。舞い散る雪のなかラボに向かうクーパーは、想像もしていなかった。まもなく彼自身も、歴史に名を残すことになろうとは。

その朝、ラボに到着した彼は、いつもどおり作業に取りかかった。滅菌ガラス容器が並ぶキャビネットに近づき、新しいフラスコを取りだす。上端の口には、小さなガラスビーカーが逆さまにかぶさっている。空気中の細菌がフラスコに入って汚染を起こすのを防ぐためだ。フラスコにラベルを貼ったあと、事前に用意してある培養液の入ったボトルを手に取り、フラスコひとつにつき9・9ミリリットルずつ、ピペットで慎重に注ぐ。

ここからが、何より重要な移植作業だ。飢餓状態の大腸菌は、1日の大部分、静かにこの時を待っていた。幸運な一握りの個体だけが、新たな宴に招かれ、そこで摂食、分裂、征服を再開する。クーパーは、アイスクリーム用冷凍庫のようなインキュベーターに近づくと、LTEE個体群の入ったフラスコを取りだし、トレーに乗せて実験机に運んだ。そして、ごく少量（0・1ミリリットル）の培養液を古いフラスコから採取し、新しいフラスコに落とした。こうして、新たな1日の個体数増加が始まる。クーパーはいつも、フラスコを一度に2個ずつ取りだし、中身をさっと確認して、トレーに乗せるという手順をとる。自称オタクの彼は、この移植作業をゲーム感覚で楽しんでいた。目標は、大腸菌を古いフラスコから新しいフラスコに移す時間の最短記録を打ち立てることだ。

フラスコの中で大腸菌が増えるにつれ、液体の透明度は下がる。毎日おこなわれる移植の直後は透き通っているが、翌日には少し濁って見える。作業のなかで、移植の前に中身を確認するのは、フラスコの中身の液体が適度に濁っているか確かめるためだ。もし透明なら、前日に何かミスがあり、フラスコ内に細菌がいないということだし、もし濁りすぎていれば、細菌の爆発的増加、つまり別種の細菌による汚染が起こっていることを意味する。これは形式的な手順だった。この3年間、クーパーが見てきた1日齢のフラスコは、ひとつの例外もなく、みなわずかに濁っていた。

クーパーは、最初の2つのフラスコを、口にかぶせてあるビーカーを落とさないよう気をつけながら、棚に置かれた金属台のホルダーから外した。目視でも何も異常はなかった。次の2つも同様だった。その次の2つのフラスコには、Ara–3およびAra+3とよばれる個体群が入っていた（この名前の意味はわざわざ説明するほどのものではない）。2つのフラスコをのぞき込んだクーパーは、人生最大の衝撃を受けた……というのは大げさだが、そのとき見たものに驚愕（がく）したのはまぎれもない事実だ。Ara–3のフラスコの中の液体は、不透明でどろりとしていた。濁りの濃さは細菌個体群の爆発的増加のシグナルであり、これは大腸菌に与える栄養量を制限するという実験の設定上、ありえないことだった。

これと似たような大発生は、14年の実験期間中に何度かあった。手違いで別種の細菌がフラスコに入り込み、それが大腸菌以上に内部環境にはびこってしまったのだ。このような失敗を予見して、レンスキー研究室では対策を用意していた。毎日、個体群を新たなフラスコ（これをF1とよぶことにしよう）に移したあと、古いフラスコ（F0）を冷蔵庫に入れて1日保管する。翌日、もしF1がよどんでいて、汚染が疑われる場合、その中身は廃棄し、当日のフラスコ（F2）には冷蔵庫の中の古いフラスコ（F0）から移植をおこなう。要するに、実験の1日（汚染が起こったと考えられる日）を飛ばして、前の日の古いフラスコに戻り、当日分の新しいフラスコに大腸菌を移すのだ。実験プロトコルに従って、クーパーは型どおり、金曜日に冷蔵庫に入れたAra–3のフラスコから新たに移植をおこなった。

レンスキー研究室の週末シフトは連勤なので、日曜日、クーパーは再びラボに戻ってきた。驚いたことに、Ara–3はまたしてもよどんでいた。興味をひかれた彼は、フラスコから少量のサンプルを取りだし、顕微鏡で観察した。少数の大腸菌と、大量の他種の細菌、すなわち汚染の元凶が見つかると予想していた。ところが、細胞はどれも大腸菌のように見えた。とはいえ、たいていの細菌は顕微鏡下では大腸菌に似ているのだから、この観察だけで確かなことはいえない。それでも、クーパーは興奮し、これは大きな発見かもしれないと思いはじめた。

研究室には、しつこい汚染への対応プロトコルもあった。前々日のフラスコから移植しても汚染が続く場合に備えてのものだ。汚染源はいつフラスコに混入したのだろう？　おそらく、数日前からそこにいたが、大発生のレベルまで増殖するのに時間がかかっていたと考えられる。冷蔵庫のスペースにはかぎりがあるので、すべてのサンプルを万一の事態のために保存しておくことはできない。そのため、時間を1日巻き戻しても汚染問題が解決しないときは、プランBを実行する。

手順に従って、今度は時間をもう少し前まで巻き戻す。今回のケースでは約3週間前だ。こんなことが可能なのは、大腸菌の低温耐性のおかげだ。低温環境で仮死状態で生きつづけ、温度が上がると元どおりになる大腸菌の性質を利用すれば、実験を長期間中断できるだけでなく、実験の過去のある時点のサンプルを保存して、必要なときに蘇生（そせい）もできるのだ。

実験の500世代（およそ75日）ごとに、レンスキー研究室のメンバーは、移植に使われなかったフラスコの個体群の残り99パーセントを、詳細にラベルづけされたガラスの小瓶に移し、マイナス80℃の超低温冷凍庫に入れた。過去に実験で手違いがあったときは、メンバーは（「冷凍化石記録」とよばれている）冷凍庫からいちばん最近の保存サンプルを取りだし、そこから実験をやり直した。

サンプルが保存されている冷凍庫の名前は「アヴァロン」で、さらにそのコピーが予備の冷凍庫「キフホイザー」「ヴァルハラ」「シェシュナグ」に眠っている。これらの名前の意味をご存知だろうか？　わたしも知らなかったのだが、ザック・ブラウント（彼については後述）いわく、バックアップ冷凍庫の名は「神話や伝説のなかで、偉大な英雄たちが復活の時まで眠りつづける場所からとった」そうだ［1］。

汚染が疑われたこれまでのケースは、いずれもアヴァロンから取りだしたサンプルで実験を再開すると、問題は解決した。復活個体群は通常どおりにふるまい、フラスコもいつもの半透明に戻った。

だが、このときは違った。数週間かかったが、また濁りが現れたのだ。さらに分析をおこなった結果、汚染が原因ではないと判明した。フラスコの本来の中身が、爆発的な増加をみせていたのだ。大腸菌個体群Ara–3は、何らかの進化の結果、個体数を通常の10倍まで増やした。

Ara–3の個体群サイズは、毎日供給される最小限のグルコースでやっていける数をはるかに上回っていた。明らかに、この個体群は、培養液中の別の何かを分解する能力を進化させたのだ。ずっとそこに存在していたが、ほかの個体群はこれまでまったく利用できなかった何かを。候補の筆頭にあがったのは、クエン酸塩とよばれる分子で、これはレモンの酸味を生みだすクエン酸の化合物だ。

クエン酸塩は、理論上は大腸菌にとってすぐれたエネルギー源だ。実際、無酸素状態では、大腸菌は環境中からクエン酸塩を取り込み、餌にできる。だが、酸素があると、大腸菌はクエン酸塩を食べない。その理由は、クエン酸塩を大腸菌の細胞内に取り込む役割を担うタンパク質にある。トランスポーターとよばれるこの分子は、細胞壁から突きでていて、クエン酸塩と結合して内部に取り込み、そこでクエン酸塩は消化される。トランスポータータンパク質をつくる遺伝子 *citT* は、無酸素状態でのみ活性化する。なぜこのように進化したのかはわかっていない。

有酸素状態でクエン酸塩を分解できないという特徴は、大腸菌全般に例外なくあてはまるため、実験室で細菌の種類を特定する際の診断基準にされるほどだ。サイエンスライターのカール・ジンマーの言葉を借りれば、大腸菌は「地球上でもっとも徹底的に研究されてきた生物種」だ[2]。それでも、この1世紀のあいだ無数におこなわれてきた、大腸菌を対象にした実験のなかで、実験個体群が有酸素状態でクエン酸塩を分解する能力を進化させた例は、1982年に報告された、たったひとつしかない。

実験溶液がクエン酸塩を含んでいたのは、歴史的経緯による偶然だ。先行研究の大腸菌を使う実験では、クエン酸塩を入れてうまくいっていたので、レンスキーは実証済みのレシピに従うことにした。彼は1982年の研究を知っていたので、大腸菌集団がクエン酸塩の利用に適応する可能性も考えたが、どれだけ世代を重ねてもクエン酸塩を分解できずにいるのを見るうちに、この考えは薄れていった。

第33127世代のよどんだフラスコがすべてを変えた。汚染の可能性が排除されたため、当然ながら、クエン酸塩の利用が第二の仮説として浮上した。暫定的な検証結果は、仮説を支持していた。Ara–3のサンプルを、クエン酸塩を含み、グルコースを含まない溶液の入ったフラスコに入れると、大腸菌は何の問題もなく生存し増殖したのだ。

ここから、Ara–3で何が起こっているのかを解明する仕事は、ポスドクのクリスティーナ・ボーランドに引き継がれた。ボーランドはイェール大学で博士号を取得した、分子遺伝学のエキスパートだ。彼女は、完璧に証拠を固めるという難しい課題に取り組んだ。まず、従来の検出法では確認できず、かつクエン酸塩を分解できる外来細菌がAra–3集団に侵入したという可能性を排除した。次に、クエン酸塩を食べる大腸菌が、本当にAra–3由来かどうかを検証した。もしかしたら、クエン酸塩を利用できるようになった別の大腸菌株が、何らかのルートで混入したのかもしれないからだ。ボーランドのDNA解析により、この集団は以前からあったAra–3固有の遺伝子変異をもっていると示された。

結論はたったひとつだ。レンスキー研究室のフラスコで14年にわたって生きつづけてきた、このひとつの個体群は、大きな進化的跳躍をなしとげた。変異と自然淘汰がぴったりかみ合った結果、この個体群は、種が野生で存続してきた数百万年のあいだには、知られているかぎり一度たりとも生みだせなかった適応を進化させたのだ。[*48] この適応的な「変身」は、はかり知れない進化的意義をもつ。レンスキーは、この株は新種として分岐していく途中なのかもしれないというアイディアを思いつき、それから13年が経ったいま、まもなく学術論文として発表する予定だ［訳注：論文は2015年12月に『英国王立協会紀要B』誌に掲載された］。クエン酸塩を利用する能力を獲得したのは、12の個体群のうちひとつだけだった。あれから3万世代以上を重ねた現在でも、ほかの個体群でこの能力は一度として進化していない。予測可能性も平行進化も、もはやこれまでだ！

スティーヴン・ジェイ・グールドは、「生命テープのリプレイ」というアイディアを提唱したとき、それを実現不可能な思考実験ととらえていた。「残念なのは、実験をおこなえないことである」と、彼は述べている[3]。しかし実際は、微生物を対象にすれば、実験は実現できる。微生物は冷凍し復活させられるので、時間を巻き戻し、テープをリプレイできる。凍った祖先個体群のサンプルをよみがえらせ、再び進化の道のりを歩ませて、結果が最初のときと同じになるかを確かめればいいのだ。これは微生物を使った研究の大きな利点だが、レンスキーは実験を始めたとき、このことを十分に理解していなかったという。平行して進化する12の個体群という実験設定が、グールドのメタファーに相当するとは考えていた。だが、過去の時点の個体群をよみがえらせれば、レンスキーは、真の意味でのテープのリプレイ、つまり時をさかのぼった進化のやり直しができるのだ。

こうして、2004年の冬、リスタートボタンを押す役目が、レンスキー研究室に入ったばかりの27歳の大学院生、ザック・ブラウントに任された。ジョージア州出身で、物腰やわらかなブラウントは、意外にも北部の厳しい冬を愛しているが、レンスキーと仕事をしたくてミシガン州立大学に来たわけではなかった。しかし第一希望で配属された研究室とそりが合わず、別の可能性を探すことにした。ブラウントはレンスキー研究室の仮説主導のアプローチを気に入り、レンスキーはこの若者を、「真面目で頭が切れ、物静かだが、好奇心と知識愛、科学的探究心にあふれている[4]」と見込んだ。

彼は絶妙のタイミングで研究室に加わった。ボーランドの研究で、Ara-3大腸菌がクエン酸塩の消化能力を進化させたとわかったが、これにより、たくさんの新たな疑問が噴出した。ブラウントは当初、ボーランドのもとでプロジェクトの一部に参加したが、この年のうちに彼女が夫とともに中国に渡ることになり、レンスキーはブラウントをプロジェクトの責任者に抜擢（ばってき）した。このときは2人とも知る由もなかったが、このプロジェクトは後に10年がかりの仕事に発展し、ブラウントは博士号を得たあともポスドクとして数年研究をつづけ、世界に名声を轟（とどろ）かせることとなる。

トレードマークの絞り染めの白衣（以前は緑だったが、今は青）を羽織り、ブラウントは仕事にとりかかった。このときまでに、LTEEでは数兆匹の大腸菌が生まれ、そして死んだ（12個体群、3万世代、毎日到達する環境収容力は数千万匹。計算はご自身でどうぞ）。そのため、クエン酸塩の消化能力（レンスキー研究室のよび名では「Cit+」[*49]）は、ひとつの遺伝子変異の結果とは考えにくい。もし、たったひとつの遺伝子変異でこの能力を生みだせるなら、実験期間中には何十億という変異が生じてきたのだから、もっと速く、あるいは複数の個体群で、Cit+が進化しているはずだ。

もっと可能性の高いのは、複数の遺伝的変異が続けざまに起こったために、Cit+が進化したという仮説だ。変異がひとつか複数かという、2つの可能性を区別する方法は、少なくとも理論上は単純だ。ブラウントは、アヴァロンに眠る冷凍化石記録をさかのぼり、今度はクエン酸塩の消化能力をもたない祖先のAra−3個体群（Cit−）から、再びCit+を進化させられるかを調べた。クエン酸塩利用の進化に、もし先行する特定の変異が必要なら、比較的最近の個体群だけがCit+を進化させられるだろう。ずっと以前の個体群には、進化を起こりやすくさせる、こうした変異が存在しないはずだからだ。逆に、もしたったひとつの変異でいいなら、どの時点の祖先個体群を復活させても、Cit+が進化する確率は等しくなるだろう。

しかし、単純だからといって、すぐに答えが出るとはかぎらない。ブラウントは、実験アーカイブのなかから、いちばん古い1988年の創始者個体群から最近冷凍したものまで、12の時点のAra-3サンプルを取りだした。それぞれの時点のサンプルからよみがえらせた大腸菌を使って、6つずつコピー個体群をつくり、合計72の個体群を2年半にわたって進化させた。その結果、72個体群のうち、4つでクエン酸塩の消化能力が進化した。これらはいずれも、比較的最近の祖先個体群に由来するものだった。つまり、最近のAra-3個体群だけが、クエン酸塩の消化能力を進化させられるのだ。

実験結果を待ちくたびれたブラウントは、進化が進むあいだ、もうひとつの方法を試すことにした。このやり方では、Cit+能力のわずかな改善を検出できる。まずは再び、異なる時点で冷凍されたサンプルから大腸菌を取りだして培養し、ひとつにつき100億匹以上の個体群を複数つくらせた。これらの個体群を、クエン酸塩しか食べ物のないペトリ皿に移し、3週間にわたって経過を観察した。この条件では、ごくまれなCit+変異をもっている大腸菌だけがコロニーを形成できる。ブラウントが調べた3200個体群のうち、わずか13個体群、割合にして0・4パーセントだけが、Cit+へと進化した。またしても、13個体群のほとんどは最近のもので、もっとも古い祖先をもつ個体群でも、祖先の冷凍サンプルは第2万世代のものだった。

これらのリプレイ実験の結果、2つの事実が明らかになった[5]。第一に、Cit+の進化は、同一の環境で維持された個体群においても、ごくまれな事象であること。第二に、クエン酸塩の消化能力はひとつの変異によって生じるのではなく、複数の変異が関係していて、それらはすべてごくまれにしか起こらないことだ。2万世代の区切りの直前の個体群で、何かが進化し、それが後のCit+能力の進化の礎を築いた。このように、非常にまれなできごとの組合せが必須であるために、LTEEのひとつの個体群でCit+が進化するのに3万世代以上を要し、しかもほかの11個体群では進化しなかったのだ。

ザック・ブラウントのプロジェクトをこんなふうに説明したのでは、結果にたどり着くまでの膨大な仕事の積み重ねに対して失礼というものだろう。進化生物学界隈では有名なある写真のなかで、ブラウントはカラフルな上着を羽織り、蓮のポーズ（あぐらを組んで目を閉じ、手の親指と人さし指で円をつくる瞑想姿勢）で、うずたかく積まれたペトリ皿の山の前に座っている［二次元コードを参照］。その山をつくる1万3000個のペトリ皿はすべて、たったひとつの実験で、彼が使用したものだ。

ブラウントがプロジェクトに着手してから5年の月日が流れ、40兆個体の大腸菌が生まれたのちに、実験の3つの結果を明らかにした最初の論文が刊行された。論文が出た2008年の夏の時点で、彼はすでに、具体的にどの変異がCit+に関連するかを突き止めるというプロジェクトの次の段階に進んでいた。

長期実験の利点のひとつは、実験が後期段階へと進むにつれ、新たな技術が登場し、最初の頃には夢想でしかなかったことが実現できるようになる点だ。ブラウントの実験の場合、新技術とは安価で容易な全ゲノム配列決定だ。ゲノム解読がはじめて登場した20世紀末、生物1個体の全配列を決定するには数百万ドルの費用と数年の時間を要した。けれども2008年には、費用は7000ドルに下がり、期間は1か月にまで短縮した。[*50] この解析技術を利用して、ブラウントらのチームは、Cit+とCit−の大腸菌の配列決定をおこない、クエン酸塩消化能力の進化にかかわる遺伝的変異を特定する作業にとりかかった。

バイオテクノロジーを駆使したその方法については、ここで詳述はしないが、解析が終わるまでにさらに4年の月日が流れ、その間にブラウントは博士号を取得して、ポスドク研究員としてレンスキー研究室に残った。そして、分子生物学の魔法により〔6〕、彼はフラスコの中で何が起こったのかを解明した。

ブラウントは、実験期間中のさまざまな時点からとった、29個体の大腸菌のゲノム解読をおこなった。その結果、すべてのCit+個体群が、Cit−個体群にはまったくみられない、あるひとつの変異を共有しているとわかった。ここで復習だが、自然界の大腸菌は、*citT*遺伝子の活性化により、無酸素状態でクエン酸塩を取り込める。この遺伝子は、細胞にトランスポータータンパク質をつくらせ、トランスポータータンパク質が細胞膜の表面に突き出て、周囲のクエン酸塩と結合する。じつは、Cit+大腸菌の細胞内で起こっていたのは、この遺伝子の重複コピーだったのだ。重複コピーは、ほとんどの生物の細胞内で常に起こっている。新たな細胞ができるとき、DNAは自己複製する。そして時にコピーミスが起こり、同じ遺伝子が2つ連続する配列が生じる。

通常、クエン酸塩と結合するトランスポータータンパク質をつくる*citT*遺伝子は、酸素濃度が低いときに活性化する。これに対し、*rnk*という、*citT*の近くに位置する遺伝子は、酸素濃度が高いときに活性化する。まったくの偶然により、*citT*遺伝子の2個目のコピーがたまたまできたとき、コピーは*rnk*遺伝子を活性化するスイッチに隣接する位置に入り込んだ。これにより、*citT*遺伝子の重複コピーは、*rnk*とともに、有酸素状態で活性化するように変化した。こうして、DNA複製の際のミスコピーという分子レベルの偶然が、Cit+大腸菌に、有酸素状態でクエン酸塩を消化する能力を授けたのだ。

ブラウントの研究のおかげで、Cit+ がこれほど有益でありながら、LTEE 個体群でごくまれにしか進化しなかった理由は、いまではかなり解明されている。端的にいえば、ほとんどありえないようなできごとが、いくつも起こる必要があったからだ。クエン酸塩の利用を可能にする鍵となる遺伝的変異は、重複、すなわちひとつの遺伝子全体がひとつ余分にコピーされ、ゲノムの中に挿入されることだった。しかも、ただ *citT* が重複するだけでなく、そのコピーが有酸素環境で活性化するよう、適切な位置に挿入されなくてはならなかった。ブラウントのリプレイ実験は、遺伝的な条件さえ整っていればこうした変異が実際に起こりうるが、ただしそれは非常にまれな事象だと示した。

だが、単にまれな事象というだけでは、Cit+ の進化がどれだけ途方もないことかを表現しきれない。*citT* 遺伝子が重複し、そのコピーが適切な位置に挿入されることは必須だが、これらが Cit+ の進化につながるのは、変異が起こる前からその個体群の準備が整っていた場合にかぎられる。Cit+ が実現する前に、別の何かが進化している必要があり、その何かが Ara–3 のフラスコの中に生じたのは、2万世代が経過した後だったのだ。

「促進的変異」[*51]、すなわち後の Cit+ の進化を可能にする変異を特定するのはきわめて難しい。さらに3年が経過して、ブラウントと共同研究をおこなうテキサス大学オースティン校のチームが、ついに促進的変異のひとつを発見し、それが当初自然淘汰によって選ばれた理由も明らかになった（自然淘汰に先見性がないのをお忘れなく。ある変異が、将来役立つだろうからという理由で選択されることはない。そのため、促進的変異は、クエン酸塩の利用とは無関係の何らかの利益をもたらしたか、あるいは偶然進化したかだが、このような大集団の場合、後者の可能性は低い）。だが、謎がすべて解き明かされたわけではない。Cit+ の進化には、さらに第2の促進的変異がかかわっているとみられ[7]、今もテキサス大学で研究は続いている。

この話にはまだ続きがある。促進的変異と、最初にクエン酸塩を消化する能力を大腸菌に授けた変異に加えて、Cit+ の進化には第3の段階があった。遺伝子重複が起こったあと、Ara-3 個体群はクエン酸塩を利用できるようになったが、その効率は非常に悪かった。重複変異をもっていても、さほど生存に有利にはならず、そのため自然淘汰による正の選択も強くなかった。1500世代以上にわたり、この変異は個体群中に存在したが、その頻度はきわめて低かった。だが、もうひとつの変異が起こり、Cit+ に固有の変異がさらに重複したため、好気環境下で活性化する遺伝子を複数もつようになった。これでようやく、クエン酸塩を利用する能力が大幅に向上し、個体群中に急速に広まったのだ。ブラウントの分析によると、3番目のできごとは最初の2つほど珍しくはないものの、やはり個体群中に実際に生じるまでにはある程度の時間を要した。

この壮大な Cit+ 叙事詩は、進化のプロセスを理解するうえで、重要なポイントを示している。ひとつは、進化における重要な発明がどのように生じるかだ。眼や腎臓など、複雑な形質はふつう、たったひとつの変異によって新たな構造がゼロから生まれた結果ではない。このようなイノベーションは、たいていは段階的に、一歩ずつ改良が加わってできる。

それ以上に重要なのは、進化が必ずしも予測可能ではなく、テープをリプレイしても同じ結果に至るとはかぎらない点だ。Cit+ は、レンスキーの12の個体群のうち、たったひとつでのみ進化し、ブラウントによるリプレイでも、きわめて低い確率でしか生じなかった。ここから得られる結論は明らかだ。複数の変異がセットになって、適切な順序で起こり、劇的な効果を生みだして、その後の進化のコースを変え、新たな道を拓くケースは、実際にあるのだ。

「偶然と必然のせめぎ合い」[8]。レンスキーは、30年にわたる大腸菌研究プログラムに通底する根本的な問いを、こう表現する。そのインパクトは、ひとつの研究プロジェクトの学術的成果の範疇をはるかに超えるものだ。LTEEは、この問題の解明で見事な成果をあげ、すばらしい発見を次つぎになしとげてきた。LTEEは、その他の先駆的研究とともに、ひとつの研究分野の端緒となり、大勢の研究者たちがこれらに続いて、同一の創始者集団から個体群を複製し、同じ条件のもとで多様化するさまを記録するという、類似の研究を開始した。

このような実験の多くが現在も進行中だが、終了したものの結果から、大まかなパターンが見えてくる。その様相は、レンスキーが1988年に予測したよりも、ずっと複雑だ。彼は当初、明確に「偶然」陣営に属し、Cit+のような結果が通例だろうと予測した。ところが実際には真逆で、たいていは必然が勝利する。同じ淘汰圧にさらされた実験個体群は、ふつう同じように適応し、適応度はほぼ等しく上昇する。

だが、これは一般則で、詳しく見ていくと進化の道筋は同一ではないと気づく。適応は、似てはいるけれども、ばらつきがある。別べつの個体群の「しわしわ拡散型」を比べると、形状や構造に細かな違いが見つかる。酵母の「雪の結晶」は、どれも試験管の底に速く沈むという機能をもつが、大きさや配置は多種多様だ。多様性は遺伝子レベルでも存在する。別べつの個体群の表現型の類似性は、ふつう同じ遺伝子に起こった変異の結果だが、常にそうとはかぎらない。時には、異なる遺伝子に起こった変異が、似たような表現型を生みだす場合もある。たとえば、ポール・レイニーの研究室の最近の研究[9]では、しわしわ拡散型の表現型を生みだす16通りの異なる遺伝的経路が見つかった。それに、どの個体群でも同じ遺伝子に変異が起こっている場合でも、分子レベルの変化そのものまでが同一であることはほとんどない。第11章で見ていくが、このような表現型の収斂を生みだす遺伝子の不確定性は、その後の進化に大きく影響する。とはいえ、このような研究の結果は、ひとことでいえば、平行進化の一般性を示している。必然は偶然に勝る。たいていは。

このような実験で、根本的に異なる進化的反応が観察されるのはまれだが、Cit+が唯一の例外というわけではない。別の研究チームがおこなった大腸菌の研究[10]では、個体群が2タイプに分化し、一方が酢酸塩をより効率的に利用できるようになった。これと似た分化は、LTEE個体群のひとつでもみられた。また、ウイルスを対象としたある研究では、実験個体群の一部だけが、まったく新しい方法で大腸菌を攻撃するように進化した。これらの例は、進化のリプレイを毎回まったく同じ条件で繰り返しても、異なる結果が生じることがあると、はっきりと示している。まれにではあるが、確かに起こるのだ。

微生物を対象にした進化実験の真髄は、ヒトの視点でみて短い期間に、多数の世代にわたる進化を詰め込める点にある。6万世代にわたる実験を、ショウジョウバエでやるには1000年、マウスでやれば1万年はかかる。

だが、これでもまだ足りないとしたら？　6万世代など、地質学的にみればあっという間だ。種の寿命は数百万年にも及ぶ。ＬＴＥＥは、かつてないほど長く継続され、膨大な知見をもたらしたが、それでも十分に長期間とはいえないのかもしれない。その可能性は、レンスキーも認めている。

レンスキーの後継者たちがＬＴＥＥをこの先数十年続けたら、何がわかるだろう？　実験期間が長くなるほど、ごくまれで起こりにくいが有益な変異の組合せがますます現れ、Cit+ のようなケースは増えていくだろう。３００年後の第60万世代では、ＬＴＥＥの12個体群すべてがCit+ になっているかもしれない。短期間でみれば予測不能な進化も、もっと長いタイムスパンでは必然なのかもしれない。

２００２年の時点では、まだAra–3個体群がクエン酸塩に食指を動かしておらず、ＬＴＥＥは進化の予測可能性を裏づける決定的証拠であり、グールドの偶発性賛美への強力な反証のように思えた。しかし今となっては、研究のすばらしさに変わりはないが、そこから得られる教訓はあいまいだ。11のCit– 個体群が似たり寄ったりだったのだから、進化はたいてい繰り返すと言うべきだろうか？　それとも、Ara–3の存在が、正しいのはグールドであり、進化は予測できないと示しているのだろうか？　答えは、その両方だ。

わたしが本書をもうすぐ書き上げるというときに公開されたインタビュー記事〔11〕で、レンスキーは30年前の最初の考えに再接近していた。ＬＴＥＥの12個体群で平行して起こった数かずの変化に言及したあと、彼は個体群間の差異に目を移し、Cit+ のみならず、ひとつまたは少数の個体群だけにみられた、いくつかの変化を紹介した。「このような類似性、反復性を背景としつつも、わたしたちは、ＬＴＥＥを長く続けるほど、それぞれの個体群がじつは独自の道のりを歩んでいると考えるようになりました」と、彼は言う。「２つの力、つまりランダム性と予測可能性が、同時にはたらいて生まれたものを、わたしたちは歴史とよぶのです」。

訳注：おそらく本書のための取材がきっかけとなって、ブラウント、レンスキー、ロソスの共著による総説論文「進化における偶発性と決定論：生命テープをリプレイする」が2018年11月に『サイエンス』に掲載された［二次元コードを参照］。野外とラボでおこなわれた進化実験と、類似の環境条件のもとで進化してきた生物の比較研究に注目し、近縁の系統からスタートした場合は進化の反復が一般的だが、それぞれの集団内に独自の遺伝子変異が蓄積されるにつれて、結果の予測可能性は下がると論じている。

＊48　野生の大腸菌個体群の一部は有酸素環境でクエン酸塩を利用することができるが、これらはすべて、そのために必要な遺伝子を他種の細菌から獲得したもので、みずから分解能力を進化させた例は知られていない。

＊49　ブラウントも認めるとおり、微生物学の慣例に従えば「cit+」にすべきなのだが、かれらが間違いに気づいたときには、すでにみな大文字のCに愛着をもっていたので、あえてそのままにした

＊50　2013年までに、価格は2007年の水準から99パーセント以上も低下し、解析の精度も格段に向上した。

＊51　この用語（potentiating mutation）はブラウントが提唱した。

第11章

ちょっとした変更と酔っぱらったショウジョウバエ

グールドの提案をもう一度思いだしてみよう。「わたしはその実験を『生命テープのリプレイ』とよぶ[1]。巻き戻しボタンを押し、実際に起こったすべてを完全に消去したと確認したうえで、過去の好きな時代の好きな場所（中略）に戻るのである。そしてテープをもう一度走らせ、そこで記録されることがすべて前回と同じかどうかを確かめるのだ」

ザック・ブラウントは、これをそのまま実現した。微生物学の魔法とレンスキー研究室の冷凍庫を利用して、ブラウントはテープを巻き戻し、過去に存在した環境条件を再現し、再び進化をやり直させた。

しかし、これは本当にグールドが考えていたものなのだろうか？　そもそも、グールドの著書のタイトルは、映画『素晴らしき哉、人生！』で、守護天使がジョージ・ベイリーに、ジョージがいなければベドフォード・フォールズの街がどれだけ違っていたかを見せる名場面を意識したものだ。

天使オドボディは、単にテープを以前の時点まで巻き戻し、再生ボタンを押したわけではなかった。巻き戻したあと、ある重要なひとつの特徴に変化を加えたのだ。それはもちろん、ジョージ・ベイリーの存在だ。

そのため、『素晴らしき哉、人生！』のストーリーは、ブラウントの実験と等価ではない。クラレンス・オドボディは、「時間を巻き戻し、前回とすべて同じ条件でやり直して、街の歴史が同じになるか見てみよう」とは言わなかった。彼は、「条件がほんの少し違ったら、歴史は変わっただろうか？　たとえば、君がいなかったら？」と問いかけたのだ。

グールドは、『素晴らしき哉、人生！』からの教訓を、それまでのリプレイ実験についての記述とは異なるかたちで要約している。「10分間にわたるこのすばらしいシーン[2]は、映画史のハイライトであると同時に、偶発性という基本原理の説明としてはわたしの知るかぎり最高のものである。リプレイされたテープでは、様相はまったく異なるがやはり現実的な結果が展開される。見た目には重要そうでないささいな変化——とりわけジョージがいないこと——によって、ちがいがどんどん蓄積されていくのだ」。これを進化にあてはめる際、彼は以前のシナリオに、ひとつの重要な但し書きを加えた。「開始時点の状態にさして重要そうではないちょっとした変更を加えて[3]テープをリプレイさせても、やはり原因が特定できる、筋は通っているが結果はまったく異なる歴史が展開されるだろう」

ブラウントは自身の研究を、グールドが提案する思考実験をそのまま実行したものと評した。広い意味では、LTEEプロジェクト全体が思考実験と相似の関係にあり、違いはリプレイが時をさかのぼってではなく、複数のフラスコで同時におこなわれることだけだと考えられてきた。レンスキーらの実験は、彼らが自称するほどグールドに忠実[*52]ではなかったのだろうか？

ジョン・ビーティは、絵に描いたようなナイスガイだ。見た目からして温厚でフレンドリーで、気のいいおじさんという雰囲気が漂う。ごま塩の口ひげに、たくましい顎、ちょっと後退した生え際。着古した革ジャンやカーディガンが、体の一部のようになじんでいる。テキサスで生まれ育った彼は、現在バンクーバーにあるブリティッシュコロンビア大学で科学哲学の教授を務める。

科学哲学者の関心は、科学そのもののはたらきにある。彼らは、トカゲの一種やニュートリノに関する特定の知識ではなく、科学のプロセスを扱う。つまり、科学者が自然現象をどう研究し、どこから着想を得て、どんなふうに複数の仮説を検証し、そのいくつかを棄却し、いくつかをさらに発展させるのか、といったことだ。

科学哲学者にとって進化生物学は鬼門だ。鑑別実験によって問いに対する決定的な答えが出るという、科学のはたらきに対する（かなり単純化された）一般的な考えが通用しない。進化生物学はむしろ、歴史の要素をもち、過去に何が起こったかを解明し、実験的手法とは相いれない疑問に取り組む（どんな実験をしたところで、キリンの進化を説明できるわけではない）。繰り返しになるが、進化研究は推理小説に似ている。犯人捜しの手法には、歴史学とも、その他の科学とも共通点がある。ビーティは、多くの関心のうちのひとつとして、この歴史と科学の違い、そして「進化生物学がもつそれぞれとの共通点」を、自身のウェブサイトであげている［二次元コードを参照］。

これと関連して、彼は長年、進化生物学における偶然の役割という問題にも取り組んできた。そのため、グールドが『ワンダフル・ライフ』で進化における歴史性と偶発性の役割を強調したとき、当然ながらビーティもこれに注目した。

月日が流れ、研究者たちがグールドのアイディアを検証しはじめた頃、ビーティは原点に戻って『ワンダフル・ライフ』を再読した。何度も何度も。そうして彼は、誰もが見過ごしていた、あることに気づいた。そして、グールドの著書出版から17年後、ビーティは論文で、グールドは「偶発性（contingency）」という言葉がもつ2つの意味を混同していたと指摘した。

ビーティは、この単語が一般的な用法のなかで、2つの異なる意味をもつと知っていた。ひとつは〈予測不可能性〉であり、「あらゆる不測の事態に備えておかなくては（we have to be prepared for all contingencies）」といった用法がこれにあたる。グールドのテープのリプレイにおいて、予測不可能性とは何のことだろう？　環境のなかで不測の事態、たとえば洪水や落雷が発生し、それが進化の道筋を書き換えるという意味ではない。こうした点を考慮する必要はないのだ。リプレイのメタファーの前提として、すべての条件は等しいのだから。環境だけでなく、外部からの圧力や干渉も含めて。

リプレイの環境が等しいなら、予測不可能性が入り込む余地はどこにあるのだろう？　ビーティが候補の筆頭にあげたのは、起こる遺伝的変異の違いだ。一般に、生物学者は変異を予測不可能なものとみなす。確かに、ゲノムの一部ではほかの部分よりも頻繁に変異が生じる。また、特定の状況（たとえば宇宙線やある種の薬品への曝露）は変異の頻度に影響する。しかし、DNAのどの部分に変異が生じるかは予測できないし、もちろん変異そのものがどんなものかもわからない。ふつうに考えて、変異を予測不可能なランダムなできごと[*53]と扱うのは妥当だろう。その結果、リプレイされた個体群が経験する変異の履歴は、以前とは異なると予測できる。

問題は、変異の予測不可能性が、進化の不確定性を生みだすかどうかだ。進化には遺伝的変異が必須であり、したがって、それぞれに異なる変異をもつ複数の個体群は、異なる方向に進化する可能性がある。仮に、ある個体群のすべての個体が青い眼をもっているとしよう。この時点では、この個体群で異なる眼の色は進化できない。ほかの色をつくる遺伝的変異をもつ個体がいないからだ。しかし、もし個体群中に茶色の眼をつくる変異が生じたら、その個体群は茶色の眼に進化する可能性がある。一方、別の個体群では、茶色ではなく、緑色の眼をつくる変異が生じるかもしれず、もしそうなると、この個体群が別の方向に進化する可能性が開ける。変異が予測不可能で、しかも特定の変異の出現が進化のたどる道筋に影響するとしたら、進化をやり直すたび、異なる結果が生じる可能性がある。

これはまさに、LTEEで検証された仮説だ。そして答えは、少なくともこの実験に関しては、はっきりしている。変異の履歴が予測不可能であるとしても、かなりの程度まで、進化は予測可能だ。同一の環境からスタートすれば、たいていは（もちろん、常にではない！）ほぼ同じ結果に行きつく。

しかし、〈予測不可能性〉は、偶発性（contingency）の意味のひとつにすぎない。ビーティが指摘したように、もうひとつの意味があるのだ。2つ目の定義は、〈因果的従属性〉とよばれる。これは、あるできごとの生起が、それ以前に起こった別のできごとによって予測されることを意味し、「事象Bの生起は事象Aの生起に因果的に従属する（the occurrence of event B is contingent upon the occurrence of event A）」というように表せる。あなたの存在は、ひと続きのたくさんのできごとの結果だ。両親の出会いから始まり、求愛行動のいくつもの段階を経て、ついにある特定のタイミングで交尾がおこなわれ、あなたの受胎に至った。これらのできごとに、何かひとつでも変化を加えれば、あなたはここにいない。代わりに存在するのは、たとえば、父親の別の精子が母親の同じ卵を受精させた結果生まれた別人であって、あなたではない。あなたの存在は、こうしたすべてのできごとが事実のとおりに起こるかどうかに、因果的に従属しているのだ。

グールドはこれについて、『ワンダフル・ライフ』で次のように雄弁に語っている：

「歴史的な説明は、叙述的に語られる[4]。つまり、説明されるべき現象Eが生じたのは、その前にDが生じ、さらにその前にC、B、Aが生じていたからである。もしEに先行する段階のうちのどれかひとつが起こらなかったか、別の起こりかたをしていたとしたら、その場合Eは存在しないことになる(あるいは、実質的に異なる形態をとったE'が存在し、別の説明を必要とする)。つまり、AからDまでの結果として、Eは意味をなし、厳密に説明できるのである。」

「わたしはランダム性を問題にしているのではない（中略）問題にしているのは、あらゆる歴史の中心原理である「偶発性」である。歴史的な説明がその基礎を置いているのは、（中略）予測のつかないかたちで継起する先行状態である。この場合、一連の先行状態のうちのどれかひとつが大きく変わるだけで、最終結果が変更されてしまう。したがって歴史上の最終結果は、それ以前に生じたすべての事態に依存している（偶発的な付帯条件としている）わけで、これこそが、ぬぐい去ることのできない決定的な歴史の刻印なのである。」

グールドが「ちょっとした変更」と表現したのはこのことだ。Bにちょっと手を加えれば、Eは起こらない。Cをわずかに変更しても、やはりEは得られない。

「偶発性」の2つの意味の違いは、単なる言語学の意味論の問題に思えるかもしれない。しかしビーティは、これはずっと根深い問題であり、「偶発性」の異なる定義は、進化的決定論に対するわたしたちの考え方に重要な影響を与えると主張する。偶発性を予測不可能性としてとらえると、進化の本質は不確定性にあり、まったく同じ条件からスタートし、同じ環境変化を経験しても、結果はやはり異なるという見方につながる。これに対し、偶発性を因果的従属性ととらえる見方は、初期条件ではなく、結末に注目する。コンウェイ＝モリスをはじめとする決定論者は、結果は前もって決まっていて、少数の適応的解決策が、個体群の初期条件が何だろうと、途中で何が起ころうとおかまいなしに、繰り返し進化する、と主張した。対するグールドは、そんなことはない、最終結果は、それ以前の一連のできごとに決定的に依存している、と反論した。

レンスキーのLTEEが進化実験という分野の触媒となり、類似の研究が爆発的に増加したように、ビーティの論文は科学哲学の世界に同様の影響を及ぼした。その後の10年で哲学的で思弁的な論文が次つぎと発表され、「偶発性」という言葉の意味論的ニュアンスについての議論が戦わされ、グールドの意図について、さらに微に入り細をうがった、ときにはこじつけめいた説明がなされた。

それはさておき、グールドの言葉のあいまいさが重要なのは、その影響が大学の哲学科の外にまで及ぶからだ。グールドは生命テープのリプレイを単なる思考実験と考えていたが、微生物の進化を扱う研究者たちが、そうではないと証明した。LTEEとそれに続く多くの研究は、グールドが不可能だと考えていた進化のリプレイを、そのまま実現する実験デザインを備えている。しかし、ビーティが示したとおり、じつはグールドはリプレイの命題のなかで、偶発性と決定論についての異なる考えを混同していた。そして、これもビーティが指摘したのだが、グールド以外の研究者たちも偶発性をそれぞれ違ったかたちで解釈したため、彼らの研究プログラムも本質的に異なるものになってしまった。

第9章、第10章で取り上げた研究の概要は、どれもLTEEにならい、同一の複数の個体群を用意し、それらを同一の環境に入れて、同じ道筋をたどって進化するかどうかを検証するというものだ。これは明らかに、〈予測不可能性〉という意味での偶発性の検証であり、初期条件を同一にそろえ、すべての個体群に多数の世代にわたって同じ環境条件を経験させて、最終結果が予測どおり同じになるかを見届けるという、グールドの言葉を文字どおり解釈している。

では、〈因果的従属性〉という意味での偶発性、すなわち進化の結果はある決まった歴史の流れに決定的に依存するというアイディアについてはどうだろう？　グールドは、次のように明確な指針を与えている。「初期の段階でちょっとした変更が加えられると、その変更がいかに小さかろうと、また、その時点ではぜんぜん重要そうには見えないとしても、進化はまったく別の流路を流れ下ることになる。これこそが歴史の真髄であり、わたしたちはそれを偶発性とよぶ」[5]。

ここで重要なのが、グールドのいう「さして重要そうではないちょっとした変更」だ。彼は、ただ過去のある時点に戻り、同一条件からの再スタートを提案したわけではなかった。時をさかのぼって[6]、初期条件または途中のできごとの、何かを変えるよう提案していたのだ。

　このような実験を組むのは、そう難しくはなさそうだ。複数の個体群を用意して、同じ環境下におき、その後さまざまな「ちょっとした変更」を加えて、変わらず同じように進化するかどうかを確かめればいい。ちょっとした変更は、具体的にはどんなものになるだろう？　再びLTEEを例にとろう。進化の結果が、環境条件の操作に対して、どれだけレジリエンスをもっているかを検証するには、何をすればいいだろう？　わたしが思いつく操作は、次のようなものだ（当然ながら、すべての個体群が同じ撹乱を受けるわけではない点に注意。この実験のポイントは、撹乱を経験した個体群と経験していない個体群とで、進化の道筋に変化が生じるかどうかだ）。フラスコを1か月間、インキュベーターに入れずに室温におく。当日のフラスコに移植する量を、通常の0・1ミリリットルから、0・001ミリリットルに変える。インキュベーターの内部で照明を点灯する。2日間、培養液中のグルコースの量を3倍にする。培養液にピンクの染料を入れる。これらは微生物学の素人が考えた、ただの思いつきだ。微生物学者ならきっと、もっと興味深い実験的撹乱を考えだせるだろう。

　わたしの知るかぎり、この種の実験がおこなわれたことはない。理由は簡単で、このような研究には、準備にも実行にも多大な労力が必要だからだ。それに、ここであげたような撹乱は、結局のところどれも些細なものだ。長期的な影響が生じる可能性は低いだろう。つまり、この実験でわくわくするような結果が得られる可能性は低く、予測どおりの結果が出る可能性が高い。そして、そんな結果にふつう注目は集まらず、論文化さえ難しいかもしれない。こういった理由で、「ちょっとした変更」の実験は魅力を欠き、とりわけキャリアを積むために論文が必要な若い研究者には敬遠されてしまうのだ。

これまでに、グールドの「条件変更に対するレジリエンス」仮説とでもよぶべきものを、直接検証した研究者はいない。だが、遺伝的に分化した複数の個体群からスタートして、その途中までいった研究はある。ちょっとした変更の詳細な記録は存在しないので、遺伝的分化の理由まではわからないが、それぞれの個体群が異なる歴史を経験してきたのは確実だ。これらの研究は、歴史に由来するこれらの違いが、その後の進化に影響するかどうかに注目する。あるいは、こう言い換えてもいい。遺伝的に異なる個体群が、同じ環境条件に直面したら、同じように進化するだろうか？

極端な例として、ここに2つのイヌの個体群があるとしよう。一方はシュナウザーやチワワなどの小型犬、もう一方はグレイハウンドやジャーマンシェパードなどの大型犬で構成されている。この2つの個体群の住みかに、出会ったことのないタイプの捕食者、たとえばトラが現れたとしよう（イヌは島に棲んでいて、そこに本土から泳いできたトラが定着する、といった状況だ）。この場合、2つのイヌ個体群は捕食圧に異なるかたちで適応するかもしれない。小型犬は目立たないようカモフラージュを進化させ、大型犬はすばやく逃げられるよう長い肢を進化させるというように。2つの個体群の遺伝子構成の違いが、新たな捕食圧に対する、異なる適応を促進するであろうことは、想像にかたくない。

同じ淘汰圧にさらされる複数の個体群の進化に遺伝的差異が与える影響を、最初に検証したラボ実験は、1980年代半ば、ショウジョウバエを対象におこなわれた。バナナを熟れすぎるまで放置してしまった経験がある人なら誰でも知っているとおり、ショウジョウバエは傷んだ果物に集まる。そして、果実が腐敗すると、発酵作用によりアルコールができる。そのため、ショウジョウバエの生活の場には、アルコールの蒸気が充満している。ビール工場に住んでいるようなものだ。では、ショウジョウバエがアルコールを過剰摂取すると、どうなるのだろう？　ハエも、あなたやわたしと（少なくともわたしと）同じように、酔っぱらうのだ。最初は興奮してくるくる回り、周囲の物にぶつかる。次によろめき、ふらつき、転ぶ。最後には倒れ込み、立てなくなる。しかも、二日酔いのつらさまで同じだ。ハエは立ち上がったかと思えばまたすぐ倒れ、何をするにもゆっくりだ。もう酒はこりごりだ、と思っているかもしれない。けれども、また熟れたバナナを見つけたら、誘惑には抗えない。

わたしたちヒトのアルコール耐性には個人差があり、その少なくとも一部は遺伝要因に基づく。ショウジョウバエもそうであると仮定し、当時カリフォルニア大学デイヴィス校のポスドクだったフレッド・コーハン（現在はウェズリアン大学教授）は、ハエのアルコール耐性を高める進化が起こるかどうかを調べた。具体的には［7］、生息地の異なる個体群が同じように進化するのか、それとも、なんらかの理由で進化してきた、個体群間の遺伝的差異により、異なる適応を生みだすのかが焦点だった。

ハーバードの大学院生だった頃、コーハンの専門はショウジョウバエの個体群生物学で、同一種内にどの程度の遺伝的差異がみられるかを研究していた。大学はニューイングランド地方にあり、彼はラボにこもって、共同研究者が送ってくるハエのサンプルを分析した。

けれども、カリフォルニアに移り住んだことで、新たな展望が開けた。これから一生、ラボの試験管の中のショウジョウバエを凝視して過ごすことになるなら、せめて外に出て自分でハエを採集するくらいはしたい。西海岸なら、採集旅行にかこつけて景勝地を回れる。それに、当時コーハンは新婚だった。教師で特別支援教育が専門の妻は、昆虫オタクな行動なんて気にしないだろうし、ハエ捕り遠征を一緒に楽しんでくれるはずだ。

そんなわけで、1982年夏にデイヴィスに着いてまもなく、コーハンは大学所有の車に乗り込み、北を目指した。あちこち寄り道をしながら、オレゴン州、さらにはワシントン州まで車を走らせた。目的は、西海岸全域の各地でショウジョウバエを採集することだ。ゆくゆくは、採集したハエを使って淘汰実験をおこない、地理的に分化した個体群が、同じ淘汰圧に対して同じように適応するかを見極めるつもりだった。とはいえ、まずはハエを捕らなければ始まらない。

ショウジョウバエを捕まえたいとき、あなたならどこに行くだろう？　ショウジョウバエの好物は腐敗した果実なので、腐った果物がたくさんある場所がいい。ファストフード店の裏のごみ箱でサンプル集めをする研究者の話も聞いたことがあるが、コーハンにはもっといい考えがあった。果物を世に送りだしているところに行くのだ。そんなわけで、彼は妻とともに曲がりくねった田舎道をドライブして、果樹園を探した。インターネットが普及する前の時代の話で、グーグルマップで検索して最寄の果樹園を見つけるなど夢のまた夢。ありそうな地域に目星をつけて、果樹園に出るまでぐるぐる回るというのが、彼らのやり方だった。

農家たちは、突然現れ敷地内でハエを捕らせてほしいと頼みこむ若い夫婦に対し、驚くほど寛容だった。それどころか、ちっぽけな害虫にじつは何らかの価値があり、重要かもしれない研究に役立つという話に興味津々だった。それにコーハンも、ショウジョウバエは実際には何も悪さをしないと農家たちに説くことができて満足だった。

さて、どうやってショウジョウバエを捕ろう？　わたしがまず考えたのは、捕虫網を片手に縦横無尽に走り回り、飛んでいるハエを網で急襲して捕まえるという方法だ。チョウをこうやって捕るのはとても楽しい。けれども、ショウジョウバエの場合は違う。かわりに、ハエ用のごちそうがたっぷり入ったバケツを用意して、ハエがもっとも活発になる夕暮れを待つ。言ってみれば、午後5時半開始のパーティーにカクテルシュリンプとケイジャンソースを用意するようなものだ。ただし、こちらの前菜は特製のバナナリキュールで、熟したバナナに生きた料理用酵母とグレープジュースを加え、香りがたつまで酵母を増殖させてつくる。ショウジョウバエはこれに目がないのだ。あとはバケツの上に網をかぶせ、バケツをたたけば、驚いたハエは網に飛び込む。手首のひねりで網の口を閉じれば、もう逃げられない。ショウジョウバエのサンプルを集めるのに、ほとんど時間はかからなかった。

2度の採集旅行で、コーハン夫妻はたくさんの農場や果樹園を訪れ、最終的にサンディエゴからバンクーバーまでの西海岸全域の9か所を故郷にもつ実験個体群ができた（カナダのサンプルは共同研究者が提供した）。デイヴィスに戻ったコーハンは、各個体群のアルコール耐性を高めるよう人為淘汰をかけた。どの世代でも、もっともアルコール感受性の低い個体だけに繁殖が許された。

こう書くと単純そうだが、ショウジョウバエのアルコール耐性は、どうすれば測れるだろう？　相手がヒトなら、何杯か強い酒を飲ませたあと、警察の飲酒運転の取締のように、直線に沿って歩けるか、ろれつが回っているかといった項目をチェックすればいい。ショウジョウバエでも同じで（ただし発話検査はないが)、ハエを一定量のアルコール蒸気にさらし、反応をみる。だが問題は、この方法がものすごく面倒な点だ。このような淘汰実験では、ふつう1個体群につき、数千まではいかずとも数百個体を扱う。1匹につき数分でデータが取れるとしても、これだけの数となると、果てしなく時間がかかってしまう。

さいわい、コーハンの友人でDIY精神に富んだハーバードの大学院生、ケン・ウェバーが解決策を編みだした。その名も「酩酊(めいてい)メーター」! 使い方は次のとおりだ。まず、てっぺんに蓋をした長さ1・2メートルのガラス管にハエを入れる。ハエは高いところが好きなので、飛んだり歩いたりして上っていく。ガラス管の上部にはゴムホースが挿してあり、そこからアルコール蒸気が常に送り込まれていて、下部にあるもうひとつのゴムホースから排出される。時間とともに、ハエは酔いがまわってくるが、その程度には個体差がある。酩酊したハエは飛べなくなり、落下しはじめる。ガラス管の内側にはいくつもの傾いた足場が設置されていて、ひっくり返ったハエがもう一度立ち上がれるようになっている。そのため、ほろ酔い程度のハエなら、一度は落下しはじめても、たいていは足場につかまることができる。だが、泥酔状態になると、何もできずに坂を転がり落ち、最後にはガラス管の底に張られたスクリーンに当たって、管から取り除かれる。最終的に、もっともアルコール耐性の強いハエだけが残り、幸運な

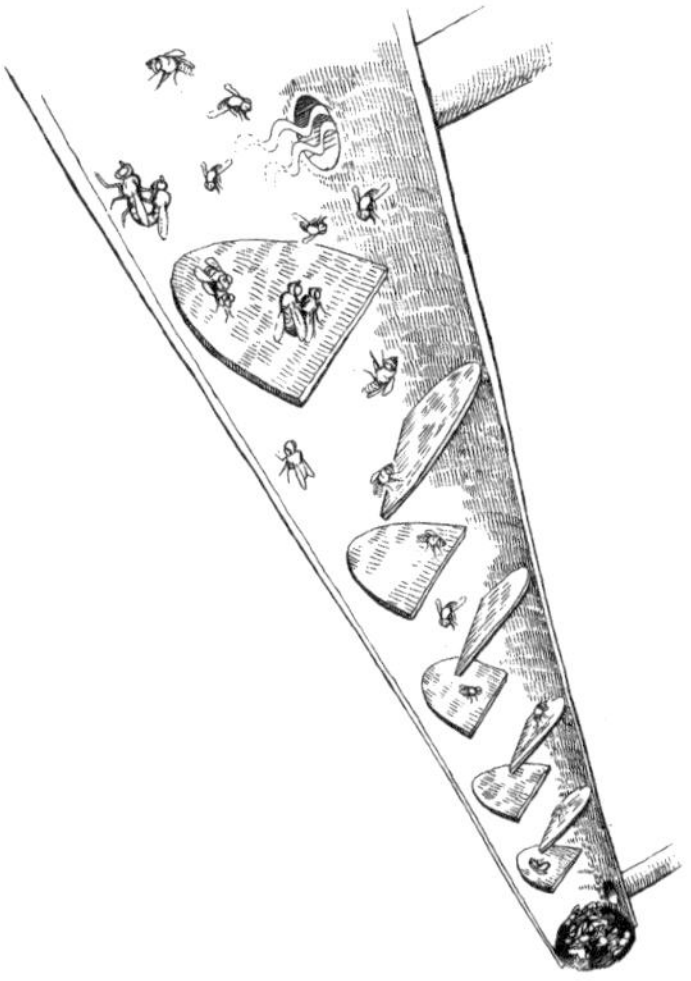

●酩酊メーター

勝者たちは、おたがいと交尾し、次世代の子孫を残す。

実験開始の時点で、アルコール耐性には個体差があった。ほんの数秒で泥酔して底にたまるハエもいれば、30分後も元気に飛び回っているものもいた。ハエが酔いつぶれるまでの平均時間は約12分で[8]、北部のハエは南部のハエよりも多少長く持ちこたえる傾向にあった。

24世代後、すべての個体群でより強いアルコール耐性が進化した。だが、変化の幅は個体群によって異なっていた。ブリティッシュコロンビアのハエは、酔いつぶれるまで平均で50分間飛びつづけたが、南カリフォルニアのハエは40分が限界だった。つまり、同じ淘汰圧に対して、北の個体群は南の個体群よりも、よりうまく適応した。最初は個体群間のわずかなばらつきに過ぎなかったものが、淘汰の結果、はるかに大きな差を生みだしたのだ。遺伝的に異なる個体群が、同じ淘汰圧に対して、異なる反応を示した。

同様の実験[9]が最近、酵母を対象におこなわれた。研究者たちは、オークの木、サボテンの実、ジンジャービール、女性の膣など、6つのまったく異なる環境から出芽酵母を採取した。そして、それぞれの株につき3つのサンプルを、餌資源としてグルコースを入れた試験管に植えつけた（実験科学者は対象にグルコースを与えるのが大好きなのだ！）。多様な環境でまったく異なる方向に進化してきたこれらの個体群は、グルコースという新たな食料を前にして、同じように進化するだろうか？　5か月すなわち300酵母世代の後、研究者たちは各個体群の一連の形質を測定した。対象となったのは、増殖率、個体群サイズ、細胞サイズ、グルコース消費速度、それに摂取したグルコースが酵母細胞の増加に変換される速度などだ。すべての形質に顕著な進化的変化がみられたが、それでも依然として、個体群間にはかなりのばらつきがあった。形質の値について収斂がみられなかっただけでなく、場合によっては、同じ環境に適応するにつれ、集団間の差が拡大していた。

これら2つの研究と、第10章で取り上げたLTEEやそれに似た研究との決定的な違いは、後者ではどの個体群も開始時点では同一だった点だ。一方、前者では、実験の各個体群のスタート地点が異なっていた。ソース個体群は、期間不明ながら別べつに進化してきた結果として、遺伝子にも表現型にも変異を蓄積させてきた。そして、両者の結果は対照的だ。同一の状態からスタートすると、どの個体群も概して淘汰に同じような反応を示す。最初にばらつきがあると、進化的反応は大きく異なるものになりやすい。グールドに1ポイント。初期条件を変更すると、異なる進化の道筋をたどることは、実際にあるのだ。

しかし、これらの結果には少し不満が残る。偶然にも各個体群の分岐進化を促した要因が、そもそも何だったのか、はっきりしないのだ。どんな「ちょっとした変更」が、のちの分岐をお膳立てしたのだろう？

有力仮説のひとつは、なんらかの淘汰圧が、一部の個体群にのみ影響を与え、ほかには作用しなかったというものだ。このような淘汰への進化的反応は、遺伝的変化につながる。こうして、遺伝子プールに違いが生まれ、それがのちの進化の道筋に影響したと考えられる。

もう少し具体的なこちらのシナリオをラボで検証するのは、時間はかかるだろうが、さほど複雑ではない。均一な最初の個体群を、異なる環境におき、多数の世代交代を経験させる。そして、異なる環境に適応したと確認されたら、すべての個体群を同一の新たな淘汰環境におき、同じように適応するか、それとも以前の異なる環境での進化で蓄積された違いによって、異なる適応を生みだすかを確かめるのだ。

このような研究がおこなわれた例は驚くほど少なく、結果はまちまちだ。いくつかの研究では、初期条件の違いにもかかわらず、どの個体群もよく似たかたちで進化し、最初にあったばらつきが相殺された。一方で、同じ環境を経験したにもかかわらず、個体群間に収斂がみられなかった研究もある。こちらは言い換えると、典型的な偶発性を示し、過去に起こったことが将来に起こることに影響を与えた。後者のような実験結果を、グールドの「ちょっとした変更」の思考実験にあてはめて考えるのは難しくない。過去のできごとに対する適応進化は、のちの進化の道筋に影響を与えうる。

だが、2つの個体群が遺伝的に分化するのに、必ずしも異なる環境条件にさらされる必要はない。同じような淘汰圧を経験している個体群であっても、まったく同じ適応をとげるとはかぎらない。第10章で見てきたように、微生物を対象とした進化実験では、各個体群の遺伝的変化はたいていきわめてよく似ている（同じ遺伝子で起こっている）ものの、分子レベルの実際の変化は個体群間で異なるのがふつうだった。このようなわずかな遺伝的差異が、将来それぞれの個体群の進化の道筋が分かれていく下地になる可能性はあるのだろうか？

LTEEが2000世代を数える頃、12の個体群は同じくらい適応度を増加させていた。この結果をプロジェクト初の論文［10］にまとめたレンスキーは、すべての個体群が同じ方向に進化しているという見方を示した。一方で、彼はもうひとつの可能性にも気づいていた。それぞれの個体群は新たな環境に異なる方法で適応しつつあり、適応の進行度がたまたま同じくらいだっただけという可能性だ。

2つの仮説からは、個体群間の遺伝的差異について、異なる予測が導かれる。平行進化仮説では、すべての個体群で起こった遺伝的変化はほぼ同じだ。一方、「異種の適応だが適応度の増加は同程度」仮説では、それぞれの個体群はまったく別の遺伝的変化を経験したと考えられる。けれども、1990年代前半当時、遺伝子やゲノムを解読するのはまだ夢物語の域を出なかった。2つの可能性をどうやって区別するかが問題だった。

この謎の解明にあたったのが、誰あろうマイケル・トラヴィサーノだ。酵母の雪の結晶や「しわしわ拡散型」の前、トラヴィサーノの研究キャリアはレンスキー研究室で始まった（彼の博士研究に基づく論文を1本、すでに第9章で紹介した）。トラヴィサーノはもともと、細胞生物学の素養のある実験助手として研究室に入った。以前はハムスターの卵巣細胞ががんになるメカニズムを研究していた。今にして思えば、当時から進化実験研究をしていたわけだが、その頃はそんなふうに考えていなかった。むしろ、細胞が相転移する要因は何か、どんな実験操作が繰り返し決まった反応を引き起こすかに目を向けていた。

この経験を通して進行中のLTEEを眺めたトラヴィサーノは、進化にどれくらい反復性があるかを測るにはどうすればいいだろうと考えた。そしてレンスキーとともに、LTEEの12個体群がすべて同じ方向に適応しているかどうかを検証する、エレガントな実験を考案した。決め手は、個体群をまた別の環境においで、そこでどれくらいうまくやっていけるか見極めることだ。もし、すべての個体群が、LTEEの環境条件への適応として、遺伝的に同じ方法を進化させているとしたら、集団間の遺伝的な類似性が高いのだから、別の環境への適応の度合いも同じくらいになるだろう。逆に、各個体群がLTEEの条件に対して異なる遺伝的適応を進化させているなら、別の環境への適応の度合いにもばらつきがみられるはずだ。

このアイディアを検証するため[11]、トラヴィサーノは第２０００世代の大腸菌の12個体群からサンプルを採取し、ＬＴＥＥとは異なる環境に植えつけた。エネルギー源として、グルコースのかわりに、別種の糖マルトースを与えたのだ。

ＬＴＥＥの最初の２０００世代を経過した時点で、どの個体群も開始時よりはるかに効率的にグルコースを利用できるようになり、食料を与えられたあとの増殖速度が格段に上がっていた。グルコースへの適応は、マルトースを利用する能力に影響を与えるだろうか？　もとの状態と比較するため、トラヴィサーノは冷凍庫の奥深くに眠っていたＬＴＥＥの共通祖先をよみがらせ、マルトースを与えられたときの本来の増殖速度を測定した。

平均値でみると、マルトースの処理能力はまったく変わっていなかった。しかし、この平均値の裏には、個体群間の膨大な多様性が隠れていた。５つの個体群では、マルトース処理能力が祖先個体群よりもむしろ（場合によってはかなり）低くなるように進化した。これらの個体群は、マルトース処理能力の低下と引き換えに、グルコース処理能力を向上させたのだ。思いだしてほしい、ＬＴＥＥの実験期間中、大腸菌の個体群がマルトースに遭遇したことは一切なかった。マルトース処理能力の低下は、グルコース摂取量増加に適応するなかで起こった変化にともなって、たまたま生じた結果にすぎないのだ。残りの7個体群では、逆にマルトース処理能力が向上していた。

これはつまり、第２０００世代までに、ＬＴＥＥの12個体群はかなりの遺伝的多様性を獲得していたということだ。グルコースを食べて増殖する速さはどの個体群もほぼ同じだったが、その均一性の裏には、各個体群がそれぞれに進化させた、遺伝子レベルの異質性が隠れていたのだ。

トラヴィサーノがこの研究を発表して以来、似たコンセプトの実験が多数おこなわれ、いずれもほぼ同じ結果が得られている。複製された個体群は、同じ淘汰圧にさらされると一見同じように適応するが、それらを新たな環境に放り込むと、隠れた遺伝的多様性が明らかになり、それが新たな環境条件への異質な反応を生みだす。見た目に騙されてはいけない。同じ地点からスタートして、同じ環境のなかで進行する進化でさえ、思ったほど決定論的ではないのだ！

ここから次の疑問まではそう遠くない。ここに、同じひとつの環境のなかでたくさんの世代を重ねてきた複数の個体群があるとする。その間に蓄積された差異は、新たな環境にさらされた直後にどう反応するかだけでなく、その後その環境にどう適応するかにも影響を与えるのだろうか？　この疑問に取り組んだ研究は少なく、トラヴィサーノの研究が今も標準とされている。

ＬＴＥＥの12個体群をマルトース環境においたときの初期反応のばらつきを発見したあと、トラヴィサーノは、これらの個体群がこの新環境に適応するさまを追った。この実験は、培養液中の栄養素としてグルコースのかわりにマルトースを与える以外は、ＬＴＥＥとまったく同じ手順でおこなわれた。そして、ＬＴＥＥでもそうだったように、どの個体群も時が経つにつれ適応していった。１０００世代後には、すべての個体群が祖先よりもマルトースを効率的に利用するようになった。また、適応度の上昇幅と、各個体群の実験開始時の適応度には関連がみられた。当初マルトース環境で苦戦していた個体群は、最初からうまくやっていた個体群よりも、大幅に適応度を上昇させた。この効果が非常に強かったため、最終的には、すべての個体群が同程度にマルトース環境に適応し、最初あった適応度の差はかなり縮まった。

それでも、ある程度の差はみられた。実験開始時にもっともマルトースを効率的に利用していた個体群は、もっとも非効率だった個体群よりも、依然として約10パーセント速く増殖した。細胞のサイズに関する結果も同様だった。確かに傾向のようなものはあり、開始時に細胞サイズが最小だった個体群と2番目に小さかった個体群でもっともサイズが増大し、逆に開始時にサイズが最大だった個体群ではもっとも大幅に縮小した。ただし、パターンにあてはまらない例も多く、最初は同じくらいのサイズだった複数の個体群が、ばらばらの方向に進化することもあった。

つまり、実験開始時の個体群間にみられた、マルトース利用への適応の度合いのばらつき（LTEE個体群がグルコース環境で進化してきたなかで生じた副産物）は、長期的な影響を及ぼしたのだ。1000世代にわたってマルトース環境に適応したあとも、集団間の遺伝的分化のシグナルが消えることはなかった。

グールドの主張に照らせば、これは意義深い結果だ。複数の個体群が平行進化している場合でも、新たな環境条件にさらされれば、蓄積された隠れた差異が原因で、それぞれの個体群は異なる方向に舵を切るかもしれない。


『ワンダフル・ライフ』は、科学界にはかり知れない影響を与えた。一般書でありながら、この本を引用した学術論文は4000本近い（研究者はふつう、自著論文が50回や100回引用されれば幸せだ）。「生命テープのリプレイ」は常套句となり、もはや説明なしに使われる。誰でもその意味を知っているのだ。

しかし、礼儀正しいジョン・ビーティは直接的には言わなかったものの、[*54] 要するにグールドはメタファーの使い方でへまをやらかした[12]。「巻き戻しボタンを押し、（中略）過去の好きな時代の好きな場所（中略）に戻るのである。そしてテープをもう一度走らせる」という、グールドの指示は明確だった。けれども、グールドの意図はそれとは違っていた。あるいは、少なくとも、ほかにもたくさんあったのだ。

2系統の研究プログラムがほぼ独立に、グールドのアイディアの検証をおこなった。LTEEや類似の研究は、彼の言葉をそのまま受け取り、テープを巻き戻した。祖先個体群を復活させる、あるいは隣り合ったフラスコの中で空間的にリプレイするという方法で。

もうひとつのアプローチは、グールドのキャッチーな言い回しに乗ったわけではなかったが、彼が意図したことを実現した。こちらは、複数の個体群を少しばかり異なる条件において、撹乱に対する進化のレジリエンスを検証した。変更に関係なく、進化はいつも同じ最終産物を生みだすのか？　それとも、結果は初期条件や、途中で起こるできごとに依存するのか？

2つのアプローチが概して真逆の結果をもたらしてきたことは、驚くにはあたらない。個体群がすべて最初は同一で、同じ環境を経験すれば、たいていはほぼ同じように進化する。変異の発生はランダムで、このランダムネスが個体群の分岐をもたらし、ときには大きな差異が生じる可能性もあるが、たいていは誤差の範囲だ。適応してきた環境に、個体群がとどまっているかぎり。

対照的に、スタート地点が違ったり、途中で異なるできごとを経験したりした場合、個体群の分岐が起こりやすい。このシナリオは、グールドの本来の意図であるにもかかわらず、検証した研究は数えるほどしかない[13]。それらが示したのは、時に大きく異なる進化的結果が生じるということだ。ビーティは結論として、2つのアプローチは相補的だと主張した。第一のアプローチは、同一条件でスタートした複数の個体群が分岐するかどうかを検証する。第二のアプローチの焦点は、初期条件や途中で経験するできごとが異なる複数の個体群が、同じ進化的結果に収斂するかどうかだ。

もしくは、最初の方法は2つめの方法の一部だとも考えられる。同一のところからスタートした個体群どうしでも、蓄積された変異の違いによって、やがては分岐していく。その違いもまた歴史的結果であり、その点は外的要因による変化と共通だ。いったん個体群間の遺伝的多様性が生じると、分岐は加速するのだろうか？　それとも、変わらず全体的には似たような適応を続けるのだろうか？

だが、それより重要な問題は、わたしたちが向き合おうとしているのはどちらの問いなのかだ。同じ条件からスタートした個体群が、同じ環境を経験した場合、同じ方向に進化するかという問いは、哲学者にとっては興味深いものだろう。だが、ナチュラリストや宇宙生物学者、それにわたしが思うにスティーヴン・ジェイ・グールドにとっては、そうではない。自然界では、個体群がまったく同じところからスタートしたり、ひとつながりの同じ歴史的できごとを経験したりすることは、絶対にありえない。そんな野生生物の個体群が、似たような環境におかれた場合、コンウェイ＝モリスらが主張するように、自然淘汰は全能で、異なる遺伝的素質や歴史的経緯を覆い隠すのだろうか？　それとも、グールドが言うように、自然淘汰は歴史の流れの制約の下ではたらき、その可能性は過去に起こったことによって制限されていて、そのため毎回異なる結果が生じる見込みが大きいのだろうか？

ラボでの進化実験は、こうした問いをクリアにし、進化がとりうるさまざまな道筋を示す、すばらしい成果をあげてきた。けれども、このような研究の最大の利点は、同時に致命的な欠点でもある。結局は、実験室の人工的な閉鎖環境の中の話なのだ。ラボ実験は、精緻に統制され、あるフラスコとその隣のフラスコの環境が完全に同一になるようデザインされている。外的要因、つまりシステムにおけるノイズを可能なかぎり排除し、その研究で注目する特定の要因に焦点を絞って検証がおこなわれる。

だが、これまで見てきたとおり、自然はノイズまみれで、統制がきかない。完全に同一な環境という概念自体が冗談でしかない。風は吹き、ハエは飛び込み、上空の鳥はフンをして、そこから種子が発芽する。乱雑そのもので、何もかもをコントロールするのに慣れた実験科学者にとっては発狂ものだが、それこそが自然なのだ。

グールドがいう「ちょっとした変更」とは、まさにこういうことだ。リプレイは、決してオリジナルと同一にはならない。ひとつの種子、ひとつの嵐、ひとつの小惑星。できごとや条件の変化は必ず起こる。微生物の進化実験の強みを、自然界で起こる偶然のできごとと結びつけられれば、時間的・空間的偶発性の役割を、本当の意味で検証できるはずだ。じつは、こんな研究は絵空事ではない。しかも、微生物の進化が人類の幸福にどう影響するかについても、教訓をもたらしてくれる。

＊52　LTEEにとってグールドが特別な存在であることは、ブラウントの最初の論文の脚注のひとつを読めば明らかだ。著者たちいわく、Ara–3のリプレイ実験がグールドの死去からちょうど3年後に開始され、彼の生誕66周年の日に終了した。

＊53 読者のなかには、テープをまったく同じ時点まで巻き戻し、すべての条件を完全に等しくしたなら、変異の履歴も同じになるはずだと思う人もいるかもしれない。これは言い換えれば、変異には物理的、ないし化学的な原因があり、そのため条件が本当に完全に同一なら、結果も同じでなくてはならないということだ。この考えは、フランスの数学者ピエール＝シモン・ラプラスに端を発する由緒正しき学術的見解であり、これに従えば、テープのリプレイは、その定義上、同じ結果に帰結する。しかし、この説で無視されている事実がひとつある。量子力学においては真の不確定性が存在し、そのため不確定性が素粒子レベルから分子レベルへと波及することは、少なくとも可能性としてはありうるのだ。それはさておき、ここでは議論を先に進めるため、変異は予測不可能であり、コピー個体群間の非パラレルな進化の原動力になりうると考える。

＊54 この話題については、自信をもって経験談を語れる。なぜなら、わたし自身、「いい人すぎて批判できない」ビーティのやり方に救われたからだ。グールドの偶発性の解釈を扱った論文で、ビーティはわたしのカリブ海のトカゲの進化の研究を具体例にあげた（もうひとつの例は、偶然にも、トラヴィサーノとレンスキーのマルトース利用についての論文だった）。彼は論文のなかで、わたしが論理的にまるで意味をなさないことを書いていると指摘した。けれども、それを延々と槍玉にあげる代わりに、彼はわたしから後に直接説明されて、もとの表現は説明不足だが、ちゃんと筋は通っているとわかった、と書いてくれたのだ。

第12章

ヒトという環境、ヒトがつくる環境

緑膿(のう)菌 *Pseudomonas aeruginosa* は抜け目ない細菌だ。広範囲に分布し、順応性が高く、流出した重油の中でも、スペースシャトルの中でも生きられる。植物や線虫、ショウジョウバエ、魚、それに多くの哺乳類に感染する。ヒトの場合、やけど、外傷、尿道、眼の感染症の原因になる。

緑膿菌は多湿環境が大好きだ。そのため、ヒトの肺は絶好のすみかになる。たいていの人にとってはたいした問題ではなく、咳(せき)をすれば排出される。だが、嚢胞(のうほう)性線維症（ＣＦ）患者の場合は別だ。ＣＦ患者は粘膜が異常に厚いため、肺をきれいにするのが難しい。緑膿菌やその他の細菌は、粘液の塊を利用して、「バイオフィルム」とよばれるマットを形成し、粘膜の隙間に忍び込む。こうなると、根絶するのは困難だ。結果として感染症や肺炎、肺損傷を引き起こし、多くの場合、死に至る。緑膿菌はＣＦ患者の死因の80パーセントを占める。

２０００年ごろを境に、医師たちは、緑膿菌が単にＣＦ患者の肺の袋小路に棲みつき、荒しまわるだけではないと気づいた。緑膿菌の高い致死率には、肺への定着後の進化がかかわっていた。新たな環境に適応するにつれ、より体から排除されにくくなり、より高い侵襲性を獲得していたのだ。

この発見が、CF患者の治療法を変えた。かつてはCF患者たちを1か所に集め、特別病棟に入院させたり、CF患者限定のサマーキャンプが開かれたりした。いまでは、これは考えられるかぎり最悪の方法だとわかった。患者を集めるのは、高度に進化し病原性を増した緑膿菌の感染を促すことにほかならないからだ。現在、CF患者どうしの接触はできるかぎり避けるのが原則であり、とくに病院ではこれが徹底されている。

その結果、いまのCF患者のほとんどは、ほかのCF患者からではなく、環境中から緑膿菌に感染する。細菌の側からみれば、CF患者ひとりひとりが新たなチャンスであり、ひとつひとつの感染事例が進化的に独立のできごとだ。こうして、もはやおなじみのあの疑問につながる。緑膿菌の異なる株が、似てはいるが同一ではない環境（ここではヒトの肺）に適応するとき、それらは同じように進化するのだろうか？

理論的には、第9章以降で取りあげた多くの微生物進化実験と同様、この問いも実験室で検証できる。そして実際、これを検証した実験がある［1］。独創性あふれるカナダのある研究チームが、ヒトの肺を人工的に再現したのだ。彼らは、CF患者の肺の粘液を模した、べたべたした物質をつくり、それをペトリ皿に敷いて、植えつけた緑膿菌が適応するさまを記録した。

ほとんどの微生物進化実験と同様、複製した緑膿菌の個体群は、新たな環境への適応において多くの共通点を示した。ただし、この実験では、すべての個体群は同じひとつのペトリ皿で培養した個体群からスタートしていて、遺伝的に均質だった。一方、実際のCF患者の緑膿菌は、おそらく患者ごとに大きく異なっていたはずだ。

ＣＦ患者の緑膿菌のほとんどは、環境中の感染源を特定できない。感染ルートは、ある患者は蛇口から、別の患者はバードウォッチングで訪れた湿地でというように、偶然の産物である可能性が高い。これらの異なる緑膿菌株は、まったく異質な環境に適応し、遺伝的に分化していると考えられる。これまで見てきた研究が示すとおり、進化的・生態学的背景の異なる複数の個体群から実験をスタートした場合、個体群ごとに独自の適応をとげる可能性がある。そのため、多種多様な緑膿菌株がＣＦ患者ひとりひとりに同じように適応するとは、必ずしもいえない。

ただし、ひとつ確実にいえることがある。ＣＦ患者の呼吸器に侵入した緑膿菌は、外界とはまったく違う環境に直面する。侵入者と闘う免疫系や抗生物質が存在するだけでなく、さまざまな他種の細菌との競合や、べたつく粘液のコーティングにも対処しなくてはならない。きわめて強力な淘汰圧がはたらくはずだ。

それに、ヒトの呼吸器内の環境も、副鼻腔(ふくびくう)や細気管支、肺胞など多種多様だ。気流、湿度、酸素濃度、表面構造、粘液量などの異なる、たくさんのニッチが存在する。この多様な環境に、言うまでもないがヒトの個人差も加わって、緑膿菌株の適応の違いはＣＦ患者個人間のみならず、個人内にさえ生じるかもしれない。

もちろん、緑膿菌の異なる株がどう適応するかは、学術的な問いではない。実験室でおこなわれる進化の反復性の検証は、ほとんどが好奇心を満たすためのものだ。オークの木からとった酵母と、女性の生殖器からとった酵母が、グルコースを入れたペトリ皿の上で同じように適応するかどうかに、進化生物学者は興味をもつかもしれない。けれども、細菌がＣＦ患者の肺に同じように適応するかどうかは、実世界に影響を与える。細菌の進化の反復性が高ければ高いほど、新薬や治療法の開発は容易になるからだ。
倫理規定の存在しない世界でなら、研究者はＣＦ患者に異なる株の緑膿菌を意図的に感染させ、細菌の進化を記録するだろう。もちろん、現実世界では、このような実験は考えるだけでもおぞましい。けれども、これと本質的に同じことが、ＣＦ患者が緑膿菌の攻撃を受けるたび、常に起こっているのだ。

このような自然の実験を扱う研究が、今世紀初頭、コペンハーゲン嚢胞性線維症センターの研究チームによっておこなわれた。同センターでは治療計画の一環として、ＣＦ患者に毎月来院させて喀痰検査をおこない、緑膿菌の有無を調べていた。結果が陽性だった患者はすぐに治療プログラムに移され、うまくいけば細菌を全滅させることができた。

この手順は治療を目的に確立されたものだったが、エレガントな進化研究にぴったりでもあった。センターの医師たちは、起こってまもない緑膿菌感染を発見し、経過を観察し、定期的に最長で10年にわたってサンプル採取を継続した。こうして、同じ患者から採取した、異なる時点のサンプルを比較すれば、細菌の進化を経過観察できたのだ。

デンマークの研究チームは、34人の子どもと若者たちから採取した、４００以上の緑膿菌サンプルの全ゲノム配列決定をおこなった［2］。異なる患者の緑膿菌株は、時にはきわめてよく似ていて、病院が最善を尽くしたにもかかわらず、患者間の感染が起こったことを示していた。*55

しかし、圧倒的多数の緑膿菌株のゲノムは、それぞれに大きく異なっていて、患者たちが独立に、環境中の異なる株の緑膿菌に感染したと示していた。さて問題は、これら異なる細菌がたどった進化の道筋がどれだけ似ているかだ。

同じ患者から異なる時点に採取した緑膿菌のDNAを比較し、研究チームは、細菌がその人の体に侵入した後に起こった遺伝的変化を記録した。発見された変異の数は合計1万2000個以上、ひとつの侵入株につき平均300個以上にのぼった。

問題は、この膨大なデータをどう解釈するかだ。どの変異がヒトの肺という新天地への適応に相当し、どれが適応的意義のないランダムな変化なのだろう?[*56] 緑膿菌のゲノムは、5000個以上の遺伝子、6000万個ものDNAの断片からなる。解析技術が大きく進歩したとはいえ、緑膿菌のゲノムの機能はまだほとんどわかっていない。そのため、デンマークのチームは、発見した1万2000個の変異がもたらす結果について、ほとんど見当もつかなかった。

難題に直面するなか、ひらめきが舞い降りた。彼らはこう推論した。似た環境に棲む個体群どうしの収斂進化は、適応の確かな証拠だ。それに、微生物が似た環境に適応する際、同じ遺伝子を利用するよう収斂することは、以前から知られている。ならば、ヒトの肺への適応に関連する緑膿菌の遺伝子を見つけるには、異なるCF患者由来の株で繰り返し変異がみられる遺伝子に注目すればいいのでは?

研究チームは変異の一覧をつくり、同じ遺伝子に変異をもつ緑膿菌株の数を記録していった。変異が起こった遺伝子の数は合計で4000個近くに達し、その3分の1が複数の株で変異していた。もちろん、2つの株がたまたま同じ遺伝子に変異を起こすこともある。だが、そんな偶然による遺伝子変異の重複は、統計的にみてせいぜい5つの株までだ。[*57] それよりたくさんの株が、たまたま同じ遺伝子上の変異を共有することは、ほぼありえない。

52の遺伝子が、5つ以上の株で変異していた。最高記録の遺伝子は、全体の半分以上にあたる、20株で変異が起こっていた。研究チームはこれら52の遺伝子を、収斂適応の候補とみなし、「病原体としての適応度を最適化する変異が生じた、病原性適応の候補遺伝子」とよんだ。

この分析方法の有効性は、緑膿菌において適応との関連がすでに知られている遺伝子が候補に含まれているかどうかで判断できる。そして実際、彼らが特定した遺伝子の半分は既知のものであり、なかでも重要と考えられる、抗生物質耐性とバイオフィルム形成にかかわる遺伝子が含まれていた。収斂を利用して、病原性適応に関連する遺伝子を発見できたのだ。

この研究結果で特筆すべきは、それまでCF患者の肺への適応に関連していると思われていなかった遺伝子が多数見つかったことだ。そのうち7つの遺伝子については、生化学的機能[3]がすでに判明しているので、これらの機能に変異による変化が生じたら、緑膿菌のCF適応がどのように促進されるのかが、現在の研究の焦点になっている。また、19の収斂遺伝子は「未踏の地」であり、機能はまったくわかっていない(緑膿菌遺伝子の約半分は機能不明なので、無理もない)。当然ながら、ある遺伝子の通常の機能がわからなければ、その遺伝子に起こった変化がヒトの肺という環境への適応にどうつながるかもわかるはずがない。これらの遺伝子の機能の解明は優先課題だ。

「収斂進化が嚢胞性線維症患者を救う」。そんな見出しでこの話題を締めくくれたらよかったのだが、まだその段階には至っていない。けれども、収斂進化の研究が単なる学術的関心にとどまらないことはおわかりいただけただろう。病原体がどのようにヒトを攻撃するのかを解明する手がかりになり、ひいてはそれに対抗する治療法の開発にも役立つのだ。

しかし同時に、この研究の結果は、進化の予測可能性と偶発性の問題にも関係する。特定された遺伝子のほとんどは、34人の患者の半分以下でしか変異が起こっていなかった。加えて、収斂を手がかりにしたため、この分析ではごく少数の患者でしか起こっていない適応的変異は候補から漏れてしまう。緑膿菌のCF患者への適応の反復性は、全体としては比較的低かった。この反復性の低さは、変異がランダムに起こるためなのか、感染株どうしの遺伝子組成が異なるためなのか、患者の生物学的個人差によるものなのか、呼吸器の中の異なる部分に適応した結果なのかは、まだ明らかになっていない。

ほかの研究でも、きわめてよく似た結果が得られている［4］。ブルクホルデリア・ドロサ *Burkholderia dolosa* と命名された細菌は、1990年代、ボストンのある病院でCF患者から発見され、のちに39人に感染した。デンマークの緑膿菌研究と同様、この細菌についても、同じ患者から繰り返しサンプルが採取され、それぞれの患者の体内で起こった遺伝的変化が記録された。

緑膿菌でもそうだったように、変異の数は膨大だった。しかも未知の細菌であるため、ほとんどの変異について、それがどんな結果をもたらしたかを解明することは困難だった。そこでハーバード大学医学校のタミ・リーバーマン率いる研究チームは、複数のCF患者で変異がみられた遺伝子を探索した。17の遺伝子が特定され、そのうち11個は抗生物質耐性や病状の進行との関連がすでに知られていた。一方、複数の患者で変異がみられた遺伝子のうち3つは一切の機能が不明で、残りの3つは肺感染症との関連がこれまで指摘されていなかった。この解析結果がなければ、これらの遺伝子がブルクホルデリア感染症に重要だとは誰も考えなかっただろう。研究で見つかったいくつかの変異について、病原性との関連を調べる研究が現在おこなわれている。

ブルクホルデリアの研究でも、緑膿菌と同様、患者の半数以上で変異がみられた遺伝子は数えるほどで、全体的な予測可能性はまたしても低かった。また、複数の患者で変異の収斂がみられた遺伝子に注目しているため、ごく少数の患者でだけ起こった適応的な変異は特定できていない。

2つの研究が嚢胞性線維症に焦点を絞っておこなわれたのは、CF患者が感染しやすいためだ。定期的にモニタリングをおこない、感染の最初期から継時的にサンプルを採取し、細菌の適応の進行度合いを分析できる。しかし、ほとんどの病気については、同じ患者から複数のサンプルは得られない。多くの場合、そのようなサンプルには利用価値がない。細菌はたいてい、よそで進化させた病原性適応をすでに備えた状態で、患者の体内に侵入するからだ。

遺伝的変化の収斂を特定する別の方法として、進化生物学者にならい、系統樹を描いて形質の進化の道筋をたどることもできる。病原性の株と近縁の無害な株を比較して、医療微生物学者たちは、病原性株だけで複数回進化した似たような変異を探索する。

この手法は、薬剤耐性の遺伝的基盤を解明する研究でよく利用される。たとえば、結核の原因である結核菌 *Mycobacterium tuberculosis* は、抗生物質耐性を何度も進化させてきた。国際研究チーム［5］が結核菌123株のゲノムを解読したところ、47株が結核治療に使われる抗生物質に抵抗性を示した。描きだされた系統樹から、予測どおり、耐性株どうしは必ずしも近縁ではなく、抗生物質耐性は何度も収斂進化した形質であると裏づけられた。

すべてのサンプルを解析した結果、少なくともひとつの株で変異が生じたDNA領域は約2万5000か所にのぼった。次に研究チームは、耐性株だけで、またはおもに耐性株で、複数回進化した変異に対象を絞った。極端な例をあげると、ある変異は8つの耐性株で独立に進化し、非耐性株では一切確認できなかった。

この研究は大成功を収めた。それまで、結核菌ゲノムの11領域（遺伝子、または遺伝子の間にあるDNA領域）が抗生物質耐性に関連する変異が起こった場所として知られていた。これに加えて、従来は結核とは無関係とされていた39領域が新たに発見されたのだ。このうち11の遺伝子はすでに機能が判明していた。いくつかは細菌の細胞壁の透過性に関連する遺伝子だったため、この形質の変化は、抗生物質の分子が細胞壁を通過しにくくなるなど、なんらかの形で抗生物質耐性を促進すると考えられる。残る28の変異は機能不明の遺伝子に起こっていた。これらの変異が抗生物質耐性にどうつながるのかを解明し、究極的にはこのような進化を妨げ、それに対抗する方法を見つけだすため、現在も研究が進められている。

これらの研究において、収斂は普遍的とは程遠かった。もっとも極端な収斂の事例でさえ、せいぜい半数の株にみられる程度で、ほとんどの遺伝子については、変異の収斂が起こったといっても、ごく少数の株で確認されたにすぎなかった。結局のところ、ほとんどの遺伝子は、たったひとつの株で変異が生じただけなのだ。収斂vs偶発性の論争との関連でいえば、これらのデータは明らかにグールドに有利にはたらくだろう。

だが、生物医学の臨床現場からみれば、この論争は的外れだ。多少なりとも予測可能であるなら、まったくの予測不能よりも、ずっといい。すべての微生物が同じ遺伝子変異を利用して適応するわけではないとしても、一部が同じように進化するなら、それは価値ある情報だ。適応のメカニズムを理解すれば、問題の遺伝子がかかわっている場合の治療法を開発できる。患者からサンプルを採取し、即座に微生物ゲノムを解読して、感染株が問題の遺伝子変異を備えているかどうかを確認できる。その変異があるなら、治療法を解き放つ。ないなら、別の原因を探る。この分野の中心人物であるロイ・キショニーは、大学院生のアダム・パーマーとの共著論文で、これと同じことをもう少し専門的に述べている。「ささやかな予測力であっても［6］、薬剤耐性の進化にもっとも強い、遺伝子型に基づく治療法を選択する際に、薬の選択、単一療法か混合療法かの選択、継時的な投薬計画の策定に役立つ情報となり、治療結果を向上させる可能性がある」

これは巷（ちまた）で話題の「個別化医療」の一側面だ。医師が患者ひとりひとりの疾患の具体的な原因を特定し、それに沿った治療を施す。そして、一部の病原性微生物が収斂進化するとわかったことで、このようなアプローチがより現実味を増すのだ。

病原体の株の比較研究のほかにも、微生物の進化とそれがヒトの健康に及ぼす影響を理解するための研究手法が存在する。微生物の進化の解明に、この上なく重要な貢献をしてきた進化実験は、ヒトを攻撃し、治療の裏をかく微生物の適応を予測するためにも利用されているのだ。

このような研究のほとんどは、抗生物質耐性の進化を対象に、レンスキー、レイニー、トラヴィサーノら先駆者たちにならった方法でおこなわれている。微生物をさまざまな困難に直面させ、適応するさまを観察するのだ。基本的に、探すのは反復する進化のパターンだ。もし微生物が繰り返し同じように耐性を進化させているなら、その特定の進化的反応を妨害することに研究の焦点を絞ることができる。

このような研究の有用性を端的に示したのが、ブルクホルデリア・ドロサの研究をおこなったのと同じ、ハーバード大学医学校のキショニーの研究室の仕事だ。この実験では、われらが旧友である大腸菌を専用に設計した培養室に入れ[7]、3種の抗生物質（クロラムフェニコール、ドキシサイクリン、トリメトプリム）のどれか1種にさらし、20日間（大腸菌約350世代）にわたって進化的反応を記録した。それぞれの条件にコピー個体群を5つずつ用意した。

研究の目的は、抗生物質耐性の進化を観察することだった。最初のうち、大腸菌（いずれも同じ祖先に由来する）に耐性はなく、抗生物質がある条件では増殖はきわめて鈍かった。だが、まもなく抵抗性が進化し、増殖率が上昇した。

薬剤への適応のパターンは、どの個体群もきわめてよく似ていた。3種の抗生物質すべてについて、5つのコピー個体群は徐々に抵抗性を増していった。クロラムフェニコールにさらされた個体群では、抵抗性が1600倍にまで増加した。実験の最後に、研究チームは15の個体群の大腸菌細胞からとったゲノムの配列決定をおこない、祖先個体群のゲノムと比較した。

同一祖先からスタートする微生物進化実験の大部分がそうであるように、トリメトプリムを与えられた5つの個体群はきわめてよく似た適応をとげた。トリメトプリムは、大腸菌のジヒドロ葉酸レダクターゼ

(*DHFR*)遺伝子を抑制する作用をもつ。そのため、大腸菌が対抗戦略として*DHFR*に手を加え、薬に認識されにくくして、この遺伝子がつくる酵素の生産を促進したのは、理にかなっている。5個体群の遺伝的変異のほぼすべてが*DHFR*に起こっていた。この遺伝子に生じた変異は全部で7種類あり、そのひとつは5個体群すべてで、別の1種類は4個体群で確認され、1種類を除いてどの変異も少なくとも2個体群で起こっていた。*DHFR*遺伝子以外の場所では、わずか3つの変異がみられただけで、いずれも異なる遺伝子に、ひとつの個体群でだけ起こっていた。

特定の変異が高確率で反復していると確認した研究チームは、次に実験期間中のすべての日のすべての個体群のサンプルの*DHFR*遺伝子の配列を決定した。その結果、変異の発生順序は一貫していて、機能が同じ、または近い変異が、常にほかの変異より先に起こったとわかった。要するに、大腸菌におけるトリメトプリム耐性の進化はきわめて反復性が高いのだ。

ほかの2種類の抗生物質に曝露した大腸菌個体群の結果は、これとは大きく異なっていた。最終的な進化の結果である薬剤への抵抗性は5個体群で同程度だったが、遺伝的変化の解析の結果、各個体群で起こった変異はほとんどが別べつだった。

大腸菌は、なぜある薬に対しては繰り返し同じように進化し、ほかの2つに対しては予測不可能な反応を示すのだろう？　理由はわかっていない。それでも、この結果から、3種類のうちで抗生物質耐性への対抗策を開発するのがもっとも容易なのは、トリメトプリムだろうと判断できる。

前にも触れたが、研究者のなかには、ラボの壁の外でおこなわれる研究の乱雑さを毛嫌いする者もいる。大量の環境ノイズや、多数の統制できない交絡要因に耐えられないのだ。この問題は、とりわけ収斂進化と関係が深い。もし環境が同じでないなら、収斂が起こらないのは、単なる異なる淘汰圧の結果かもしれない。渓流のイトヨを対象にした最近の研究が、まさにそのケースだった。テキサス大学の研究チームは当初、異なる水系に独立に進出したイトヨの個体群間に収斂がみられないのを不可解に思った。しかし、詳しく調べてみて、原因がわかった。川ごとの水質と植生の違いが、イトヨの個体群間の表現型の多様性と収斂の欠如を生みだしていたのだ[8]。環境の微妙な違いという説明は、当然ながら、別の患者の体内に侵入した結核菌や緑膿菌の株が収斂しない理由にもいえるかもしれない。というよりも、言ってしまえば、収斂がみられないすべてのケースにあてはまる。

一部の研究者は、統制されたラボ実験での収斂的反応の不在にすら懐疑的だ[9]。ある試験管と別の試験管のあいだのごくわずかな違い、たとえば小数点以下の温度差や、近くの窓から差し込む日照量のほんの少しの違いが、異なる淘汰圧として作用し、非収斂的適応を生みだす可能性は否定できない。

ラボのなかの懐疑論者によるこのような主張は、進化の予測可能性の研究で利用される、収斂進化を前提とするアプローチに対して、根本的な疑問を投げかける。わたしがここまでずっと避けてきた疑問だ。これまでわたしは、「反復性」と「予測可能性」という言葉を、基本的に同義語として使ってきた。けれども、これらは本当に同じことなのだろうか？　もっとはっきり言うなら、収斂進化という現象が進化の反復であるからといって、それが進化の予測可能性を研究するのによい方法だといえるだろうか？

そうではないという考え方もある。ヨーロッパのある研究チームによれば、反復性は「予測可能性の弱形であり、プロセスが決定論的性質をもつことは遡及的にしか確定できない」[10]。つまり、真の予測は、研究対象の系をすみずみまで理解したうえで、事前におこなわれなくてはならず、繰り返し起こることを記録して、次もそうなるだろうと予測するだけではだめだというのだ。

このような立場の研究者は、島に固有のゾウが矮化進化を繰り返したという観測結果だけでは満足せず、島の環境がどのように体サイズの進化に影響するかを理解したうえで、矮化進化を予測できるようになるべきだと考える。ラボでの進化実験でも、細胞のサイズが常に大型化するとか、同じ条件にさらされた個体群には同じ遺伝子に変異がみられるといった観測結果では不十分だ。彼らにとっては、実験を始める前に、予測される結果を具体的に示す必要があるのだ。

マクロのレベルでは、研究者はいつでもこういった予測をしている。基本原理から出発するこのアプローチは、デイル・ラッセルがディノサウロイドを提唱したときのやり方だ。彼は解剖学の知見に基づき、獣脚類恐竜の脳の大型化を促す自然淘汰は、それ以外の解剖学的変化につながり、ついにはヒトそっくりの外見の生物を生みだすだろうと予測した。

これよりずっと高度な方法で、生理学や生体力学の分野では、解剖学的デザインと生物の機能の関係が長きにわたって研究されてきた。敏捷に飛び回る必要がある鳥にとって、ベストな翼の形は？　幅広で短い、戦闘機のような形だ。寒冷地に棲むのに最適な体型は？　ずんぐりむっくりだ。付属器官を小さくして、表面積を最小化し、熱のロスを防げる。

こうした予測は、実際に進化した形質とは独立になされる。そのため、自然の産物との答え合わせが可能だ。前述の2つのように、予測が支持されることもある。この場合、自然淘汰が最適解を選択したと考えられる。一方で、理論と実際が噛み合わない場合もある。理論が間違っていたか、あるいはなんらかの制約により、自然淘汰が最適解を生みだせなかったかだ。この制約が何なのかも、興味深いテーマだ。好ましい変異が起こらなかった、あるいはトレードオフが邪魔をした（すべてを同時に最適化はできない）。それに、最適解はそもそも不可能ということもある。たとえば、核融合でエネルギーを生みだす生物はいないし、生物の世界に車輪構造はきわめてまれだ。

微生物を対象とした研究で、基本原理に基づく予測を立てるのは難しい。生化学的メカニズムや分子のはたらきに不明な点が多いからだ。近年の微生物研究はたいていそうなのだが、遺伝子レベルの話になると、ほとんどの遺伝子の機能がまだわかっていないため、さらに複雑になる。結核やＣＦとの関連を探る分析で見つかった、機能不明の多数の遺伝子を思いだそう。病原性微生物の適応進化にこれらがどうかかわっているかについて、事前に予測するのはきわめて困難だ。

もちろん、例外はある。ひとつは大腸菌の抗生物質耐性遺伝子だ。β‐ラクタマーゼ遺伝子がつくる酵素β‐ラクタマーゼは、ペニシリン、アンピシリン、セフォタキシムなど、さまざまな抗生物質を攻撃し、無効化するように進化する。そのため、この遺伝子と酵素は徹底的に調べられ、微生物のほかの遺伝子やその産物よりも、はるかに多くのことがわかっている。

最近、ある研究でβ‐ラクタマーゼ遺伝子に起こる変異の多様性［11］の分析がおこなわれた。研究チームは、分子レベルの操作によって、大腸菌に1万種類の異なる変異をつくらせた。そして、そのなかから1000種を厳選し、それぞれの抗生物質耐性への影響を（大腸菌を殺すのに必要な抗生物質の量で）測定した。まったく変わらない変異もあれば、少数ながら致命的な変異もあった。ほとんどは中間的で、軽度の負の影響がみられた。

β-ラクタマーゼは非常によく研究されているため、研究チームはそれぞれの変異が酵素の機能にどれだけ影響したか、酵素分子の形、活動性、安定性を指標として評価できた。その後、これらの変化と、抗生物質耐性への影響の関係を分析したところ、はっきりした傾向がみられた。変化が大きいほど、抵抗性への影響も大きかったのだ。つまり、ひとつの変異からスタートして、その変異が遺伝子の産物である酵素をどう変化させたかを測定し、その変化によって抗生物質耐性にどれだけ影響が及ぶかを、正確に推定したのだ。このようなアプローチによって、大腸菌などの微生物が新たな環境条件に直面したとき、どう進化するかを予測できる。

しかし、このような研究はむしろ例外だ。たいていの場合、どの遺伝子が適応を生みだしたかはわからない。関連する遺伝子が判明している場合でも、その遺伝子がどう作用するかまでは不明であることが多く、もちろん特定の変異が与える影響など見当もつかない。わたしたちは、いつかはどの変異が適応進化につながるかを安定して予測できるようになるだろう。しかし、それは遠い未来の話だ。

網羅的な情報がなくても、研究者たちは不完全なデータをもとに予測を立てることもある。たとえば、ハーバードの研究で、ある大腸菌株が抗生物質セフォタキシムに抵抗性をもち、非耐性株の致死量の10万倍の投与量に耐えられるとわかった。遺伝子解析により、この強い抵抗性は、β-ラクタマーゼ遺伝子に起こった5つの変異の結果であると判明した。

研究チームはこの5つの変異に注目し、これらをひとつももたない非耐性株からスタートして、5つの変異を備えた株が、自然淘汰によって必然的に誕生するのかどうかを検証した。ただし、進化実験をおこなうかわりに、遺伝子操作によって、5つの変異がとりうるすべての組合せをもつ大腸菌株をつくりだした。そして、それぞれの株のセフォタキシム耐性を測定し、「この株に付け加えられたら抵抗性が増すような変異は存在するか？」という問いに答えていった。たとえば、変異を2つもつ株の場合、残りの3つの変異のどれかが加わったら、抵抗性は増すだろうか？　その結果、すべての株について、答えはイエスだった。どの1変異株にも、やがて2番目の変異が加わり、2変異株はすべて3番目の変異を獲得し、以下同様。変異が起こった順序に関係なく、5つの変異を備えた耐性株という結果は不可避だった。研究チームは論文で、こう結論づけた。「生命のテープ[12]はほぼ再現可能であり、予測すら可能であるようだ」

エレガントで網羅的なこの研究は、遺伝子レベルの進化的決定論の例として、おおいに注目を集めた。ただし、ひとつ問題があった。この研究は、超耐性株で見つかった変異だけに対象を絞っている。ほかの変異についてはどうだろう？　結果に狂いは生じるだろうか？

それを調べるため、オランダのある研究グループが進化実験をおこなった。こちらは、超耐性株だけに見られた5つの変異だけでなく、実験期間中に遺伝子に起こったすべての変異を対象とした。この変異の自由市場[13]においても、やはり超耐性株が進化するのだろうか？　オランダのチームは、おなじみの実験デザインに沿って、同じ初期条件の12個体群をセフォタキシムに曝露させ、世代交代させて、適応進化の進行度合いを測定した。

セフォタキシムへの抵抗性は、実験が進むにつれて向上したが、その程度はまちまちだった。7つの個体群が、残りの5つよりも強い抵抗性を獲得した。研究チームは、各個体群のゲノム配列を決定し、同じ3つの変異（すべて超耐性株の「スーパー5」に含まれる）が、耐性の強い7個体群において、事実上同じ順序で起こっていたと突き止めた。[*58] 対して、耐性の弱い5個体群では、3つのうち少なくともひとつの変異が欠けていた。

ハーバードの超耐性株の研究で、あるひとつの変異（微生物学の世界ではG238Sとよばれている）が、セフォタキシム耐性にもっとも大きく寄与したとわかった。オランダの研究では、7つの高耐性個体群すべてに加え、低耐性の3個体群も、まずG238Sを進化させていた。また、G238Sを獲得できなかった2個体群を調べ、これらで最初に起こった変異を解析したところ、R164SとA237Tだったとわかった。[*59] この2つは、ほかの10個体群ではまったくみられない変異で、しかもスーパー5にはみられなかったため、ハーバードの研究では除外されていた。

オランダのチームは、再び実験をおこなった。ただし今度は、前述の2つの変異、R164SとA237Tをもつ大腸菌をそれぞれ5個体群ずつからスタートした。やはりセフォタキシム耐性は時間の経過とともに向上したが、10個体群が示した耐性はいずれも、最初の実験で高耐性を示した7個体群よりも大幅に劣っていた。特筆すべきは、G238Sがどの個体群でも進化せず、かわりにG238Sをもつ個体群では起こらなかった変異が多数みられたことだ。

G238SがR164SおよびA237Tとなぜ相容れないのか、確かなことはわからないが、これらの変異はどうやら酵素の折りたたみのパターンを変化させるらしい。最初の変異が構造を変えてしまうと、2番目の変異はそれを狂わせるような変化をもたらすため、単体で見れば有益な変異であっても、組み合わせることはできない。つまり、折紙のようなものだ。いったんゾウをつくりはじめたら、途中で金魚には変えられない。

オランダの研究は、偶然のできごとがのちの進化の結果に劇的な影響を与えるという、歴史的偶発性の完璧な実例だ。たまたまG238Sが最初に起こった個体群は、ある方向へと進み、しばしば強い抵抗性を示す。一方、偶然ほかの変異が先に起こった個体群では、その道筋は閉ざされる。別の変異が定着すると、G238Sはもはや有益ではなくなり、適応進化は異なる道筋を歩み、結果として低耐性に終わる。ハーバードのチームの研究は、ほかの遺伝子変異を無視したため、セフォタキシム耐性適応の予測不可能な側面を見落としていたのだ。

ハーバードとオランダの研究は、アプローチも結果も対象的だった。これが、遺伝子レベルで進化を事前に予測する難しさを表している。ゲノムはあまりに大きく複雑で、関連する変異をすべて特定し、どれとどれがどのように影響しあうのかを予測するなど不可能だ。特定の変異の組合せがきわめて適応的な結果をもたらすからといって、それらの変異が必然的に進化するとはいえない。同じ表現型を生みだす方法がいくつもあることは珍しくないし（シュードモナス・フルオレッセンスの「しわしわ拡散型」をつくる遺伝的経路は16通りあったことを思いだそう）、同じ環境条件に適応する方策もたくさんある。どれがもっとも起こりやすく、どの可能性が低いかをあらかじめ判断するのは、ほぼすべての場合において、わたしたちの能力の及ぶところではない。

多くの天才たちがこの問題に、分子と理論の両面から取り組んでいる。きっと将来、天気予報と同じように、進化を予測する能力も向上するだろう。しかし今のところ、わたしたちにできることはかぎられている。だから、何が進化するかを予測するには、過去に起こったことに注目するのが、現段階では最良の方法なのだ。生命の歴史をさかのぼる、あるいは進化実験をおこなうことで。

微生物の適応に関する研究の結果は、ある程度の予測可能性があり、反復性が治療法の開発の鍵になることを示している。言うまでもないが、微生物以外にも、進化してわたしたちに害をなす現代の生物は存在する。雑草は芝生や農地を侵食し、昆虫や齧歯類は作物を食べ、蚊は病気を媒介する。これらに共通するのは、どれも駆除のためのわたしたちの取り組みを、進化によってだし抜いてきたことだ。[60] そして、微生物の場合と同じく、これらは数十億ドル規模の経済的損失をもたらし、何万人もの命を奪っている。

駆除剤（殺虫剤と除草剤の両方を含めてこうよぶ）[61] への耐性の進化は、抗生物質耐性の進化と共通点が多い。多くの微生物と同様、有害生物はわたしたちの化学攻撃を打ち破る、さまざまな方法を進化させた。行動を変化させ駆除剤との接触を最小化する。外皮を変化させて駆除剤を体内に取り込むのを防ぐ。駆除剤を代謝しほかの物質に変換する。駆除剤を迅速に排出するか、重要ではない体の一部に蓄積させる。駆除剤のターゲットである分子の構造を変化させる。このように候補は無数にあるため、同種の個体群どうしが同じ駆除剤に対して異なる適応をとげることも珍しくない。

一方で、商業的に成功した駆除剤の多くは、多くの有害生物に共通の生化学的経路を攻撃する。そのため、このような攻撃に対し、多くの異なる種が似たような（あるいは同一の）対抗手段を進化させている。たとえば、たくさんの種類の蚊［14］にみられる、あるDNA変異は、ディルドリンという殺虫剤への耐性をもたらした。同じように、30種以上の昆虫（ハエ、ノミ、ゴキブリ、ガ、アザミウマ、アブラムシ、甲虫、サシガメなど）［15］が、同じDNA変異によって、ピレスロイド系殺虫剤への耐性を獲得している。

微生物の場合と同じで、有害生物が駆除剤耐性のメカニズムを収斂進化させている場合、わたしたちは反撃に出やすくなる。バチルス・チューリンゲンシス *Bacillus thuringiensis* という細菌からつくった殺虫剤がいい例だ。理由は不明ながら、この土壌微生物は昆虫にとって致死的なタンパク質を生成する。当初、Bt殺虫剤とよばれるこの薬剤は作物に散布されていたが、1990年代後半以降、いくつかの作物で、このタンパク質を自らつくりだす遺伝子組換え品種がつくられた。Bt作物の栽培面積はいまや膨大で［16］、2013年には全世界で8000万ヘクタールに達し、アメリカのとうもろこし栽培面積の3分の2、主要生産国の綿花の栽培面積の4分の3を占める。

Bt毒素への耐性は、ラボ実験では容易に進化し、それには及ばないものの野外での進化も確認されている。Bt毒素は昆虫の消化管内のタンパク質に結合して作用する。そのため、抵抗性進化は、おもにこのタンパク質の生産に干渉する変異というかたちで生じた。たとえば、3種のイモムシの多くの個体群で進化した、あるタイプのBt耐性［17］は、毒素が結合するカドヘリンというタンパク質をつくる遺伝子に変異が起こって生じた。同じように、7種のイモムシ［18］で収斂進化した変異は、膜間で分子を運搬する消化管タンパク質を阻害して、Bt耐性をもたらした。

少数の遺伝子における変異は繰り返し進化すると認知され、耐性進化との闘いにいくつかの重要な影響を与えた。ひとつは、定期的に有害生物の個体群をスクリーニングし、特定の抵抗性変異の出現を監視するようになったことだ。このような調査では、野外個体群で発見された変異だけでなく、ラボで人為淘汰された個体群で生じた変異も検出できる方法が利用される。このような変異を早期に発見できれば、変異の拡散を防ぐための管理手法がとれる。

より広い視野で見ると、昆虫が同じ方法の耐性進化を繰り返しているとわかった今、作物のBt遺伝子を組み換えて、そのメカニズムを回避する方法の開発に集中するのもひとつの手だ。たとえば、昆虫が毒素とカドヘリンの結合を阻害して抵抗性を進化させるという知見に基づき、研究者たちは毒素に手を加えて、カドヘリンを避け、別のタンパク質に結合するように改変をおこなった。

収斂は万能の特効薬だ、と言いたいわけではない。Bt毒素のようなケースでも、スクリーニングが有効なのは、すでに発見された収斂変異に対してだけだ。同じ遺伝子に起こる別の変異は見落とされるかもしれないし、ほかの遺伝子やほかの耐性メカニズムに関連する変異なら、なおさらだ（非収斂的に進化したほかの遺伝子の変異は実際に報告されているし、Bt耐性のメカニズムはこれ以外にも多数ある）。それに、ほかの多くの駆除剤について、耐性が収斂進化しているという知見が、必ずしも新たなアプローチにつながるとはかぎらない。

抗生物質や駆除剤の使用は、わたしたちが環境に与える影響のほんの一端でしかない。ヒトはありとあらゆる方法で世界を変えつつある。時にわたしたちが課す試練はあまりに過酷で、種の減少や絶滅を招く。一方で、自然淘汰のはたらきにより、種が新たな環境に適応しているケースも少なくない。

人為的変化が原因の収斂進化が最初に確認されたのは、人間活動による環境汚染への反応としてだった。高濃度の重金属に汚染された土壌に適応した植物や、汚染地域で暗い体色を進化させたガはその最初期の例で、このような事例はその後も次つぎに見つかっている。とりわけよく研究されている例をひとつ紹介しよう[19]。北アメリカの大西洋沿岸の河口に生息する小さな魚、アトランティックキリフィッシュは、エンドラーとレズニックの研究で登場した、トリニダードのキリフィッシュの遠い親戚だ。この魚は、たいていの種には耐えられない、重度に汚染された場所に平気で棲める。カリフォルニア大学の研究チームが東海岸の4つの汚染耐性個体群を調べたところ、これらは独立に同じ生理学的経路を変化させた結果、極端に高濃度のさまざまな汚染物質（ダイオキシンなど）に対して感受性を失っているとわかった。遺伝子解析により、4個体群すべてで同じ組合せの遺伝子に変異が起こっていて、これらが汚染への耐性を授けたことも明らかになった。

わたしたちヒトは[20]、商業やスポーツのために動物を間引いて、個体群に強い淘汰圧をかけている。ハンターはふつう、特定の形質を備えた個体を標的にする。その結果、その形質をもつ個体に強い負の選択がかかり、しばしば複数の個体群で同じ反応の収斂進化が起こる。たとえば、トロフィーハンターはもっとも大型で、もっとも見栄えのいい個体を狙う。結果として、武器形質や装飾形質の小型化が多くの種で進化したのは驚くにあたらない。オオツノヒツジ、セーブルアンテロープ、シカの角に加え、ゾウの牙も小さくなった。それどころか、現代のゾウの個体群のなかには、牙を完全に失った個体が多くみられるものもある。

漁業でも、これと同じことが起こっている。多くの漁法はサイズを選別する。たとえば漁網は、大きな魚を捕え、網の目より小さな魚はすり抜ける。こうして小型の魚が正の選択を受けた結果、多くの魚種の最大サイズは、過去の最大サイズに遠く及ばなくなった。カナダのセントローレンス湾のタイセイヨウダラの最大重量［21］は、1970年代前半には30キログラムを超えたが、今では10キログラムにも満たない。現代のマサチューセッツ州沖のタイセイヨウダラも同じくらいの大きさだが、19世紀末には90キログラムを超える個体もいた。[*62] これは深刻な経済問題だ。魚の個体数は、サイズの縮小を補うほどには増えていないため、漁獲量（漁船団が漁獲する魚の総重量）は一様に減少している。

何より重要なのは、わたしたちが環境を以前の状態に復元したとして、個体群が収斂的に祖先の状態に戻るかどうかだ。そうなる場合もある。たとえば、オオシモフリエダシャクは、大気汚染が改善すると、多くの地域で白地に黒点という従来の体色を再び進化させた。一方で、反応が一貫しないケースもある。サイズ選択的な漁業や狩猟が制限されても、ふつう魚が再び大型化したり、オオツノヒツジが再び巨大な角を進化させたりすることはない。この進化の非対称性を説明する仮説はたくさんある。間引きがない状態での大型個体への選択は、間引きがある状態での小型化への選択よりもずっと弱いのかもしれない。あるいは、漁獲や狩猟が生態系の新たな均衡状態をつくりだし、そこではもはや大きいことにメリットがない、とも考えられる。たとえば、別の種が個体数を増やし、かつて漁獲や狩猟の対象種が利用していた資源を奪い取った場合、淘汰圧が恒久的に変化し、漁獲や狩猟が止まっても元には戻らないだろう。

　駆除剤や抗生物質の場合もそうだが、生物が環境変化にどう反応するかを理解し、わたしたちの手で状況を改善する策を考えるうえで、収斂進化は手がかりのひとつでしかない。それでも、収斂が実際に起こっているとわかれば、課題を明確化し、総合的な対策を練るのに役立つ。実際に、魚の小型化を防ぐため、研究者たちは多くの対策を考案した。そのなかには、サイズ選択的でない漁網を開発する、最大個体を海に帰して遺伝子を個体群中に維持する、大型個体の遺伝子が漁場に流入すると見込んで、大型魚の聖域となる禁漁区を設けるといった方法がある。

　地球規模の変化に生物がどう対応しているか、研究が進むにつれ、進化的反応の収斂は今後も多く見つかるだろう。避けては通れないテーマが地球温暖化だ。今のところ、気候変動が原因の適応進化を明確に示した研究は少ないが、状況は急速に変わりつつある。野生個体群での収斂の例には覚えがないのだが、ミミズを対象とした7年にわたる実験では、土壌温度の上昇にともなう遺伝的変化の収斂が確認されている。わたしの予想では、この研究結果は溶けゆく氷山の一角で、気候変動に脆弱な種において、これから生理学的・行動的・解剖学的変化の収斂の例が多数発見されるだろう。

　過剰漁獲による魚の小型化の例とは対照的に、この場合の課題は、収斂から得られた知見を生かして、特定の方向の進化を阻止するのではなく、その効果を高めることだ。具体的にどのような介入をすべきか、現段階で予測するのは難しいが、とくに効果的な遺伝子を危機にある個体群に導入する、収斂進化している行動的・生理学的適応を促すように環境を操作するといった方法が考えられる。

より広い視野で考えると、現在わたしたちは、進化のプロセスを直接操作するという、かつてない力を手にする新時代に足を踏み入れようとしている。分子レベルの新技術（なかでも最新かつ最重要なものがCRISPR）の発展により、野生個体群の遺伝子を操作し、自然界の遺伝子レベルの進化に介入できるようになって、新たな懸念が生じている。すでに、蚊に遺伝子操作を施し、マラリアなどの病気を媒介できなくする計画が進行中だ。このような未知の領域の展望に対し、実践面からも倫理面からも、多くの異論が噴出している。これらの懸念には明確な根拠があり、無視できない。けれども、悪いことばかりではないだろう。わたしたちは、他種の生物をヒトの利益のために改変するだけでなく、その種自身が存続できるよう、変わりゆく世界に適応するのに役立つ遺伝子を導入することもできるのだ。

では、ある環境問題に直面する種に対して、どんな遺伝子を導入すべきか、どうすればわかるだろう？もちろん、収斂進化だ！　有効性が他種で繰り返し実証された方法に注目すれば、危機的状況にある生物種の遺伝的レスキューに使う遺伝子の最適候補が見つかるかもしれない。こんな未来が本当に来るかはまだわからない。けれども、もしそうなれば、収斂進化が重要な役割を担うはずだ。

＊55　この可能性を裏づける証拠として、通院履歴から、問題の患者は別の患者が緑膿菌に感染している時期に病院にいたことがわかった。
＊56　ほとんどの変異は表現型に変化をもたらさないため、結果に何の影響もない。
＊57　これはやや単純化した表現だ。実際の閾値は、遺伝子配列の長さによって変わる。
＊58　スーパー5の残りの2変異のうち、ひとつは実験デザインにより技術的理由で除外されたが、もうひとつが進化しなかった理由は謎のままだ。

＊59　これらの名称はアミノ酸の置換を示している。最初の文字が祖先型のアミノ酸、番号は遺伝子のなかの位置、2番目の文字が変異によって生じた新たなアミノ酸を表す。

＊60　たとえば、なんらかの殺虫剤に耐性を示す節足動物の種数は600種近くにのぼる。

＊61　もっと厳密な定義をお望みの読者のために補足すると、駆除剤（pesticide）とは、殺虫剤（insecticide）と除草剤（herbicide）以外にも、殺菌剤（fungicide）、幼虫駆除剤（larvicide）、殺鼠剤（rodenticide）、ナメクジ駆除剤（molluscicide）、ダニ駆除剤（acaricide）など、あらゆる有害生物を殺す薬剤（-cide）の総称だ。

＊62　体サイズおよび特定のパーツ（牙や角）の小型化が、どこまで進化的変化といえるのかに関しては諸説ある。最大の個体や最大の装飾を備えた個体を個体群から取り除けば、遺伝的変化がなくても、生存者集団は見劣りすることになる。また、変化の一部は表現型可塑性で説明がつくかもしれない。それでも、こうしたケースの少なくとも一部では、小型化の遺伝的基盤が解明されている。

終章

運命と偶然：ヒトの誕生は不可避だったのか？

身長3メートルで、長い尾ととがった耳をもつナヴィは、アルファ・ケンタウリ系惑星のひとつに棲んでいる。青い肌をしたヒューマノイドが棲む映画『アバター』の世界には、鬱蒼として生物多様性の高い、地球にとてもよく似た生態系が広がる。ここの動物は、確かにちょっと脚の多いものや、シュモクザメのような顔をしたものもいるが、おおまかに言って、わたしたちに馴染み深い動物によく似ている。ヒョウ、ウマ、サル、翼竜、ティタノテリウム*63、鳥、アンテロープ。生い茂る植物〔1〕はアマゾンの熱帯雨林にそっくりで、学名をつけて分類図譜をつくった植物学者がいるほどだ。

『アバター』は、細部へのこだわりと美しい仕上がりで、同ジャンルの多くの作品と一線を画し、アカデミー賞で美術賞、撮影賞、視覚効果賞を受賞した。しかし、生物学の面では、『アバター』は異世界を舞台にした数多の映画と似たり寄ったりだ。『スター・ウォーズ』から『ガーディアンズ・オブ・ギャラクシー』まで、宇宙を舞台にしたSF映画のほとんどにおいて、作品世界に棲む生物は、見た目も生態も、地球で進化してきたものと大差ない。『デューン／砂の惑星』や『エイリアン』に登場する恐ろしい捕食者のような、異様な姿の生物でさえ、地球の生物と共通する生態をもつ。

考えてみれば、映画に登場する生命体のなかで、本当に異質なものは、たいてい地球の生命とはまったく異なる生物学的特性を備えている。炭素のかわりにケイ素や純エネルギーを基本的な構成要素としていたり、結晶、星間原形質、エネルギー波でできていたりする。

しかし、宇宙生物学者によれば、地球外生命体がもし存在するとしたら、炭素ベースである可能性が高く、したがってその化学的性質は地球の生命に似ているはずだ。そういうわけで、ここでは炭素ベースの生命体に限定して、それが天の川銀河に確かに存在する、地球に似たたくさんの惑星のどこかで誕生したと仮定しよう。この惑星の生態系が、地球のものに似た生物で構成されている可能性はあるだろうか？　多くの映画が示唆するように、またサイモン・コンウェイ＝モリスが実際に述べたように、「わたしたちがここ（地球）で目にする生命は、地球に似たどこかの惑星でいつか発見される生命と、少なくともおおまかに、わたしが思うには細部に至るまで、同じである」［2］と予測すべきなのだろうか？

コンウェイ＝モリスらのこの主張は、2つの論拠に基づく。第一に、収斂が地球上にあまねく存在する事実から、自然淘汰は環境が課す共通の制約に対し、同じ解決策を生みだす傾向にあるといえる。第二に、物理法則は全宇宙、あるいは少なくともわたしたちのいる宇宙に共通であり、法則が定める環境に適応する最適な方法は、地球だけに限定されるものではない。コンウェイ＝モリスはさらに、より憶測の色合いの濃い、第三の論拠をあげる。地球上で進化したいくつかの生体分子、たとえばＤＮＡ、クロロフィル（植物が光合成に使う分子）、オプシン（視覚系で光を検出する分子）、ヘモグロビン（血中で酸素を運ぶ分子）などは、炭素ベースの材料を利用する系において、これ以上は考えられないほど効率的だ。したがって、ほかの惑星で同様の基本構成要素が誕生することは、ありえないわけではないというのだ。

地球外生命体と地球の生物のあいだに収斂の事例が見つかるだろうという点には、わたしも同意する。地球でそうであるように、別の星の生物もエネルギーを獲得しなくてはならず、自力でつくりだすか、外部の資源を摂取するだろう。感覚器官を備え、外界の刺激を検知するだろう。一部は移動能力をもつはずだ。

地球の生物はこのような仕事を上手にこなしているので、ほかの惑星にパラレルな存在がいても不思議はない。重力や熱力学、流体力学といった物理現象はどこでも共通だと考えればなおさらだ。高密度の媒体の中をすばやく移動しなくてはならない生物は、流線型の体型を進化させ、パフォーマンスを最大化するだろう。動力飛行には、揚力を生みだす手段が必要であり、それには翼が適任だ。光を集束させるのにもっとも効率的なメカニズムは、カメラ状の構造であり、そのような眼は動物界において何度も進化してきた。

そのため、地球の生物と地球外生命体には、少なくともある程度の共通点はありそうだ。系外惑星が地球に似ているほど、可能性は高くなる。そのような収斂は、もし地球外生命体でも同じ分子レベルの構成要素が進化していれば、さらに高度になるかもしれない。ただし、同じ分子を利用することがどれだけ表現型の収斂を促進するかは不明だ。

しかし、収斂の事例はあったとしても、わたしの予測では、地球外生命体はこの地球でわたしたちが目にする生物とは、ほとんどの点で大きく異なる。収斂進化を概観し、進化実験の結果を学んできたわたしたちはすでに、近縁でない種は同じ条件に直面したとき、しばしば異なる方向に進化すると知っている。

別の惑星に棲む生物は、どう考えても地球の生命と近縁ではない。生命進化の出発点が違うだけではない。仮にその地球外生命体も炭素ベースで、DNAに似た遺伝コードをもっていたとしても、遺伝と進化の法則がまったく異なる可能性がある。個体が発達の途中で獲得した形質を子孫に伝えられるかもしれない。有性生殖による両親の遺伝子のシャッフルは起こらないかもしれないし、あるいは交配のたびに、地球標準の2個体ではなく、3個体、10個体、100個体が必要かもしれない。わたしたちが知る、有限の資源をめぐる同種他個体間の競争という形の自然淘汰は作用せず、種内と種間の協力が進化の原動力かもしれない。区別可能な種そのものが存在しない可能性すらある。このような生命秩序の異なるあり方を考えると、系外惑星での生命進化が地球と同じ道筋をたどる可能性は低そうだ。

それに、惑星そのものの環境もまったく違っているだろう。リッチ・レンスキーがもし全知全能であるなら、[*64] 地球を12個複製し、それらを同一の太陽系に配置して、数十億年おいてから、戻ってきて生命が（もし誕生していれば）同一条件の地球どうしで似ているかどうか調べるだろう。だが、レンスキーやほかの誰かがこの実験を実現する方法を見つけだすまでは、別べつの星で生命がどう進化したかを比較するだけで我慢するしかない（まずは地球外生命を見つけなくてはならないが）。

わたしたちはかつて、地球は特別で、こんな場所はほかに宇宙のどこにもないと思っていた。今ではこれが大間違いだったとわかっている。生命が居住可能な系外惑星は、毎週のように新たに発見されている。こうした発見から外挿して、わたしたちのいる宇宙の片隅、つまり天の川銀河の中だけでも、そんな惑星の数は数十億個にのぼるだろう。

ただし注意しておきたいのは、ここでいう生命居住可能の要求水準はかなり緩いということだ。唯一の必須条件は液体の水が存在可能であることで、これを満たす温度帯や条件は幅広い。そのため、こうした惑星のそのほかの特徴はきわめて多種多様だ。温度、大気組成、放射線負荷、重力、地質組成。これらはほんの一例だ。

すでに見てきたとおり、異なる環境条件を経験した個体群は、大まかにいえば、たとえ同じ淘汰圧にさらされていたとしても、異なる方向に進化する傾向がある。そして、それを裏づけるのは、ほんの少し異なる環境で生きてきた、大腸菌、イトヨ、ショウジョウバエの個体群の研究だ。多種多様な惑星の、劇的に異なる環境ともなれば、進化がばらばらの方向に向かうのは、ほとんど自明といっていい。

いや、仮定の話はこれくらいで十分だ。本当のところ、わたしたちはニュージーランドと世界のほかの地域を比較し、どれだけ対照的な進化の世界が展開してきたかを調べるだけでいい。一歩引いて見れば、鳥と哺乳類はたいして変わらない。どちらも炭素ベースで、DNAを利用しているだけでなく、脊椎動物であり、基本的な生体機能をたくさん共有している。それでも、ニュージーランドの動物相は、オーストラリアやアンデス、セレンゲティ、それ以外のどの地域とも、まったく違っている。どこか別の場所とニュージーランドを比較して、進化が同じ道筋を歩んだと主張する人はいない。

あるいは、恐竜時代と現代を比較してもいい。かつてTレックス、ステゴサウルス、それに全長30メートル、体重70トンの竜脚類がのし歩いた地球に、今ではゾウやキリン、ネコやオキアミ食のシロナガスクジラが棲んでいる。確かにトリケラトプスはどことなくサイを思わせ、ストルティオミムスはその名のとおりダチョウもどきだが、全体的には、中生代の主役だった動物たちは、それらに取って代わった現代の動物たちとは似ても似つかない。

この地球上でさえ、時間的・空間的に隔てられた生命がこれほど異なる進化をとげたのだから、別の惑星の生命が地球で進化したもののとそっくりになると考えるのは、筋が通らない。グールドの『ワンダフル・ライフ』の10年近く前、カール・セーガンはベストセラーとなった著書『COSMOS』で、次のように見事に言い表している。

「空想科学小説の作家［3］や芸術家のような人たちは、ほかの世界の生物がどんな姿をしているかを想像している。しかし、そのような人たちが考えた地球外の生物を、私はほとんど信じることができない。彼らは、私たちがすでに知っている生物の形にとらわれすぎているように思われる。どの生物も、それぞれ、とてもあり得ないようないくつもの段階を経て、長い期間ののちに、いまの形になったのだ。ほかの世界の生物が、爬虫類や、虫や人間に非常に似ているとは、私には思えない。」

わたしたちヒト、あるいはそれに似た存在が、進化する運命だっ

●中生代の主役たちのような生物は、後にも先にもほかにいない

たという考えについてはどうだろう？　このような主張を掲げるのはコンウェイ＝モリスだけではないが、彼はきわめて具体的に、小惑星がもし地球に衝突しなくても、３０００万年前に地球の寒冷化が始まったあと、哺乳類が繁栄し、ヒトが進化しただろうと主張した。しかし、この主張もまた、実際に起こった進化の顛末とはまったく相いれない。ヒトの進化が本当に不可避であるなら、なぜ一度きりしか起こらなかったのだろう？

ふたたび鳥の王国ニュージーランドを考えてみよう。過去８０００万年にわたり、この地では独自の進化の物語が展開してきた。では、ヒューマノイドはどこにいる？　哺乳類的な種にまで基準を緩めても、進化がつくりだせたのは、ミミズをついばむちっぽけなキーウィだけだ。同じく地理的隔離のもとで独自の進化の道筋を歩んできたオーストラリアをみても、哺乳類からスタートしたにもかかわらず、ヒトにもっとも似た動物は、うっすらサルに似ていなくもないキノボリカンガルーくらいだ。とりたてて賢い動物でもなければ、ほかにヒト的な特徴をもっているわけでもない。

それどころか、霊長類がいた土地でも、ヒトの進化は起こらなかった。キツネザルは４０００万年以上前、マダガスカルに漂着したあと、見事な進化的成功をなしとげ、さまざまな種を生みだした。ところが、キツネザルの適応放散は、類人猿の祖先からヒト科が分岐しはじめるよりも、１０００万年以上前に始まったにもかかわらず、少しでもヒト的な種はひとつとして誕生しなかった。南米大陸も、数百万年前にパナマ地峡が隆起するまで、ほかの地域から約５０００万年にわたって隔絶されていた。サルはここにも漂着した。約３６００万年前、流木かなにかの植物に乗って、アフリカから流れ着いたのだ。小柄なマーモセットからひょろ長いクモザルまで、ここでも霊長類はおおいに多様化したが、やはりヒューマノイドは進化しなかった。

事実、ヒトは進化の特異点なのだ。わたしたちのような生物は、地球上のどの場所、どの時代をみても、ほかにいない。全体として収斂進化が普遍的であることは、ヒトの進化の不可避性の証拠としては、説得力に欠ける。

地球外生命体を別の視点で見てみよう。「わたしたちはひとりぼっちなのか？」これは、人類にとって根源的な問いのひとつだ。その答えは、「わたしたち」をどう定義するかによる。

「わたしたち」とは、ほかの惑星の生命のことなのだろうか？　そうだとしたら、当然、答えはわからない。けれども、生命が居住可能な、地球に似た惑星が数十億個も存在するという事実から、多くの研究者は、生命がどこか別の星で進化するのは必然であり、何度も進化してきたはずだと考えている。

ほかの惑星で生命が進化したと仮定して、それは地球の生命と同様、多細胞で複雑だろうか？　それとも、ただの単純な単細胞生物？　地球で生命が誕生したのは約40億年前だ。最初期の生命は微小で、たったひとつの細胞からなり、この状態は25億年（誤差は数百万年）にわたって続いた。しかし、やがて複数の細胞からなる生物が進化した。それも何度も。多細胞性の進化は、控えめに見積もっても、少なくとも動物で1回、菌類で3回、藻類（陸生植物を含む。これらは緑藻類の一部から進化した）で6回、細菌で3回進化した。より現実的な推定［4］では、「多細胞性」をどう定義するかにもよるが、少なくとも25の独立の起源をもつとされる。

「複雑性」の定義も、研究者のあいだで意見は一致していない。複数の細胞からなる生物が、必ずしも単細胞生物よりずっと複雑とはかぎらない。複雑性の指標として提唱されているのは、1個体にみられる細胞の種類の数（たとえば、ヒトには筋肉、皮膚などさまざまなタイプの細胞がある）、機能に特化した体のパーツの数、異なるパーツの間の相互作用の種類の数などだ。だが、どの定義を採用したとしても、地球の生命のなかで複雑性が何度も進化したことに変わりはない。この高い反復性を考えると、多細胞性と複雑性は、少なくとも地球上では、生命進化の不可避の結果だといえるだろう。もし、地球に似た惑星に生命が存在するなら、多細胞性と複雑性を備えているのは、わたしたち地球の生物だけではないかもしれない。

知性（これまた多くの定義のある言葉だ）についても、わたしたちの親戚である霊長類だけでなく、多種多様な動物の系統で何度も収斂進化したと、すでにわかっている。ゾウは適切な位置に踏み台の箱を置いて頭上の餌を取り[5]、カラスはフックのついた道具をつくって隙間にいるイモムシを釣り上げ、イルカはプールの中に対象物があるかどうかを記号言語を使って答える。大きな脳をもつ動物たちは、従来考えられていたよりも、ずっと賢いのだ。知性の面では考慮に値しないとされてきた、トカゲや魚などの動物でさえも、難しい認知課題を解く能力を備えているとわかった。なかでも驚くべき例はタコだ。わたしたちとは脳構造からしてまったく異なるにもかかわらず、タコは瓶の蓋の開け方を学習し、ココナツの殻を隠れみのにして海底を移動する。

問題解決能力に加えて、少なくとも一部の動物には自己認識能力がある。このテストはふつう、動物の体にマークをつけ、鏡を見せるという方法でおこなわれる。動物が鏡を見て、自分の体についたマークに触れたら、その動物は自分自身を見ていることに気づいている。かつて自己認識能力は類人猿にしかないと考えられていたが、近年、ゾウやイルカ、カササギもミラーテストに合格した。これらの動物たちの多くは、鏡を使い、口の中など普段は見られない体のパーツをチェックする。これは明らかに、動物が自分自身を認識し、自分自身に興味を抱いている証拠だ。

このように、高度な知性は地球上で何度も収斂進化した。ここから、ほかの惑星で生命がどう進化したかを推測するなら、わたしたちは宇宙で唯一の知的生命体ではないかもしれない。

知性と自己認識は収斂進化した。それでも、わたしたちのような知性を発達させた動物は、ほかにいない。それに、知られているかぎり、ヒトがもつ自己内省能力に近いものを進化させた動物もいない。わたしたちの起源は単一で、非収斂的だ。そのため、ヒトの知性が、ほとんどありえないような幸運の賜物、いわば地球に固有のCit+なのか、それとも必然的に生じる事象なのかは、判断のしようがない。したがって、地球で起こったことに基づいて、ほかの惑星でヒトと同等、あるいはそれ以上の知性が進化したかどうか予測するのも、また不可能だ。

ここで地球に戻るとしよう。グールドのメタファーを少しいじって、テープをリプレイする際、ひとつ大きな変化を加えてみよう。ヒトを取り除くのだ。もしわたしたちが進化しなかったら、高度な知性と意識を備えた、別の存在が進化していたのだろうか？

その前提条件である、大きな脳とある程度の知性が、ほかの霊長類にも備わっているのは間違いない。これまで見てきたとおり、近縁種どうしは平行進化しやすい。ヒトがいなければ、類人猿やその他の霊長類の中から、代わりが登場しただろうか？

古人類学の分野では、ヒトの系統で脳のサイズが突如として急速に増大した原因をめぐって、長年議論が続いてきた。化石記録から、二足歩行の進化は脳容量増加よりも前だったとわかっている。開けたサバンナ環境への進出も、要因のひとつにあがっている。ほかの霊長類が同じ道をたどることはありえるだろうか？

不可能ではなさそうだ。実際、セネガルのあるチンパンジー個体群〔6〕はサバンナに生息し、槍(やり)を使って小型霊長類を狩る。彼らは二足歩行をすることもあるが、解剖学的には十分に適応していない。『猿の惑星』を引き合いにだすまでもなく、このチンパンジーたちがヒトと同等の意識を進化させた姿は、容易に思い浮かぶ。

霊長類以外ではどうだろう？　ヒトに近縁ではなく、そのためセネガルのチンパンジーやそのほかの霊長類とは違い、遺伝的な素因をもっていない動物たちだ。ゾウ、イルカ、カラス、あるいはタコが、ヒトと同等の知性を進化させる可能性はあるだろうか？　不可能とは言い切れないと、わたしは思う。これらの動物たちはいずれも、数百万、数千万年にわたって存在しつづけ、そのあいだヒト並みに賢いものは出てこなかった。しかし、十分な時間があれば、どうなるかはわからない。

そして最後に、恐竜は人間になれただろうか？　テープを再び、今度は別の事実に反する仮定のもとでリプレイしてみよう。『アーロと少年』の前提に立ち返るのだ。小惑星は地球をかすめ、ニアミスで済み、天変地異は起こらなかった。ヴェロキラプトルやトロオドンなど、大きな脳をもった仲間たちが生き残った。彼らはそこからどう進化するだろう？

デイル・ラッセルは、自然淘汰が恐竜の脳のサイズを増大させつづけると仮定し、それが一連の解剖学的変化を促し、最終的にあなたやわたしに驚くほどよく似た、緑色の爬虫類人間が誕生すると結論づけた。ラッセルがこの論文を発表して以来、コンウェイ＝モリスらは、ヒトのような存在が進化するのは不可避の運命であるという主張の根拠として引用してきた。

ラッセルは細かい点でひとつ間違っていたと、今のわたしたちなら指摘できる。論文が発表された1980年代前半、古生物学の世界では、鳥が恐竜から進化したのか否かの論争がまだ続いていた。この論争はすでに決着し、一部の異端研究者を除けば、鳥類がヴェロキラプトルやトロオドンに近縁の獣脚類の一群の子孫であると、みな認めている。単に鳥が恐竜の系統樹のひとつの枝と認識されただけではない。新たな発見により、35年前には想像もできなかった事実が明らかになった。すばらしい保存状態の化石が中国で多数発見されたおかげで、いまや羽毛の進化は、獣脚類の進化史の序盤、獣脚類のある一群から最初の鳥類が誕生する前に起こったとわかった。鳥だけでなく、多くの獣脚類（トロオドンはもちろん、Tレックスの幼体まで）が、羽毛に覆われていたのだ。[*65]

したがって、ラッセルの描写は少しアップデートする必要がある。緑色のうろこに覆われた皮膚ではなく、ディノサウロイド氏には羽毛のコートを着せてあげなくてはいけない。それも、おしゃれな色がいい。インコ風なんてどうだろう？　これでもう、宇宙人と間違える人はいないはずだ！

だが、問題は外見よりも、ラッセルが主張した姿勢の変化だ。彼は、水平姿勢（頭が前傾し、長い尾がそれとバランスをとり、胴体は後肢の真上に安定する）のトロオドンを、直立二足歩行に変形させた。大きな脳の進化には、本当にこうした変化が必要なのだろうか？

ラッセルは、なぜ脳頭蓋の大型化が直立姿勢と分かちがたく結びついているとしたのか、詳しい説明をしなかった。もっとも頭のいい鳥は、実際かなり賢く、体サイズ比でいえば非常に大きな脳をもつが、やはり恐竜と同じ水平姿勢のままだ。それに、巨大な頭蓋骨をもつTレックスも、直立歩行はしなかった。

ラッセルのディノサウロイドに対しては、あまりに人類中心主義な見方だ、予測が（無意識にかもしれないが）ヒトの進化の来た道に影響されすぎている、といった批判がある。ある古生物学者は「ヒトすぎる」[7]と言い、別の古生物学者も「疑わしいほどヒト的だ」[8]と同調する。

ラッセルはこうした批判を予期して、論文の中で先手を打った。収斂進化を引き合いにだして（そしてコンウェイ＝モリスの主張を10年以上前に予言するかのように）、ヒトが一度進化したのなら、それに似た存在が再び進化すると予測するのは理にかなっていると、彼は主張した（コンウェイ＝モリスものちにこれに賛同し[9]、「わたしたちにとってすぐれた解決策であるなら、恐竜にとってもそうかもしれないと想像するのは、そんなに難しいことだろうか？」と述べている）。とはいえ、ラッセルはこのアイディアが憶測であると認め、「別の解決策の提示はおおいに歓迎だ」[10]と、挑発的に論文を締めくくった。

この挑発には誰も乗らなかった。それどころか、ラッセルの論文は学術的にはほとんど議論の俎上（そじょう）にのぼらなかった。1982年の発表以降、ほかの学術論文での引用数はわずか41回。平均するとほぼ年1回のペースで、古典的論文とはほど遠い。しかも、引用しているのは、ほとんどが専門的な古生物学の論文で、トロオドンの解剖学的特徴の詳細を議論するためだ（ラッセルの論文の主眼もそこなのだが）。結局、ディノサウロイドというアイディアは、科学界からほとんど注目も反応もされなかった。

1980年代後半にこの論文に出会ったわたしは、本書で知られざる宝にスポットライトを当てる機会を楽しみにしていた。だが、ある日たまたま思いつき、ネット上にラッセルのアイディアへの言及があるかどうか調べてみた。すると驚いたことに、大量のブログ記事、掲示板、イラスト、動画、インタビューがヒットした。ディノサウロイド仮説は、サイバー空間での注目の的だったのだ。

これらのオンラインコンテンツは、3グループに大別できる。まずは中立的報告。これは、単にラッセルが述べたことを繰り返すもので、たいてい彼の手によるイラストや模型の写真が添えられている。

第二のグループは、ラッセルの復元の宇宙人的な外見にまつわるものだ。緑色でうろこに覆われた肌、ヒト的でありながらどこか奇妙で、いくつかパーツが足りない、ディノサウロイドの容姿は、SFに出てくる地球外生命体の典型だ。そしてそれが理由で、ありとあらゆるばかげた主張がなされている。たとえば、あるウェブサイトの（大真面目な）記述によれば、ディノサウロイドは「ヒューマノイドに進化し[11]、独自の文明を発展させたが、宇宙のフロンティアへと進出を果たしてまもなく、アトランティス大陸の消滅のような大災害によって滅亡した。UFOに乗った宇宙人の一部は、この爬虫類文明の末裔であり、宇宙コロニーから母なる地球に戻ってきて、現在の支配的存在を監視しているのかもしれない」

山ほどあるこんな与太話に混じって[12]、第三のグループがある。多くの古生物学者や恐竜ファンによる、ディノサウロイドの真剣な考察だ。彼らはラッセルの挑戦を受けて立ち、仮説を批判して、別のシナリオを提示している。主張の要点はもはやおなじみだ。初期状態が異なる種どうしは、同じ淘汰圧にさらされても、同じ進化的反応を示すとはかぎらない。

ヒトがどうやってこんな姿になったかを考えてみよう。わたしたちにいちばん近い親戚は類人猿（ゴリラ、チンパンジー、オランウータン、テナガザル）だ。どの種にも尾はない。進化史をずっとさかのぼり、類人猿＋ヒトの系統が旧世界ザルから分岐した、約2200万年前まで戻らなくては、尾のあるご先祖様には会えない。わたしたちの祖先が二足歩行をしはじめたのは、尾をなくしたずっと後だ。したがって、ヒトが大きな頭を体の真上に据える直立二足歩行を進化させたのは、なんら不思議ではない。重石として釣り合いをとる付属器官が後半身になかったのだから。もし直立二足歩行になっていなければ、わたしたちはいつも前のめりで、バランスを取るのに苦労しただろう。

今度は道を歩くハトに目を向けてみよう。ハトも二足歩行だが、頭は前に差し出され、体は垂直ではなく水平だ。脚はシーソーの支点の位置にあり、前にも後ろにも倒れないよう中心から伸びている。このハトを体高1メートルに拡大して、口に歯を生やし、翼を前肢に取り替えて、さらに何か所かを改造すれば、トロオドンの完成だ。

仮に自然淘汰が大きな脳を選択し、トロオドンの頭部が大型化したとしよう。これが尾のない二足歩行動物なら、直立姿勢にするのがもっとも効率的だ。だが、すでに尾で前半身とのバランスをとっている動物なら、尾をもっと重くするほうが、進化の道筋としては容易だろう。

デイル・ラッセルのシナリオが不可能だと言いたいわけではない。理論的には、進化がその方向に進むこともありうる。しかし、尾のない類人猿がヒトになったときの筋書きが、まったく違う解剖学的特徴をもつ、近縁でもない祖先種にもあてはまると考える理由は、どこにもない。

この見解に沿った、ディノサウロイドの代替仮説がいくつか提唱されている。ディテールはそれぞれに異なるものの、本質的な特徴はすべてに共通だ。ＳＦっぽい爬虫類的で宇宙人的な容姿は却下され、かわりに大型で大きな脳をもつ鳥に似た動物として描かれているのだ。羽毛をまとい[13]、くちばしを手として、あるいは手の補助として物体を操作する、この高度な知性をもつ恐竜の末裔は、サギやカラスのように優雅な動きで、体を地面と水平に保ち、尾で大きな頭とのバランスをとりながら、道具を手に（あるいはくちばしに）歩き回る。

進化がこのように進んだかどうかは、知りようがない。けれども、ひとつはっきりしていることがある。もし恐竜が滅びなかったとしても、その子孫たち、とりわけもっとも頭のいい恐竜の子孫たちが、ヒトそっくりになっていたとはかぎらない。むしろ、スーパーサイズの脳をもつニワトリのほうが、正解に近そうだ。

●ディノサウロイドの新復元

最近わたしは、意外すぎる秘密諜報員（ちょうほう）の存在を知った。キャッチーなテーマソングで「半水生で卵を産む哺乳類の凄腕（すごうで）」［訳注：日本語版の歌詞では「哺乳類で卵産む種族」となっている］と紹介されるカモノハシのペリーは、隣接する3州[*66]を支配しようとする悪しき企みを阻止する任務に奔走する。ティールブルーの体にオレンジの足とくちばし、それにトレードマークの茶色の中折れ帽でキメたペリーは、オーストラリアの007だ。愛嬌（あいきょう）たっぷりでウィットに富み、卓越した柔術の技を備え、さまざまなハイテク機器を使いこなし、空飛ぶカモノハシモービルまで操縦する。

ディズニーチャンネルで4シーズン放送された『フィニアスとファーブ』［二次元コードを参照］は、このモフモフをスターにするにあたり、確かにちょっと生物学を逸脱した。おとなのカモノハシに歯はないし、二本足で歩くこともなければ、ガガガガガと歯を鳴らしてヒトの女性をメロメロにすることもない。けれども、すばらしい種でありながら決して知名度が高くなかったカモノハシを、子どもたちに広く知らしめた番組であることに変わりはない。しかも、カモノハシがもつ多くの適応的形質を賞賛までしているのだ。厚い毛皮、強靭な尾、みずかきのある足、くちばしは言うに及ばず。実際、カモノハシは卵を産む数少ない哺乳類であるために「原始的」のレッテルを貼られ、不当に扱われがちだ。『フィニアスとファーブ』を見て、ペリーは自分自身と自分の種を誇りに思っていいと、わたしは思うようになった。

そこからわたしは、悪と戦うペリーの頭脳をほかにどんな考えがよぎるのだろうと、思いをめぐらせた。全話を通じたペリーの活躍をじっくり鑑賞したが、彼にどれだけ内省能力があるかはわからなかった。しかし、時にスパイ対策任務から離れて物思いにふけるとしたら、もしかすると彼は、ほかの惑星にカモノハシ

型生物がいる可能性について考えるかもしれない。そうしない理由などあるだろうか？　カモノハシは非凡な動物であり、ペリーからみれば、間違いなく進化の最高到達点だ。悩めるカモノハシが、「この宇宙でオルニトリンクス・アナティヌス〔訳注：*Ornithorhynchus anatinus*, カモノハシの学名〕は孤独な存在なのだろうか」と思案をめぐらすのは、ごく自然なことだ。

こんなことを言うと、ばかばかしいと批判されるかもしれない。カモノハシが頂点だって？　脳も小さいし、言語も話せないのに？　いやいや、カモノハシなんてただの脇役、ヒトという進化の最高傑作に至るまでの道の途中の単なる停留所だと、彼らは言うだろう。どう考えても、ヒトこそが真の頂点で、大きな脳、道具、意識、その他もろもろがその証拠だと。

しかし、言うまでもなく、この意見はきわめて人間中心的だ。確かに、わたしたちに長所はある。だが、それはカモノハシも同じだ。

くちばしを見てみよう。その名のとおり、一見カモのくちばしに似ているが、カモノハシの革でできた口吻は、数万の微小なセンサーで覆われている。そのうち6000個は非常に敏感な触覚受容器で、魚のひれが翻ったときに生じるわずかな水圧変化を感知できる。だが、残りの4000個の機能はほかにある。

カモノハシが餌を探す方法は長いあいだ謎だった。潜水時、カモノハシは眼も耳も口も閉じる。こうして感覚を遮断しているにもかかわらず、体重の半分ものザリガニを毎晩捕食できるのだ。確かに時折、カモのように川底をくちばしでがさごそ探ってはいるが、とても効率的な採食法とはいえない。解決のヒントは泳ぎ方にあった。カモノハシは、ひっきりなしに頭とくちばしを左右に振りながら泳ぐ。これを見たオーストラリアの博物学者、ハリー・バーレル［14］は、20世紀初頭、カモノハシには何らかの第六感があるという仮説を立てた。

その感覚が一体どんなものなのかが、１９８０年代、ドイツとオーストラリアの研究チームによって、ようやく明らかになった。彼らは、カモノハシがプールの底に隠したわずかに帯電する電池の位置を正確に特定できることを示した。その後の研究により、カモノハシはくちばしにある電気受容器のおかげで、動き回る獲物が発するわずかな生物電気を拾って、位置を特定できるとわかった。触覚受容器による水流や動きの感知と合わせて考えると、カモノハシは事実上、触覚刺激と電気刺激を通じて、世界を「見て」いるのだ。

このとおり、カモノハシはヒトと同じように、種に固有の特徴において卓越している。それなら、カモノハシ型生物が別の星に誕生する可能性を考えてもいいのでは？

残念ながら、宇宙カモノハシがきっといるという主張は、地球外ヒューマノイドの存在をめぐる主張と同じく、根拠薄弱だ。カモノハシもまた進化の特異点であり、オーストラリアでたった一度だけ進化した。*67 ほかの大陸では、似たような環境があるにもかかわらず、ほかの哺乳類がカモノハシのような姿に進化しなかったのだから、カモノハシの生き方こそが河川環境への究極の適応であり、自然淘汰は必然的にそれを生みだすと主張するのは、無理がある。だから、宇宙カモノハシがいたら嬉しいけれど、それを予測される地球外生命体リストの筆頭にあげる理由は見当たらない。カモノハシはヒトと同じく［15］、偶発性カテゴリーにはっきりと分類できる種のひとつだ。ある場所で一度だけ進化し、ほかでは見られない、比類なき種なのだ。

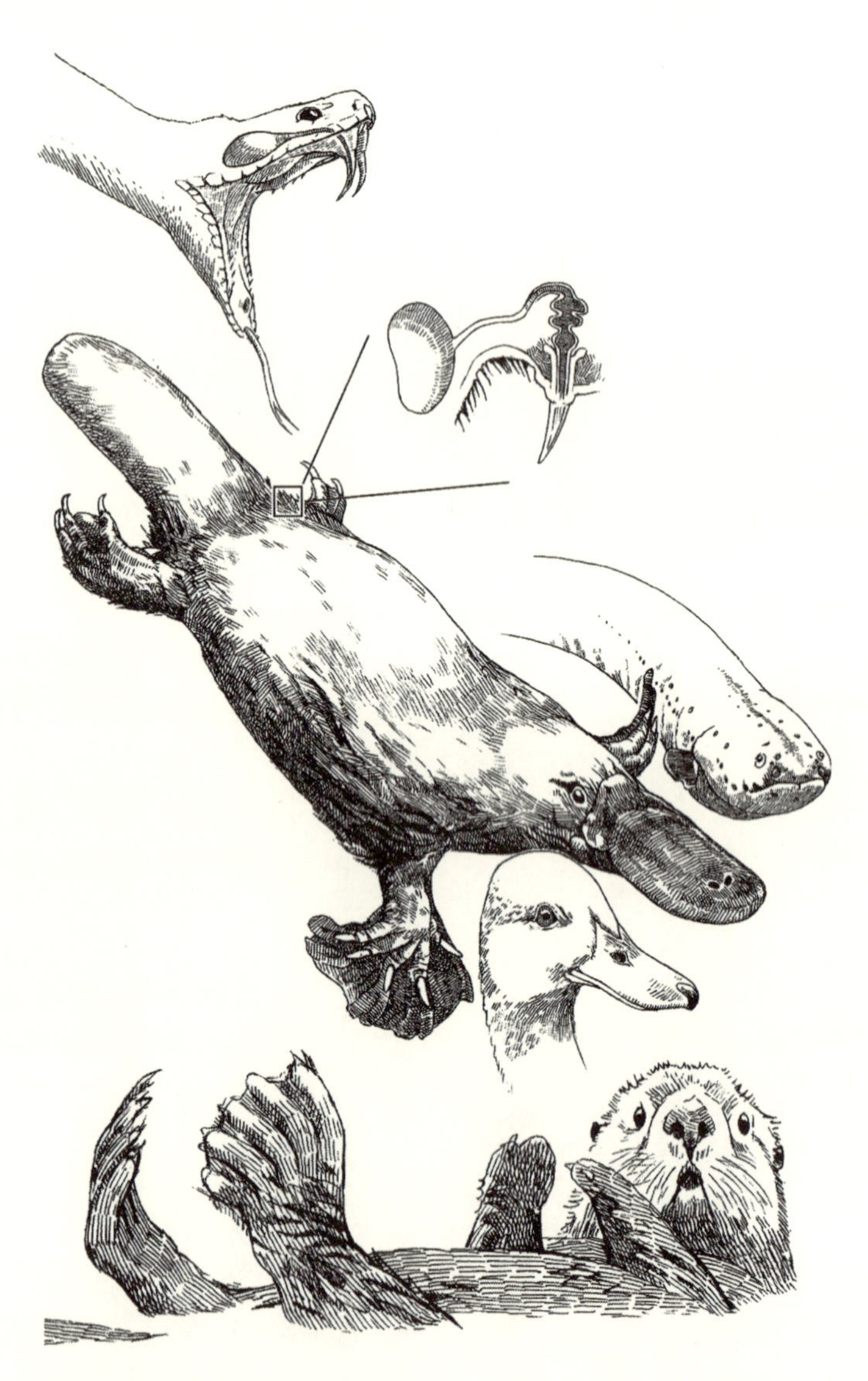

●カモノハシは進化の特異点であり、同時に他種に収斂したパーツの寄せ集めでもある

進化はカモノハシのドッペルゲンガーを生みだしはしなかった。しかし、ペリーの種族は収斂進化の最たるものともいえる。カモノハシの体のパーツの多くは、ほかの生物にそっくりだからだ。初期のイギリスの科学者たちが、別べつの動物をつぎはぎしてつくった偽物だと考えたのを、責められるだろうか？　なにしろ、本当に寄せ集めなのだ。カモのくちばし、カワウソの水かき、ラッコの防水性の高級毛皮[*68]、ビーバーに似た太短い尾。電気感覚でさえ、デンキウナギなどの魚、ギアナコビトイルカ、一部のサラマンダーと共通している。それに、かかとに毒を注入する棘（蹴爪）をもつ動物はカモノハシだけだが、この器官の解剖学的特徴はガラガラヘビの毒牙と収斂している。どちらも中空の管が毒腺につながっていて、筋肉で毒腺を収縮させ、毒を蹴爪や牙を通じて標的の体内に送り込む。つまりカモノハシは、矛盾するようだが、収斂の典型例であり、反例でもある。ユニークな進化をとげた、収斂形質の詰め合わせなのだ。

このような両義性をもつのは、カモノハシだけではない。わたしたちヒトも、進化の特異点であり、ほかの系統で独立に進化した数かずの特徴を備えてもいる。次に例をあげよう：

- 二足歩行。鳥、その親戚である獣脚類恐竜、カンガルー、トビネズミにもみられる。時折二足歩行をする動物まで含めるなら、チンパンジー、センザンコウ、トカゲ、ゴキブリもそうだ。
- 体毛の退化。多くの哺乳類に共通の形質であり、ヒト以上に毛のない動物もいる。とりわけ温暖な気候帯に棲む種や、厚い脂肪層を備えた種に多い。具体的には、クジラ、カバ、ブタ、ゾウ、アザラシ、ハダカデバネズミなど。
- 母指対向性［訳注：親指がほかの指と向かいあう配置でついていること］。霊長類に共通で、それ以外にもオポッサム、コアラ、一部の齧歯類、一部のカエルにもみられる。

- 大きく、前方を向いた、立体視が可能な眼。同じくすべての霊長類に共通で、加えて多くの捕食性・夜行性の種で独立に進化した。ネコ、フクロウ、アジアに分布するムチヘビなど。

一度きりの進化が生んだこれ以外の種も、収斂的特徴を備えている。たとえばキーウィは、毛のような羽と硬いひげが哺乳類のようだし、それ以外の特徴にしても、鳥の中では珍しいか唯一無二だが、ほかの脊椎動物ではありふれたものもある。骨髄の詰まった骨や、口吻の先端にある鼻孔、鋭敏な嗅覚がそうだ。

カメレオンもまた独特だ。尾を枝に巻きつけ、舌を射出し、小塔の上に収まった眼を左右別べつに回転させ、対向配置の指で細い足場をつかむ。こんな生きものはほかにいない。だが、これらの形質ひとつひとつに注目すると、ほかの系統の動物に収斂の例が見つかる。サラマンダーにも舌を口のはるか外まで発射する種がいるし、樹上性動物の多くが尾で物をつかめる（サル、アリクイ、トカゲ、フクロギツネ、タツノオトシゴなど）。イカナゴの仲間の魚にも、突出した眼を左右別べつに動かせるものがいる。指の配置も、一部の鳥や有袋類に似た例がある。

ひょっとするとわたしたちは、収斂を見くびっていたのかもしれない。キーウィ、カモノハシ、カメレオン、それにわたしたちヒトといった、進化が生んだ異端児たちは、確かに独特ではあるが、パーツの多くはほかの生物でも収斂進化している。

言い換えれば、この地球上では、さまざまな生物が実際に、類似の環境条件に対する反応として、よく似た特徴をしばしば進化させてきた。だから、ここではないどこかでヒト型生物やカモノハシ型生物（あるいはカメレオン型生物やキーウィ型生物）が進化する可能性は低いにしても、地球外生命体はまったく見たことのないような姿をしている、とまでは言えない。カモノハシのように、地球のさまざまな生物から多数のパーツを借りた、寄せ集めかもしれないのだ。

偉大な進化生物学者、エドワード・O・ウィルソン［16］は最近、ヒトと同等の高度な文明を築くことのできる地球外生命体がもつであろう生物学的特徴を推測した。地球の生命進化についての知見に基づく、ウィルソンの予測は次のとおりだ：

- 地上性である。テクノロジーの発展には、携帯できるエネルギー源（たとえば火）を利用する必要があるため。
- 大型である。高い知性の基盤である神経による情報処理には、大きな脳が必要であるため。
- 視覚・聴覚依存のコミュニケーションをおこなう。遠く離れた相手にシグナルを伝達するには、これらがもっとも効率的な方法であるため。
- 体の前方に大きな頭をもつ。大きな脳と、前進しながら周囲を探索するための感覚器官を備えるには、頭は大きくなくてはならない。
- 獲物を捕食するためのあごと歯をもつが、いずれも大きすぎない。高度な文明を築くのに必要な社会的協力をおこなう種は、獲物の捕獲や防御を、単なる強大な力ではなく、協力的な方法と知性によって実現するだろう。
- 少数の付属肢をもち、そのうち少なくとも1対は肉質で、鋭敏な触覚と器用な物体操作能力を備えている。

これらの条件は、デイル・ラッセルのものほど限定的ではないが、やはり多くの評者が同じ批判をぶつけるだろう。リストはあまりに偏狭で、地球で実際に起こった生命進化に縛られすぎていると。ウィルソンを弁護するなら、彼はあくまで議論のたたき台としてこれを提示したのであり、地球の生命史からの演繹(えんえき)であるとも明言している。

けれども、批判はいったん脇に置いて、ここではウィルソンの考えをそのまま受け取るとしよう。これらの条件は、高度な技術をもつ地球外生命体に予想される特徴として、確かに理にかなっている。それに、制約はさほど多くない。この考えでいくと、問題の地球外生命体は、二足歩行で、大きな頭をひとつ、眼を2つ、小さな口ひとつに小さな歯、上半身の左右に1対の付属肢をもち、丸い頭のてっぺんに細い繊維を生やしているかもしれない。あるいは、8本の関節のある付属肢をもち、うち6本は移動用、前面にある残り2本は先端からもっと繊細な付属肢が7本ずつ生えていて、膨張した頭にある6つの円盤型の巨大なくぼみで周囲の音を知覚し、頭のてっぺんから突きだす回転する棒の先端に、三角形の配置で3つの巨大な眼がついているかもしれない。要するに、ウィルソンが地球を中心に考えだした地球外生物の進化観に沿って考えたとしても、最終産物は地球の生物にそっくりになるかもしれないし、完全に別物で、部分部分がどことなく地球の生物に似ている程度になるかもしれないのだ。

こうして考えるうちに、わたしはさらに普遍的な疑問に行きついた。地球外生命体の姿を予測するのに、地球の生物は本当に参考になるのだろうか？　わたし自身は、地球上の生物が、地球のような惑星に棲むうえで考えられるすべての方法を体現しているとは、どうしても思えない。その大部分を実現しているかどうかさえ、疑わしいのではないだろうか。

植物のように、エネルギーを直接太陽から得たり、何らかの化学反応によって生成したりする生命体が、肢やそのほかの移動手段を進化させ、動き回るようになることは、ありえないと言えるだろうか？　もし実際そうなったら、それらが移動に必要な神経系も発達させ、やがては知性すら進化させる可能性もあるのでは？

それに、移動には肢が必要というのは本当だろうか？　タコやイカは、水をチューブから排出し、それと反対方向への動力を得る、ジェット推進で移動する。大気組成によっては、この方法はきわめて有効かもしれない。

バージェス頁岩から発見された、風変わりな生きものたちを思いだそう。ぬるぬるした半分の松ぼっくり。5つの眼をもち、爪のついたホースを前端からぶら下げる捕食者。ミミズのような管状の体にくねくねした脚、背中には棘が列をなす生物。下面に口のある、海をたゆたう絆創膏。こんな動物たちが実在したのだ。こんな生きものたちを祖先として、別の惑星の現在の生態系が構成されたとしても不思議はない。そして、もしそうなら、その惑星の生命は今、いったいどんな姿をしているだろう？

結局のところ、進化がランダムでも行き当たりばったりでもないことは、周知の事実だ。自然淘汰は種が進化する道筋を限定し、似通った環境条件に直面する生物が、同様の適応をとげるように制約をかけることも珍しくない。場合によっては、環境が与える課題に対して、唯一の生物学的最適解が存在することもあり、生物はそんな最適解を繰り返し導きだす。そのうえ、近縁種どうしはすべての生物学的特性、とりわけ遺伝子構成と発達プロセスに、多くの共通点をもつ。こうした共通点もまた、複数の近縁種が同じ進化の道筋をたどるようバイアスをかける。したがって収斂進化はふつう、数かぎりある最適解と、遺伝子、発達、生態の共通点が、適応を同じ方向に導いた結果として起こる。

けれども、生物学的可能性の世界は広大だ。自然淘汰や遺伝、発達の制約を受けてなお、実現しうる進化の最終産物が、依然として多岐にわたることもある。だからこそ、進化はしばしば独自路線をひた走るのだ。これはとりわけ、進化のスタート地点が異なり、遺伝子や発達プロセスに違いがある場合にあてはまる。とはいえ、同じ祖先集団からスタートして、似たような状況を経験しても、結果が異なる場合もある。進化は時に繰り返す。しかし、繰り返さない場合も多い。

それで結局、進化は予測できるのだろうか？　短期的にはイエスだ。ある程度までは。だが、経過時間が長くなるほど、そして祖先や経験する状況の差が大きいほど、わたしたちの予言が的中する確率は下がる。ディノサウロイド？　まずないだろう。宇宙カモノハシのペリー？　これも残念ながら無理そうだ。わたしたちがいまここにいるのは運命？　まさか。

過去の無数のできごとのうち、どれかひとつが違ったかたちで起こっていたら、ホモ・サピエンスは進化しなかった。わたしたちは不可避の存在などではなく、たまたま運よく、物事が史実どおりに起こったから、いまここにいる。小惑星衝突はもちろんだが、ほかにどんなできごとが、ヒトにつづく進化の道が開かれる、重要なポイントになったのだろう？　ほんの些細な過去の違いで——100万世代前のひいひいひい……お祖父さんのアーニーが木から落ちていたら、山火事ひとつ、変異ひとつが起こっていたら——、将来のわたしたちの存在が消えてなくなることはあるだろうか？

一方で、歴史の流れが違っていたら、たくさんのヒト型のドッペルゲンガーが進化し、繁栄していた可能性もある。もしかしたら、世界には有袋類人間に加え、キツネザル人間、クマ人間、カラス人間、トカゲ人間までもが共存していたかもしれない。国連で一堂に会する、それぞれに異なる進化系統の代表者たちの顔ぶれを想像してみよう。そんな世界もありえたのだ。

数十億年前の生命の起源に立ち返れば、どんな進化の結末も、ありえないものに思える。けれども、物事は実際の歴史のとおりに起こり、今わたしたちはここにいる。それは、数十億年にわたる自然淘汰と、歴史の気まぐれが、生命にほかならぬこのひとつの道を歩ませてきた結果だ。わたしたちはラッキーだった。運命づけられていたわけではない。幸運にも進化してつかんだこのチャンスを、存分に活用しない手はない。

＊63　古代にいた巨大なサイの親戚。

＊64　わたしの知るかぎりは違う。

＊65　厳密には、トロオドンの羽毛もTレックスの幼体の羽毛も発見されていないが、両者にごく近縁の種の羽毛のある化石が見つかっている。

＊66　明言されてはいないが、コロラド州デンバー近郊のようだ。

＊67　アルゼンチンで発見された6000万年前の臼歯の化石から、かつて太古のカモノハシの親戚は南アメリカにも分布していたことがわかっている。おそらく、両大陸がかつてゴンドワナ大陸の一部としてつながっていた名残だろう。

＊68　毛の密度が非常に高いため、カモノハシは凍てつく川で泳いでも、ほとんど体温を奪われない。

謝辞

本書の執筆に取り組んだ3年のあいだ、わたしを手助けしてくれた本当にたくさんの友人、同僚、親類たちに、心から感謝している。些細なことから重要なことまで、たくさんの人びとが質問に答えてくれた。とりわけ、わたしにひっきりなしにつきまとわれ、原稿確認にまでつき合わされた次の方がたには、感謝にたえない。ローワン・バレット、ザック・ブラウント、フレッド・コーハン、ティム・クーパー、ジョン・エンドラー、マーク・ジョンソン、リーズ・カッセン、クレイグ・マクリーン、ラスムス・マーヴィグ、ポール・レイニー、デヴィッド・レズニック、ドルフ・シュルーター、ロイ・スネイドン、ブルース・タバシュニック、マイケル・トラヴィサーノ、ナッシュ・ターリー。また、さまざまな情報やアドバイス、回答をくれたその他大勢の方がたにもお礼を申しあげる。エルドリッジ・アダムズ、アヌラグ・アグラワル、クリス・ハムリン・アンドラス、スペンサー・バレット、ダン・ブラックバーン、クリス・ボーランド、アンガス・バックリング、モリー・バーク、トッド・キャンベル、スコット・キャロル、ゲイリー・カルバーリョ、千葉聡、ケ・ドン、ミック・クローリー、スチュアート・デイヴィス、チャック・デイヴィス、ダグ・アーウィン、スコット・エドワーズ、マハ・ファルハト、チャールズ・フォックス、ゴンサロ・ギリベット、ペドロ・

ゴメス・ロペス、ビリー・グールド、ウェンディ・ホール、クリス・ハムリン、マーシャル・ヘディン、アンドリュー・ヘンドリー、デヴィッド・ヒリス、ホピ・ホークストラ、ニナ・ジャブロンスキー、ジョージ・ジョンソン、レオ・ジョセフ、ベトゥル・カチャル、リック・ランカウ、タミ・リーバーマン、エイドリアン・リスター、ティム・ロウ、羅哲西、アンディ・マクドナルド、ブルー・マグルーダー、ジョーダン・マロン、グレッグ・メイヤー、アクセル・メイヤー、マーク・モフェット、ロレッタ・オブライエン、マーク・オルソン、スターリング・ネスビット、マイク・パーマー、デルフィン・ピカール、グレゴリー・プリーブ、ピーター・レイヴン、ダイアナ・レニソン、ロバート・リックレフス、サラ・ルアン、エリック・ルビン、ドヴ・サックス、トム・シェーナー、フィル・サーヴィス、スーザン・シンガー、ラッセル・スレイター、モーテン・ソマー、デヴィッド・スピラー、ジョナサン・ストーキー、ヨエル・スチュアート、ダグ・スウェイン、コリーナ・タルニータ、エンリケ・テオトニオ、エルダル・トプラク、ケン・ウェバー、アンドリュー・ホワイトヘッド。加えて、わたしはたびたび、Facebookにあれやこれやの実例を尋ねる投稿をして、FB上の友達からたくさんのすばらしいサジェスチョンをもらった。回答してくれたすべての人に感謝する。貴重な資料を見つけてくれた、ハーバード大学エルンスト・マイア図書館（ロニー・ブロードフット、コニー・リノード、ドロシー・バー、それにもちろんメアリー・シアーズ）と、ワシントン大学オーリン図書館の職員のみなさんにもおおいに感謝している。さまざまな手助けをしてくれたジャレッド・ヒューズにもお礼申しあげる。原稿を何章分も、ときには一冊まるまる見てくれた方々には、本当に感謝してもしきれない。無茶な頼みに、期待をはるかに超える仕事をしてくれた！　ありがとう、アラン・バーカー、フランク・グレイディ、ハリー・グリーン、ウェンディ・ホール、アンビカ・カマス、アンディ・クノール、キャロリン・ロソス、ジョセフ・ロソス、アン・マンデルスタム、マーク・マンゲル、アーウィン・シャピーロ、マイク・ウィットロック。それから、トリニダード訪問を手配してくれたデヴィッド・レズニックとコーディ・レインにもお礼申し上げる。

ニール・シュービン、ダン・リーバーマン、ニコラス・ダヴィドフ、ダグ・エムレンは執筆プロセスについて貴重なアドバイスをくれた。出版エージェントのマックス・ブロックマンのすばらしい仕事ぶりのおかげで執筆はスムーズに進み、担当編集者のコートニー・ヤングはわたしの書いた原稿をずっとよいものにしてくれた。原稿を書籍化することに尽力してくれた、ケヴィン・マーフィー、アレクサンドラ・ギレン、マーサ・キャメロン、ジョエル・ブルックランダーをはじめとするリヴァーヘッド・ブックスの面々にも感謝を。ダグ・タスとエミリー・ハリントンは、イラストレーションの計画を完璧に準備してくれた。マーリン・ピーターソンのイラストレーションは、タイトなスケジュールにもかかわらず、文句なしに超一流の出来栄えだ。

最後になったが、わたしを生涯にわたって支え、このプロジェクトに夢中になってくれた、両親キャロリン・ロソスとジョセフ・ロソス、それに、さまざまな形でアドバイスと手助けをしてくれたうえ、わたしが新しく知ったことをまくしたてても決して退屈なそぶりを見せず、執筆作業をずっと寛大に我慢してくれた、愛しの妻メリッサへ。本当にありがとう。

訳者あとがき

本書はJonathan B. Losos "Improbable Destinies: Fate, Chance, and the Future of Evolution" (Riverhead Books, 2017) の全訳です。

著者の進化生物学者ジョナサン・B・ロソスは、カリフォルニア大学バークレー校で博士号を取得後、同大デイヴィス校でのポスドクを経て、セントルイス・ワシントン大学でテニュアを獲得。2006年にハーバード大学に移ったあと、2018年からは再び古巣セントルイス・ワシントン大学で教鞭をとっています。進化を通じた多様化のパターンとプロセスを広くテーマに掲げ、とくにカリブ海のアノールトカゲの研究は、反復適応放散の典型例として、進化生物学を学んだ人のあいだではよく知られています。そんな彼自身の研究はもちろん、世界各地でおこなわれてきた進化実験を通して、「進化は偶然か、必然か」という科学界屈指の大論争に新たな光をあてた本書は、彼のはじめての一般向けの著書です。

進化生物学は推理小説に似ている、と言うロソスは、本書を二転三転するミステリー仕立てに書きあげました。ことの起こりは今から約30年前、著名な古生物学者・進化生物学者スティーヴン・ジェイ・グールドが、代表作『ワンダフル・ライフ』(早川書房) で、カンブリア紀の地層から発見された奇妙奇天烈な動物たちを世に知らしめ、かくも膨大な多様性のなかから今いる動物の祖先だけが残されたのは単なる偶然だった、生命のテープを巻き戻してリプレイすれば、まったく違う歴史が展開し、わたしたちヒトが現れることもなかったと、偶発性を重視する生命史観を提示しました。ところが世紀が変わるころ、『ワンダフル・ライフ』で紹介された発見の立役者サイモン・コンウェイ゠モリスが、進化的決定論に「改宗」。生息環境に適応する方法はかぎられていて、生命は何度も同じ解決策を生みだしてきた、ヒトという存在もそんな必然に導かれて誕生したのだと、グールドに猛反論します。コンウェイ゠モリスが根拠とする収斂進化は、たしかに自然界のいたるところで見られます。オオカミとフクロオオカミ、カマキリとカマキリモドキ、ヒトの眼とタコの眼、イルカとサメと魚竜…。そのうえ、ロソスらが示したとおり、さまざまなニッチに適応し異質な姿かたちへと分岐していく進化のショーが、別べつの場所でそっくりな筋書きで再演される、適応放散そのものの繰り返しでさえ、いくつも例があるのです。そうはいっても、キーウィやカメレオン、それにロソスお気に入りのカモノハシのように、似たもののいない進化の特異点もたくさんあるのは事実。両陣営とも自分に都合のいい例をもちだすだけでは、議論は平行線です。

だったら、実験してみよう！　それこそが、進化生物学の最先端で今おこなわれていることなのです。自然淘汰による進化はわたしたちに認識できないくらいゆっくりと起こるという、ダーウィンの考えは間違っていました。生物の教科書でもおなじみのガの工業暗化や、グラント夫妻がおこなったガラパゴスフィンチの観察研究〔後者の詳細はジョナサン・ワイナー『フィンチの嘴』（早川書房）でドラマチックに描かれています〕により、進化は時に急速に起こることが明らかになります。こうして、乱雑で奔放な自然のなかで、条件を操作し、対照群を設けて、壮大な実験をおこなう研究者たちの冒険が幕を開けます。グッピー、シカネズミ、イトヨ、そしてアノールと、さまざまな生物を対象に、創意工夫を凝らしておこなわれた実験が臨場感たっぷりに描かれる第二部以降は、間違いなく本書のいちばんの読みどころです。さらに、部分的にしか統制がきかず、見届けられる世代交代の数もかぎられている野外実験を補完するかたちで、塵ひとつないラボの環境で、何万世代にもわたって進化を記録できる、微生物を対象とした実験も進行します。これらを俯瞰すると、多少のばらつきこそあれ、同じ環境条件を経験した生物集団は、概してよく似た適応を収斂進化させています。進化はやはり必然なのでしょうか？　ところが、2003年の冬の朝、小さなフラスコのなかで新たな「事件」が起こります。はたして、ロソスはどんな審判を下すのか？　ぜひ、刺激的な謎解きをお楽しみください。

壮大なテーマと巧みな構成に加えて、活き活きとしてユーモアにあふれるロソスの語り口も、本書の大きな魅力です。とくに自身の研究を取り上げる第2章と第6章では、対象であるアノールの魅力を熱っぽく語り、トカゲ釣り初心者講座まで開いたかと思えば、バハマと聞いて想像するほどフィールドワークは優雅じゃないんだ、宿はボロいし日差しはきついし、麻薬の売人と対面したときは死ぬかと思ったよと愚痴も飛びだし、著者が進化研究のトップランナーのひとりであることを忘れるほど、親しみやすさ満点です。もちろんそれ以外にも、危険に満ちたジャングルで、数々のトラブルに見舞われつつも画期的な研究をなしとげた先駆者デヴィッド・レズニックの不屈の精神や、元ミュージシャンという異色の経歴をもつポール・レイニーの紆余曲折の末の成功には勇気づけられます。科学的知識の探求は、真実に向かって一直線に進むわけではなく、さまざまな寄り道や回り道を経て、偶然にも助けられながら歩みを進める、じつに人間くさい営みで、だからこそ魅力的なのだと、あらためて実感します。また『アーロと少年』から『アバター』まで、さまざまな映画やテレビ番組の引用も飽きさせません（『フィニアスとファーブ』は本当に全話視聴したのでしょうか？　光景を想像すると、どうしても笑ってしまいます）。原書には韻を踏んだ言葉遊びもあちこちに散りばめられていて、訳には反映しきれなかったものも多いのですが、ポップな読みやすさが翻訳で損なわれていないことを祈ります。

本書で紹介されている進化実験プロジェクトは、どれも現在進行形で成果を生みだしつづけていて（レンスキーのＬＴＥＥは7万世代を突破しました）、原書の刊行以降にも多くの発見がありました。そのなかから2つ、ここでご紹介しましょう。

ハリケーンで実験を何度も中止に追い込まれ、いい加減うんざりだとぼやきつつも、ロソスはそこに目ざとくチャンスを見いだしていました。２０１８年7月に『ネイチャー』に掲載された、ロソスの研究室のポスドクのコリン・ドニヒューが筆頭著者の論文で、ハリケーンから生還できたアノールは指の接着パッドの面積が大きく、前肢が長く、後肢が短い傾向にあるとわかりました。パッドが大きく、前肢が長いと、暴風のなかでも木に長くしがみついていられる一方、後肢が長いとより風を受け、不利になってしまうのです。このことを、研究チームは棒にアノールを止まらせ、送風機で風を当てる実験で確かめていて、YouTubeなどで公開されている、必死でつかまって向かい風に抵抗するトカゲの映像はインパクト抜群です［二次元コードを参照］。

もうひとつ、「進化」が禁句になるほど保守的なネブラスカで、住民の理解と協力をとりつけ、巨大なフェンスを設置してシカネズミを飼育したローワン・バレットの研究は、２０１９年2月に晴れて『サイエンス』に掲載されました。彼らは、ネズミの毛色がサンドヒルと黒色土それぞれの背景にとけこむものに進化したことを示しただけでなく、集団間の毛色の違いのおもな原因が*Agouti*遺伝子上の変異であると特定し、さらに変異のひとつが明るい毛色という表現型に翻訳される分子的機序も明らかにしました。サイエンスライターのエド・ヨンは『アトランティック』の記事で、自然淘汰のすべてのプロセスをひとつの研究のなかで包括的に実証した稀有な例だと評しています〔二次元コードを参照〕。

翻訳者というよりもいち生物学オタクとして、僕は原書を２０１７年の発売後すぐに手に入れ、夢中になって読みました。幸運にも翻訳を担当できたのは、化学同人編集部の栫井文子さんが、著者ロソスのTwitterページからたまたま見つけてくださったおかげです。この場を借りて心よりお礼申し上げます。

２０１９年4月

的場　知之

[8]「疑わしいほどヒト的だ」: D. Naish, Dinosauroids revisited, revisited, *Tetrapod Zoology*, October 27 (2012), https://blogs.scientificamerican.com/tetrapod-zoology/dinosauroids-revisited-revisited/.

[9] コンウェイ＝モリスものちにこれに賛同し：quoted in G. Hatt-Cook, What if the asteroid had missed?, BBC News, March 13 2007, http://news.bbc.co.uk/2/hi/science/nature/6444811.stm.

[10]「別の解決策の提示はおおいに歓迎だ」: 序章の文献 [3], p. 36.

[11] ヒューマノイドに進化し：Thinkaboutit's Alien Type Summary—Dinosauroids, *Thinkaboutit*, Accessed June 1 (2016). http://www.thinkaboutit-aliens.com/think-aboutits-alien-type-summary-dinosauroids/. 引用部分では正確を期すため,「両生類 (amphibian)」を「爬虫類 (reptile)」に改変した.

[12] こんな与太話に混じって：前掲の文献 [8].

[13] 羽毛をまとい：S. Roy, *Deviant Art*, Accessed November 12 (2016). http://povorot.deviantart.com/gallery/9348116/The-Dinosauroids.

[14] ハリー・バーレル：H. Burrell, The Platypus, Sydney: Angus & Robertson, tactile and electric stimuli (1927) : J. D. Pettigrew, Electroreception in monotremes, *J. Exp. Biol*., **202**, 1447 (1999); T. Grant, Platypus, 4th ed., CSIRO Publishing (2008).

[15] カモノハシはヒトと同じく：ジェリー・コインは「進化的ひとりっ子」(または一度きりの進化) について鋭く考察している. また, ここでのカモノハシについての主張に似た内容を, ゾウについても議論している. 次の文献を参照：J. A. Coyne, Simon Conway Morris's new book on evolutionary convergence, Does it give evidence for God? *Why Evolution Is True*, February 8 2015, https://whyevolutionistrue.wordpress.com/2015/02/08/simon-conway-morriss-new-book-on-evolutionary-convergence-does-it-give-evidence-for-god/; J. A. Coyne, *Faith versus Fact: Why Science and Religion Are Incompatible*, Penguin (2016).

[16] エドワード・O・ウィルソン：E. O. Wilson, *The Meaning of Human Existence*, Liveright (2015), p. 113. [邦訳：『ヒトはどこまで進化するのか』, 小林由香利 訳, 亜紀書房 (2016)].

［13］この変異の自由市場：M. L. M. Salverda et al., Initial mutations direct alternative pathways of protein evolution, *PLoS Genetics*, **7**, e1001321（2011）.

［14］たくさんの種類の蚊： N. Liu, Insecticide resistance in mosquitoes: impact, mechanisms, and research directions, *Annu. Rev. Entomol.*, **60**, 537（2015）.

［15］30 種以上の昆虫：R. H. ffrench-Constant, The molecular genetics of insecticide resistance, *Genetics*, **194**, 807（2013）; F. D. Rinkevich, Y. Du, K. Dong, Diversity and convergence of sodium channel mutations involved in resistance to pyrethroids, *Pestic. Biochem. Physiol.*, **106**, 93（2014）.

［16］栽培面積はいまや膨大で：B. E. Tabashnik, T. Brévault, Y. Carrière, Insect resistance to Bt crops: lessons from the first billion acres, *Nature Biotechnology*, **31**, 510（2013）. 加えて，ブルース・タバシュニックは個人的なやりとりの中で最新の数値を教えてくれた（2016 年 10 月 13 日）.

［17］あるタイプの Bt 耐性：Y. Wu, Detection and mechanisms of resistance evolved in insects to Cry toxins from Bacillus thuringiensis, *Adv. Insect Physiol.*, **47**, 297（2014）.

［18］７種のイモムシ：B. Tabashnik, ABCs of insect resistance to Bt, *PLoS Genetics*, **11**, e1005646（2015）.

［19］とりわけよく研究されている例：N. M. Reid et al., The genomic landscape of rapid repeated evolutionary adaptation to toxic pollution in wild fish, *Science*, **354**, 1305（2016）.

［20］わたしたちヒトは：このトピックの入口としては，次の２つのレビューが最適：F. W. Allendorf, J. J. Hard, Human-induced evolution caused by unnatural selection through harvest of wild animals, *Proc. Natl. Acad. Sci.*,**106**, 9987（2009）; M. Heino, B. Díaz Pauli, U. Dieckmann, Fisheries-induced evolution, *Annual Review of Ecology, Evolution and Systematics*, **46**, 461（2015）.

［21］タイセイヨウダラの最大重量：Allendorf and Hard, Human-induced evolution およびダグ・スウェイン（2016 年 10 月 11 日，25 日），ロレッタ・オブライエン（2016 年 10 月 24 日）との個人的なやりとりに基づく.

終章　運命と偶然：ヒトの誕生は不可避だったのか？

［1］生い茂る植物：次を参照：M. Wilhelm, D. Mahison, James Cameron's Avatar: An Activist Survival Guide, HarperCollins; Pandorapedia: the official field guide（2009）. https://www.pandorapedia.com/pandora_url/dictionary.html. シガニー・ウィーバーがナレーションを務める次の４分の動画もとても参考になった：Pandora Discovered https://www.youtube.com/watch?v=GBGDmin_38E#t=93.

［2］わたしたちがここ（地球）で目にする生命：S. Conway Morris, Predicting what extra-terrestrials will be like: and preparing for the worst, *Phil. Trans. Roy. Soc. A*, **369**, 555（2011）, p. 566.

［3］空想科学小説の作家：C. Sagan, *Cosmos*, Random House（1980）, p. 29.［邦訳：『COSMOS』，木村繁 訳，朝日新聞社（1980）］.

［4］より現実的な推定：S. B. Carroll, Chance and necessity, the evolution of morphological complexity and diversity, *Nature*, **409**, 1102（2001）; K. J. Niklas, The evolutionary-developmental origins of multicellularity, *Amer. J. Bot.*, **101**, 6（2014）.

［5］ゾウは適切な位置に踏み台の箱を置いて頭上の餌を取り：F. de Waal, *Are We Smart Enough to Know How Smart Animals Are?*, W. W. Norton（2016）.［邦訳：『動物の賢さがわかるほど人間は賢いのか』，柴田裕之 訳，紀伊国屋書店（2017）］.

［6］あるチンパンジー個体群：M. Roach, Almost human, *National Geographic*, **213**(4), 124（2008）.

［7］「ヒトすぎる」：Thomas Holtz quoted in J. Hecht. Smartasaurus, *Cosmos*, July 9（2007）. https://cosmosmagazine.com/palaeontology/smartasaurus.

contingency and environment in yeast, *Evolution*, **68**, 772 (2014).

[10] プロジェクト初の論文：R. E. Lenski et al., Long-term experimental evolution in *Escherichia coli*. I, Adaptation and divergence during 2,000 generations, *American Naturalist*, **138**, 1315 (1991).

[11] このアイディアを検証するため：M. Travisano et al., Experimental tests of the roles of adaptation, chance, and history in evolution, *Science*, **267**, 87 (1995).

[12] へまをやらかした：J. Beatty, Replaying life's tape, *J. Philos.*, **103**, 336 (2006).

[13] 検証した研究は数えるほどしかない：驚くべきことに，このような研究に関する包括的なレビューはまだひとつとして書かれていない．今のところそれにもっとも近いのは次の論文：V. Orgogozo, Replaying the tape of life in the twenty-first century, *Interface Focus*, **5**, 20150057 (2015)：および，ザック・ブラウントが微生物実験に的を絞って LTEE を概説した，次の本の 1 章：Z. B. Blount, History's windings in a flask: microbial experiments into evolutionary contingency, G. Ramsey, C. H. Pence, eds., *Chance in Evolution*, University of Chicago Press (2016), p. 244.

第 12 章　ヒトという環境，ヒトがつくる環境

[1] これを検証した実験がある：A. Wong, N. Rodrigue, R. Kassen, Genomics of adaptation during experimental evolution of the opportunistic pathogen *Pseudomonas aeruginosa*, *PLoS Genetics*, **8**, e1002928 (2012).

[2] デンマークの研究チーム：R. L. Marvig et al., Convergent evolution and adaptation of Pseudomonas aeruginosa within patients with cystic fibrosis, *Nature Genetics*, **47**, 57 (2014).

[3] 生化学的機能：この部分と前述の詳細については，一部ラスムス・マーヴィグとの個人的なやりとり（2015 年 7 月 17 日，2016 年 5 月 22 日）に基づく．

[4] ほかの研究でも、きわめてよく似た結果：T. D. Lieberman et al., Parallel bacterial evolution within multiple patients identifies candidate pathogenicity genes, *Nature Genetics*, **43**, 1275 (2011).

[5] 国際研究チーム：M. R. Farhat et al., Genomic analysis identifies targets of convergent positive selection in drug-resistant Mycobacterium tuberculosis, *Nature Genetics*, **45**, 1183 (2013).

[6]「ささやかな予測力であっても」：A. C. Palmer, R. Kishony, Understanding, predicting and manipulating the genotypic evolution of antibiotic resistance, *Nature Reviews Genetics*, **14**, 243 (2013), p. 243.

[7] この実験では、われらが旧友である大腸菌：E. Toprak et al., Evolutionary paths to antibiotic resistance under dynamically sustained drug selection, *Nature Genetics*, **44**, 101 (2012).

[8] 表現型の多様性と収斂の欠如を生みだしていた：Y. Stuart et al., Contrasting effects of environment and genetics generate a predictable continuum of parallel evolution, *Nature Ecology & Evolution*, 1, 0158.

[9] 懐疑的だ：A. E. Lobkovsky, E. V. Koonin, Replaying the tape of life: quantification of the predictability of evolution, *Frontiers in Genetics*, **3**, 246, 1 (2012).

[10] 予測可能性の弱形であり：J. A. G. M. de Visser, J. Krug, Empirical fitness landscapes and the predictability of evolution, *Nature Reviews Genetics*, **15**, 480 (2014), p. 484.

[11] 変異の多様性：H. Jacquier et al., Capturing the mutational landscape of the beta-lactamase TEM-1, *Proc. Natl. Acad. Sci.*, **110**, 13067 (2013).

[12] 生命のテープ：D. M. Weinreich et al., Darwinian evolution can follow only very few mutational paths to fitter proteins, *Science*, **312**, 111 (2006), p. 113.

第10章　フラスコの中のブレイクスルー

[1] バックアップ冷凍庫の名:2015年3月13日のザック・ブラウントとの個人的なやりとりに基づく.

[2] もっとも徹底的に研究されてきた生物種：C. Zimmer, The birth of the new, the rewiring of the old, *The Loom*, September 19 2012, http://blogs.discovermagazine.com/loom/2012/09/19/the-birth-of-the-new-the-rewiring-of-the-old/#.WCO6JeErJjs.

[3] 残念なのは、実験をおこなえないことである：序章の文献12, p. 48.

[4] 真面目で頭が切れ：2015年8月17日のリッチ・レンスキーとの個人的なやりとりに基づく.

[5] 2つの事実が明らかになった：Z. D. Blount, C. Z. Borland, R. E. Lenski, Historical contingency and the evolution of a key innovation in an experimental population of *Escherichia coli*., *Proc. Natl. Acad. Sci*., **105**, 7899 (2008).

[6] 分子生物学の魔法により：Z. D. Blount et al., Genomic analysis of a key innovation in an experimental Escherichia coli population, *Nature*, **489**, 513 (2012).

[7] 第2の促進的変異：E. M. Quandt et al., Fine-tuning citrate synthase flux potentiates and refines metabolic innovation in the Lenski evolution experiment, *eLife*, **4**, e09696 (2015).

[8] 偶然と必然のせめぎ合い:J. Dennehy, This week's citation classic: the fluctuation test, *The Evilutionary Biologist*, July 9 2008, http://evilutionarybiologist.blogspot.com/2008/07/this-weeks-citation-classic-fluctuation.html.

[9] ポール・レイニーの研究室の最近の研究：P. A. Lind, A. D. Farr, P. B. Rainey, Experimental evolution reveals hidden diversity in evolutionary pathways, *eLife*, **4**, e07074 (2015).

[10] 大腸菌の研究：M. L. Friesen et al., Experimental evidence for sympatric ecological diversification due to frequency-dependent competition in *Escherichia coli*, *Evolution*, **58**, 245 (2004).

[11] インタビュー記事：D. S. Wilson, Evolutionary biology's master craftsman: an interview with Richard Lenski, *This View of Life*, May 30 2016, https://evolution-institute.org/article/evolutionary-biologys-master-craftsman-an-interview-with-richard-lenski/.

第11章　ちょっとした変更と酔っぱらったショウジョウバエ

[1] わたしはその実験を『生命テープのリプレイ』とよぶ：序章の文献［12］, p. 48.

[2] 10分間にわたるこのすばらしいシーン：序章の文献［12］, p. 287.

[3] ちょっとした変更を加えて：序章の文献［12］, p. 289.

[4] 歴史的な説明は、叙述的に語られる：序章の文献［12］, p. 283.

[5] 初期の段階でちょっとした変更が加えられると：序章の文献［12］, p. 51.

[6] 時をさかのぼって：J. Maynard Smith, Taking a chance on evolution, *New York Review of Books*, May 14 1992.

[7] 具体的には：フレッド・コーハンは, 2015年2月19日～2016年11月6日の一連のeメールのやりとりで, このプロジェクトの裏話を詳細に聞かせてくれた.

[8] 平均時間は12分で：F. M. Cohan, A. A. Hoffman, Genetic divergence under uniform selection. II, Different responses to selection for knockdown resistance to ethanol among Drosophila melanogaster populations and their replicate lines, *Genetics*, **114**, 145 (1986).

[9] 同様の実験：A. Spor et al., Phenotypic and genotypic convergences are influenced by historical

gene in threespine stickleback, *Science*, **322**, 255（2008）; R. D. H. Barrett et al., Rapid evolution of cold tolerance in stickleback, *Proc. Royal Soc. Lond. B*, **278**, 233（2011）.

[4] イトヨの全ゲノム解読に取り組み：P. F. Colosimo et al., Widespread parallel evolution in sticklebacks by repeated fixation of Ectodysplasin alleles, *Science*, **307**, 1928（2005）.

[5] 腹側の棘の長さについては淘汰にばらつきがあり：D. J. Rennison, Detecting the drivers of divergence: identifying and estimating natural selection in threespine stickleback, Ph.D. dissertation, University of British Columbia（2016）.

[6] 鳥による捕食：L. R. Dice, Effectiveness of selection by owls of deer-mice（*Peromyscus maniculatus*）which contrast in color with their background, *Contributions from the Laboratory of Vertebrate Biology*, **34**, 1（1947）.

[7] 遺伝子の違いに基づく推測：C. R. Linnen et al., On the origin and spread of an adaptive allele in deer mice, *Science*, **325**, 1095（2009）.

[8] ネブラスカのサンドヒルにやってきた：サンドヒルのシカネズミ研究プロジェクトについての描写は，ローワン・バレットとの長いやりとり（2015年6月5日～2016年7月12日）に基づく.

第9章　生命テープをリプレイする

[1] 1988年2月24日：レンスキーの実験は詳しく記録されていて，オンラインや雑誌の人気記事を容易に見つけることができる．代表的なものは次の通り：T. Appenzeller, Test tube evolution catches time in a bottle, *Science*, **284**, 2108（1999）; E. Pennissi, The man who bottled evolution, *Science*, **342**, 790（2013）．レンスキーは自身のブログでも研究結果をまとめた記事を公開している：Telliamed Revisited（December 29, 2013），https://telliamedrevisited.wordpress.com/2013/12/29/what-weve-learned-about-evolution-from-the-ltee-number-5/6．研究プログラムの詳細と，研究室メンバーの経歴については，レンスキー研究室を訪問（2014年10月2日，3日）した際に多くを聞くことができた．またザック・ブラウント（2014年12月20日～2016年11月6日）をはじめ，リッチ・レンスキー（2015年8月17日～27日），ティム・クーパー（2015年1月24日～27日），クリス・ボーランド（2015年2月18日～23日）とのやりとりで得た情報も盛り込んだ.

[2] 掲載されたこの論文：R. E. Lenski, M. Travisano, Dynamics of adaptation and diversification: a 10,000-generation experiment with bacterial populations, *Proc. Natl. Acad. Sci.*, **91**, 6808（1994）.

[3] 集団間の増加率に差はみられたが：R. E. Lenski, Phenotypic and genomic evolution during a 20,000-generation experiment with the bacterium *Escherichia coli.*, *Plant Breeding Reviews*, **24**, pt. 2, 225 (2004), p. 240.

[4] 進化はきわめて反復的だった：R. E. Lenski, Evolution in action: a 50,000-generation salute to Charles Darwin, *Microbe*, **6**, 30 (2011), p. 32.

[5] レンスキーと同じで、ポール・レイニー：彼の経歴と，シュードモナス・フルオレッセンスの研究プログラムの詳細については，ポール・レイニーとのeメールのやりとり（2015年2月15日～3月17日）に基づく.

[6] トラヴィサーノとレイニーは研究をまとめあげ：P. B. Rainey, M. Travisano, Adaptive radiation in a heterogeneous environment, *Nature*, **394**, 69（1998）.

[7] ところが、「雪の結晶」：W. C. Ratcliff et al., Experimental evolution of multicellularity, *Proc. Natl. Acad. Sci.*, **109**, 1595 (2012).

[8] 別の研究チームによる大腸菌の研究：O. Tenaillon et al., The molecular diversity of adaptive convergence, *Science*, **335**, 457（2012）.

[2] 実験へと発展し：ロザムステッド，パークグラス実験，ロイ・スネイドンの実験を概観するには，手始めに次の文献にあたるのがいいだろう：J. Silvertown, *Demons in Eden: The Paradox of Plant Diversity*, University of Chicago Press (2005); J. Silvertown et al., The Park Grass Experiment 1856–2006: its contribution to ecology, *J. Ecol.*, **94**, 801 (2006); J. Storkey et al., The unique contribution of Rothamsted to ecological research at large temporal scales, *Adv. Ecol. Res.*, **55**, 3 (2016); R. W. Snaydon, Rapid population differentiation in a mosaic environment. I, The response of Anthoxanthum odoratum populations to soils, *Evolution*, **24**, 257 (1970); R. W. Snaydon, M. S. Davies, Rapid population differentiation in a mosaic environment. II, Morphological variation in Anthoxanthum odoratum, *Evolution*, **26**, 390 (1972); S. Y. Strauss et al., Evolution in ecological field experiments: implications for effect size, *Ecology Letters*, **11**, 199 (2007). この研究に関するわたしの記述は，ロイ・スネイドン（2015年6月4日〜27日），スチュアート・デイヴィス（2015年5月27日），ジョナサン・シルバータウン（2015年5月19日〜29日），ジョナサン・ストーキー（2015年6月2日）とのやりとりに基づく．

[3] 実験区画：J. B. Lawes, J. H. Gilbert, *Report of Experiments with Different Manures on Permanent Meadow Land*, Clowes and Sons (1859), p. 43.

[4] 歩いてみよう：区画の風景描写，とくに第3区画については，前掲の文献［2］に基づく．ジョナサン・ストーキー（2015年6月2日）との個人的なやりとり，および次の文献から得た追加情報を盛り込んだ：M. J. Crawley et al., Determinants of species richness in the Park Grass Experiment, *American Naturalist*, **165**, 179 (2005).

[5] そのなかで特筆すべきは：シルウッドパークのウサギ排除実験については，次の論文が入門にちょうどいい：M. J. Crawley, Rabbit grazing, plant competition and seedling recruitment in acid grassland, *J. Appl.Ecol.*, **27**, 803 (1990); J. Olofsson, C. De Mazancourt, M. J. Crawley, Contrasting effects of rabbit exclusion on nutrient availability and primary production in grasslands at different time scales, *Oecologia*, **150**, 582 (2007); N. E. Turley et al., Contemporary evolution of plant growth rate following experimental removal of herbivores, *American Naturalist*, **181**, S21 (2013); T. J. Didiano et al., Experimental test of plant defence evolution in four species using long-term rabbit exclosures, *J. Ecol.*, **102**, 584 (2014). これらの実験の詳細の多くは，マーク・ジョンソン（2015年5月29日〜12月10日），ミック・クローリー（2015年5月29日, 30日），ナッシュ・ターリー（2015年5月17日〜29日）が直接説明してくれた．

[6] たとえば、マーク・ジョンソン：A. A. Agrawal et al., Insect herbivores drive real-time ecological and evolutionary change in plant populations, *Science*, **338**, 113 (2012).

[7] ほかにも：T. Bataillon et al., A replicated climate change field experiment reveals rapid evolutionary response in an ecologically important soil invertebrate, *Glob. Change Biol.*, **22**, 2370 (2016); V. Soria-Carrascal et al., Stick insect genomes reveal natural selection's role in parallel speciation, *Science*, **344**, 738 (2014).

第8章　プールと砂場で進化を追う

[1] このプール：イトヨ進化実験研究プログラムの歩みについての描写は，おもにドルフ・シュルーターとのやりとり（2015年6月12日〜2016年9月23日）に基づいているが，ローワン・バレット（2015年3月4日〜2016年7月12日）とダイアナ・レニソン（2016年9月23日〜11月11日）にも話を聞いた．

[2] 彼の詳細な研究：D. Schluter, T. D. Price, P. R. Grant, Ecological character displacement in Darwin's finches, *Science*, **227**, 1056 (1985).

[3] 答えはイエスで：R. D. H. Barrett, S. M. Rogers, D. Schluter, Natural selection on a major armor

[2] 名著『Of Ants and Men（アリと人類）』：C. Baranauckas, Caryl Haskins, 93, ant expert and authority in many fields, *New York Times*, October 13 2001.

[3] この知見：前掲の文献［1］(e).

[4] 激動の1960年代：ジョン・エンドラーは，科学者としての自分自身とグッピープロジェクトの歩みについて，2015年3月16日から6月8日までのeメールのやりとりで多くを語ってくれた．

[5] この研究は大成功を収め：J. A. Endler, *Geographic Variation, Speciation, and Clines*, Princeton University Press（1977）.

[6] 1980年の論文：J. A. Endler, Natural selection on color patterns in Poecilia reticulata, *Evolution*, **34**, 76（1980）, p. 77.

[7] デヴィッド・レズニック：デヴィッド・レズニックは，科学者としての自分自身とグッピープロジェクトの歩みについて，2015年3月21日から2016年11月16日までのたくさんのeメールで，繰り返し質問に答えてくれた．

[8] 赤と黒の斑点は大きくならず：この論文（本章の最初の巻末注であげたD. J. Kemp et al.）では，斑点は「オレンジ」と言及されているが，これはエンドラーのもとの研究でいう「赤」に相当するため，ここでは赤として説明した．また，この論文ではエンドラーの研究と異なり，青と構造色の斑点をひとまとめに扱っている．

[9] 現段階でいえるのは：ある別の研究グループが，レズニックのもうひとつの実験区画での体色の進化を比較したところ，変化の証拠は確認できなかった．ただし，この研究には，2005年のレズニックとエンドラーの研究でおこなわれた，動物の視覚のエキスパートによる最先端の色彩分析は含まれていない．また，続く別の研究で，同グループはレズニック・エンドラーらが確認した違いを検出できなかったことから，この研究グループの手法では，少なくともあるタイプの体色進化（具体的には構造色の増加）は検出できないと考えられる．同グループの論文で著者らは，やや自己弁護的に手法の妥当性を主張していて，これはおそらく論文査読の際の批判に反論したものだろう．現段階ではかれらの研究結果の解釈は難しい．グッピーの他の導入個体群を，今ある最良の手法で検証する必要があるのは明らかだ．

[10] 3つの実験集団からグッピーを集めた：S. O'Steen, A. J. Cullum, A. F. Bennett, Rapid evolution of escape ability in Trinidadian guppies（*Poecilia reticulata*）, *Evolution*, **56**, 776（2002）.

第6章　島に取り残されたトカゲ

[1] バハマを訪れたら：2009年までのバハマのアノールの実験研究についてはわたしの著書にまとめた：J. B. Losos, *Lizards in an Evolutionary Tree*（2009）．2章の文献［1］．重要論文は次の通り：T. W. Schoener, A. Schoener, The time to extinction of a colonizing propagule of lizards increases with island area, *Nature*, **302**, 332（1983）; J. B. Losos, T. W. Schoener, D. A. Spiller, Predator-induced behaviour shifts and natural selection in field-experimental lizard populations, *Nature*, **432**, 505（2004）; J. B. Losos et al., Rapid temporal reversal in predator-driven natural selection, *Science*, **314**, 1111（2006）; J. J. Kolbe et al., Founder effects persist despite adaptive differentiation: a field experiment with lizards, *Science*, **335**, 1086（2012）.

第7章　堆肥から先端科学へ

[1] 170年以上前：本物の世界最長の実験を決めるのは容易ではない．ネットの情報では，漏斗を流れ落ちるピッチを観察する実験を最長としているものが多いが，この実験が始まったのは1920年代だ．ネット検索では，ロザムステッド実験よりも古い現在進行中の実験は見つからなかった．1840年代から動いている電池式ベルがあるという報告もあり，本当ならロザムステッド実験開始直後にあたるが，このベルを観察することを実験とよべるかは微妙だ．

［4］すべての収斂が進化的な意味での親類縁者のあいだで起こるわけではないが：T. J. Ord, T. C. Summers, Repeated evolution and the impact of evolutionary history on adaptation, *BMC Evolutionary Biology*, **15**, 137（2015）.

［5］イトヨ：イトヨとその進化についてさらに知りたい方は，次を参照：Schluter and J. D. McPhail, Ecological character displacement and speciation in sticklebacks, *American Naturalist*, **140**, 85（1992）; D. Schluter, Resource competition and coevolution in sticklebacks, *Evolution Education and Outreach*, **3**, 54（2010）; A. P. Hendry et al., Stickleback research: the now and the next, *Evolutionary Ecology Research*, **15**, 111（2013）.

［6］指の減少につながる：D. B. Wake, Homoplasy—the result of natural selection, or evidence of design limitations?, *American Naturalist*, **138**, 543（1991）.

［7］理想をいえば、自然淘汰が収斂を引き起こしたという仮説を直接検証したいところだ：適応と収斂進化における自然淘汰の役割をどう研究べきかは，次の文献で議論されている：A. Larson, J. B. Losos,"Phylogenetic systematics of adaptation, M. R. Rose, G. V. Lauder, eds., *Adaptation*, Academic Press（1996）, p. 187; K. Autumn, M. J. Ryan, D. B. Wake, Integrating historical and mechanistic biology enhances the study of adaptation, *Q. Rev. Biol.*, **77**, 383（2002）.

［8］何らかの適応的意義があったのは明らかだ：Quoted in N. St. Fleur, Armed and dangerous: T-rex not the only dinosaur short-arming it, *New York Times*, July 19 2016: D2.

第４章　進化は意外と速く起こる

［1］バーナード・ケトルウェル：H. B. D. Kettlewell, *The Evolution of Melanism: The Study of a Recurring Necessity with Special Reference to Industrial Melanism in the Lepidoptera*, Oxford University Press（1973）.

［2］実証実験：L. M. Cook et al., Selective bird predation on the peppered moth: the last experiment of Michael Majerus, *Biol. Lett.*, February 8（2012）. DOI: 10.1098/rsbl.2011.1136.

［3］ピーターとローズマリーのグラント夫妻：P. R. Grant, B. R. Grant, *40 Years of Evolution: Darwin's Finches on Daphne Major Island*, Princeton University Press（2014）; J. Weiner, *The Beak of the Finch: A Story of Evolution in Our Time*, Vintage Books（1995）.［邦訳：『フィンチの嘴』，樋口広芳・黒沢令子 訳，早川書房（1995）］.

［4］議論をよんだ断続平衡理論：S. J. Gould, *The Structure of Evolutionary Theory*, Harvard University Press（2002）.

第５章　色とりどりのトリニダード

［1］グッピーを進化研究のスターに：半世紀以上続くトリニダードのグッピーの研究への入門としては，次の文献が最適：(a) C. P. Haskins et al., Polymorphism and population structure in *Lebistes reticulatus*, an ecological study, W. F. Blair, ed., *Vertebrate Speciation*, University of Texas Press（1961）, p. 320;（b）J. A. Endler, Natural selection on color patterns in *Poecilia reticulata*, *Evolution*, **34**, 76（1980）;（c）D. Reznick, J. A. Endler, The impact of predation on life history evolution in Trinidadian guppies（*Poecilia reticulata*）, *Evolution*, **36**, 160（1982）;（d）D. Reznick, Guppies and the empirical study of adaptation, J. B. Losos, ed., *In the Light of Evolution: Essays from the Laboratory and Field*, Roberts & Co（2009）, p. 205;（e）A. E. Magurran, *Evolutionary Ecology: The Trinidadian Guppy*, Oxford University Press（2005）;（f）N. Karim et al., This is not déjà vu all over again: male guppy colour in a new experimental introduction, *J. Evolution. Biol.*, **20**, 1339（2007）;（g）D. J. Kemp et al., Predicting the direction of ornament evolution in Trinidadian guppies（*Poecilia reticulata*）, *Proc. Royal Soc. Lond. B*, **276**, 4335（2009）.

berkeley.edu/evolibrary/news/070401_lactose

第２章　繰り返される適応放散

[1] ジャマイカには、７種がいる：アノールについて詳しくは次のわたしの前著を参照．J. B. Losos, *Lizards in an Evolutionary Tree: Ecology and Adaptive Radiation of Anoles*, University of California Press（2009）.

[2] 傷口をふさぐ新素材：S. Reinberg, Gecko's stickiness inspires new surgical bandage, *Washington Post*, February 19 2008, http://www.washingtonpost.com/wp-dyn/content/article/2008/02/19/AR2008021901653.html.

[3] 時が経つにつれ：例として，J. A. Coyne, H. A. Orr, *Speciation*, Sinauer Associates（2004）; P. A. Nosil, *Ecological Speciation*, Oxford University Press（2012）.

[4] 適応放散そのものの収斂：J. B. Losos, Adaptive radiation, ecological opportunity, and evolutionary determinism, *American Naturalist*, **175**, 623（2010）.

[5] 知られざる日本の離島：S. Chiba, Ecological and morphological patterns in communities of land snails of the genus *Mandarina* from the Bonin Islands, *J. Evolution. Biol.*, **17**, 131（2004）.

[6] DNA 解析により：M. Ruedi, F. Mayer, Molecular systematics of bats of the genus Myotis（Vespertilionidae）suggests deterministic ecomorphological convergences, *Mol. Phylogenet. Evol.*, **21**, 436（2001）.

[7] 姿かたちはインドのカエルとそっくりなのだ：F. Bossuyt, M. C. Milinkovitch, Convergent adaptive radiations in Madagascan and Asian ranid frogs reveal covariation between larval and adult traits, *Proc. Natl. Acad. Sci.*, **97**, 6585（2000）.

[8] マダガスカルの鳥にも同じことがいえる：S. Reddy et al., Diversification and the adaptive radiation of the vangas of Madagascar, *Proc. Royal Soc. Lond. B*, **279**, 2062（2012）.

[9] 大勢の生物学者たちが島じまを訪れ：島嶼での進化についてさらに詳しく知りたい方は，次を参照：S. Carlquist, *Island Life: A Natural History of the Islands of the World*, Natural History Press（1965）; R. J. Whittaker, J. M. Fernández-Palacios, *Island Biogeography: Ecology, Evolution, and Conservation*, 2nd. ed., Oxford University Press（2007）.

[10] どんな大型哺乳類でも：前掲の文献［9］.

[11] 一般則を紹介しよう：A. S. Wilkins, R. W. Wrangham, W. T. Fitch, The "domestication syndrome" in mammals: a unified explanation based on neural crest cell behavior and genetics, *Genetics*, **197**, 795（2014）.

[12] シベリアでおこなわれた長期実験：L. Trut, I. Oskina, A. Kharlamova, Animal evolution during domestication: the domesticated fox as a model, *BioEssays*, **31**, 349（2009）; L. A. Dugatkin, L. Trut, *How to Tame a Fox（and Build a Dog）: Visionary Scientists and a Siberian Tale of Jump-Started Evolution*, University of Chicago Press（2017）.

第３章　進化の特異点

[1] ネズミになろうとしたコウモリ：J. Diamond, New Zealand as an archipelago: an international perspective, D. R. Towns, C. H. Daugherty, I. A. E. Atkinson, eds., *Ecological Restoration of New Zealand Islands*, New Zealand Department of Conservation（1990）, p. 4.

[2] 世界中のどの植物にも似ていない：2 章の文献［9］, p. 208.

[3] フランス人科学者フランソワ・ジャコブ：F. Jacob, Evolution and Tinkering, *Science*, **196**, 1161（1977）.

[13] コンウェイ＝モリスとのやりとり：S. Conway Morris, S. J. Gould, Showdown on the Burgess Shale, *Natural History*, **107** (10), 48 (1998).

[14] こんな動物は世界中でほかのどこにもいない：M. Henneberg, K. M. Lambert, C. M. Leigh, Fingerprint homoplasy: koalas and humans, *Natural Science*, **1**, 4 (1997).

第1章　進化のデジャヴ

[1] 2013年、スリランカ、インドネシア、オーストラリアの共同研究チーム：K. D. B. Ukuwela et al., Molecular evidence that the deadliest sea snake Enhydrina schistosa (Elapidae: Hydrophiinae) consists of two convergent species, *Mol. Phylogenetics Evol.*, **66**, 262 (2013).

[2] 2014年に刊行された論文：F. Denoeud et al., The coffee genome provides insight into the convergent evolution of caffeine biosynthesis, *Science*, **345**, 1181 (2014).

[3] その世界にわたしたちは存在しないのだから：D. H. Erwin, *Wonderful Life* revisited: chance and contingency in the Ediacaran-Cambrian radiation, G. Ramsey, C. H. Pence, eds., *Chance in Evolution*, University of Chicago Press (2016), p. 277.

[4] グールドは、それを繰り返し敬意を込めて強調した：いずれも次の論文から引用. S. Conway Morris, The Middle Cambrian metazoan Wiwaxia corrugata (Matthew) from the Burgess Shale and *Ogygopsis* Shale, *Philos. Trans. Royal Soc. B*, **307**, 507 (1985), p. 572.

[5] 約30年間になされた新発見にある：1章の文献 [3], p.277.

[6] 比較したいくつかの研究：厳密にいうと，この分析は節足動物だけを対象としている．節足動物とは，関節のある肢をもつ無脊椎動物のことで，クモ，ロブスター，昆虫などが含まれる．バージェス頁岩から発見されたもっとも興味深い種の多くが節足動物だが，すべてではない．D. E. G. Briggs, R. A. Fortey, M. A. Wills, Morphological disparity in the Cambrian, *Science*, **256**, 1670 (1992); M. Foote, S. J. Gould, Cambrian and recent morphological disparity, *Science*, **258**, 1816 (1992).

[7] コンウェイ＝モリスの信仰と相容れなかった：P. Bowler, Cambrian conflict: crucible an assault on Gould's Burgess Shale interpretation, *American Scientist*, **86**, 472 (1998).

[8] 恥をかかされたという見方：R. Fortey, Shock Lobsters, *London Review of Books*, October 1, 24 (1998).

[9] わたしとの会話の最中：コンウェイ＝モリスは，グールドの『がんばれカミナリ竜』の書評でこのことに触れている．S. Conway Morris, Rerunning the tape, *Times Literary Supplement* 4628, December 13, 6 (1991).

[10] 収斂進化は完璧なまでに普遍的だ：序章の文献 [11].

[11] コンウェイ＝モリスは豪語する：前掲の文献 [9].

[12] 収斂は胎盤にも及び：D. G. Blackburn, A. F. Fleming, Invasive implantation and intimate placental associations in a placentotrophic African lizard, *Trachylepis ivensi* (Scincidae). *J. Morphol.*, **273**, 137 (2012).

[13] この収斂進化の一例：S. Conway Morris, *The Runes of Evolution: How the Universe Became Self-Aware*, Templeton Press (2014).

[14] 皮膚の色の多様性の適応的意義：皮膚色の進化についてさらに詳しくは，次を参照：N. G. Jablonski, Living Color: *The Biological and Social Meaning of Skin Color*, University of California Press (2012).

[15] ウシは豊富な乳をもたらし：Got lactase? *Understanding Evolution*, April 2007, http://evolution.

● 巻末注：参考文献および追加情報 ●

このセクションでは，ポイントを絞って参考文献と追加情報を示す．文献は網羅的なものではなく，ほとんどのトピックについて，テーマへの入口として，1つか2つの論文を例示するにとどめた．本文中で取りあげた多くの研究（グッピー，アノール，オオシモフリエダシャクの進化や，リッチ・レンスキーのLTEE）については，インターネット上のたくさんの記事で詳細にわたって解説されている．本文中で取りあげて考察したり，直接引用したりした論文については，ここに文献情報を掲載した．本文中に示した［　］内の数字は，ここに示した各章の番号と対応している．

序章　グッド・ダイナソー

［1］首の長いブロントサウルス：E. Tschopp, O. Mateus, R. B. J. Benson, A specimen-level phylogenetic analysis and taxonomic revision of Diplodocidae（Dinosauria, Sauropoda), *Peer J*, **3**, e857（2015）.

［2］活発で敏捷（びんしょう）で樹上性の類人猿のような哺乳類：S. Conway Morris, *Life's Solution: Inevitable Humans in a Lonely Universe*, Cambridge University Press（2003), p. 222.［邦訳：『進化の運命：孤独な宇宙の必然としての人間』, 遠藤一圭・更科 功 訳, 講談社 (2010)］.

［3］カナダの古生物学者デイル・ラッセル：D. A. Russell, R. Séguin, Reconstructions of the small Cretaceous theropod Stenonychosaurus inequalis and a hypothetical dinosauroid, *Syllogeus*, **37**, 1（1982).

［4］BBCのドキュメンタリー番組：BBCのシリーズ『Horizons』の1エピソード『My Pet Dinosaur』, 2007年3月13日放送．https://www.youtube.com/watch?v=R1ZRKzc1a7Q

［5］4光年先にあるかもしれない：D. Overbye, Far-off planets like the Earth dot the Galaxy, *New York Times*, November 4 2013; Proximate goals, *Economist*, August 27 2016, A1.

［6］もし地球外の知的生命体とのコミュニケーションに成功したとしたら：R. Bieri, Huminoids on other planets? *American Scientist*, **52**, 452（1964), p. 457.

［7］デヴィッド・グリンスプーン：D. Grinspoon, *Lonely Planets: The Natural Philosophy of Alien Life*, HarperCollins（2003), p. 272.

［8］コンウェイ＝モリスも同意見：前掲の文献［2］, p.328.

［9］1980年代に端を発する遺伝子研究：C. G. Sibley, J. E. Ahlquist, *Phylogeny and Classification of Birds: A Study in Molecular Evolution*, Yale University Press（1990); F. K. Barker et al., Phylogeny and diversification of the largest avian radiation, *Proc. Natl. Acad. Sci.*, **101**, 11040（2004).

［10］さらに論を進め、マクギーはこう主張する：G. McGhee, *Convergent Evolution: Limited Forms Most Beautiful*, MIT Press（2011), p. 272.

［11］コンウェイ＝モリスも同意見だ：P. Gallagher, Forget little green men—aliens will look like humans, says Cambridge University evolution expert, *The Independent*, July 1 2015, http://www.independent.co.uk/news/science/forget-little-green-men-aliens-will-look-like-humans-says-cambridge-university-evolution-expert-10358164.html.

［12］肝心かなめの例の問い：S. J. Gould, *Wonderful Life: The Burgess Shale and the Nature of History*, W. W. Norton（1989), p. 289.［邦訳：『ワンダフル・ライフ：バージェス頁岩と生物進化の物語』, 渡辺政隆訳, 早川書房 (1993)］.

【わ】

【ま】

【や】

【ら】

【な】

【は】

【さ】

【た】

【か】

索　引

【英数字】

【あ】

【著者紹介】

ジョナサン・B・ロソス（Jonathan B. Losos）

生物学者。ハーバード大学教授、ハーバード比較動物学博物館両生爬虫類学部門主任を経て、現在セントルイス・ワシントン大学教授。『ネイチャー』『サイエンス』などトップジャーナルに多数論文を掲載。自身の研究についての『ニューヨーク・タイムズ』での連載も人気を博す。編著『The Princeton Guide to Evolution』で編集主幹を務め、ナショナル・ジオグラフィック協会研究探検委員会にも名を連ねる。著書に『Lizards in an Evolutionary Tree: Ecology and Adaptive Radiation of Anoles』。

【訳者紹介】

的場 知之（まとば　ともゆき）

翻訳家。1985年大阪府生まれ。東京大学教養学部卒業。同大学院総合文化研究科修士課程修了、同博士課程中退。訳書に『世界甲虫大図鑑』、『世界で一番美しいクラゲの図鑑』、『進化心理学を学びたいあなたへ』(共監訳)、『世界を変えた100の化石』、『新しいチンパンジー学』ほか。

カバー・表紙・本扉オリジナルリトグラフ：Australische Fauna by Gustav Mützel.

生命の歴史は繰り返すのか？ ―― 進化の偶然と必然のナゾに実験で挑む

2019年6月15日　第1刷　発行

訳　者　的　場　知　之
発行者　曽　根　良　介
発行所　(株)化学同人

検印廃止

〒600-8074 京都市下京区仏光寺通柳馬場西入ル
編集部 TEL 075-352-3711　FAX 075-352-0371
営業部 TEL 075-352-3373　FAX 075-351-8301
振　替 01010-7-5702
E-mail webmaster@kagakudojin.co.jp
URL https://www.kagakudojin.co.jp

印刷・製本 (株)シナノパブリッシングプレス

ISBN978-4-7598-2007-2